教育部高等学校计算机类专业教学指导委员会-华为ICT产学合作项目
物联网实践系列教材

华为信息与网络
技术学院指定教材

物联网操作系统
LiteOS内核
开发与实践

IoT Operating System
LiteOS Core Development and Practice

刘旭明 刘火良 李雪峰 ◉ 编著

人 民 邮 电 出 版 社
北 京

图书在版编目（CIP）数据

物联网操作系统LiteOS内核开发与实践 / 刘旭明，刘火良，李雪峰编著. -- 北京 : 人民邮电出版社，2020.7
物联网实践系列教材
ISBN 978-7-115-52909-1

Ⅰ. ①物… Ⅱ. ①刘… ②刘… ③李… Ⅲ. ①互联网络－应用－操作系统－教材②智能技术－应用－操作系统－教材 Ⅳ. ①TP316

中国版本图书馆CIP数据核字(2019)第269399号

内 容 提 要

本书较为全面地介绍了华为物联网操作系统 LiteOS 内核相关知识。全书共 12 章，介绍了 LiteOS 的移植与内核资源的应用，如创建任务、任务管理、消息队列、信号量、互斥锁、事件、软件定时器、内存管理、中断管理及链表等操作，深入讲解了内核资源的概念、运行机制、应用场景及源码。本书提供了大量实验，通过练习和操作实践，读者可巩固所学的内容。

本书可以作为高校物联网、嵌入式等相关专业的教材，也可以作为物联网、嵌入式培训班的教材，还适合物联网开发人员、从事物联网技术支持的专业人员和广大嵌入式爱好者自学使用。

◆ 编　　著　刘旭明　刘火良　李雪峰
责任编辑　左仲海
责任印制　王　郁　马振武

◆ 人民邮电出版社出版发行　　北京市丰台区成寿寺路 11 号
邮编　100164　　电子邮件　315@ptpress.com.cn
网址　https://www.ptpress.com.cn
北京天宇星印刷厂印刷

◆ 开本：787×1092　1/16
印张：17.5　　　　2020 年 7 月第 1 版
字数：497 千字　　　　2025 年 1 月北京第 4 次印刷

定价：49.80 元

读者服务热线：(010)81055256　印装质量热线：(010)81055316
反盗版热线：(010)81055315
广告经营许可证：京东市监广登字 20170147 号

教育部高等学校计算机类专业教学指导委员会-华为 ICT 产学合作项目
物联网实践系列教材

专家委员会

丛书序一 PREFACE

5G 网络的建设与商用、NB-IoT 等低功耗广域网的广泛应用推动了以物联网为核心的新技术迅猛发展。当前物联网在国际范围内得到认可，我国也出台了国家层面的发展规划，物联网已经成为新一代信息技术重要组成部分，物联网发展的大趋势已经十分明显。2018 年 12 月 19 日至 21 日，中央经济工作会议在北京举行，会议重新定义了基础设施建设，把 5G、人工智能、工业互联网、物联网定义为“新型基础设施建设”。物联网正在推动人类社会从“信息化”向“智能化”转变，促进信息科技与产业发生巨大变化。物联网已成为全球新一轮科技革命与产业变革的重要驱动力，物联网技术正在推动万物互联时代的开启。

我国在物联网领域的进展很快，完全有可能在物联网的某些领域引领潮流，从跟跑者变成领跑者。但物联网等新技术快速发展使得人才出现巨大缺口，高校需要深化机制体制改革，推进人才培养模式创新，进一步深化产教融合、校企合作、协同育人，促进人才培养与产业需求紧密衔接，有效支撑我国产业结构深度调整、新旧动能接续转换。

从 2009 年开始到现在，国内对物联网的关注和推广程度都比国外要高。我很高兴看到由高校教学一线的教育工作者与华为技术有限公司技术专家联合成立的编委会，能共同编写“物联网实践系列教材”，这样可以将物联网的基础理论与华为技术有限公司相关系列产品深度融合，帮助读者构建完善的物联网理论知识和工程技术体系，搭建基础理论到工程实践的知识桥梁。华为自主原创的物联网相关核心技术不仅在业界中得到了广泛应用，而且在这套教材中得到了充分体现。

我们希望培养具备扎实理论基础，从事工程实践的优秀应用型人才，这套教材就很好地做到了这一点：涵盖基础应用、综合应用、行业应用三大方向，覆盖云、管、边、端。系列教材体系完整、内容全面，符合物联网技术发展的趋势，代表物联网领域的产业实践，非常值得在高校中进行推广。希望读者在学习后，能够构建起完备的物联网知识体系，掌握相关的实用工程技能，未来成为优秀的应用型人才。

中国工程院院士　倪光南

倪光南

2020 年 4 月

丛书序二 PREFACE

随着 5G、人工智能、云计算和区块链等新技术的应用发展，数字化技术正在重塑这个世界，推动着人类走向智能社会。这些新技术与物联网技术交织、碰撞和融合，物联网技术将进入万物互联的新阶段。

目前，我国物联网正加速进入新阶段，实现跨界融合、集成创新和规模化发展。人才是产业发展的基石。在工业和信息化部编制的《信息通信行业发展规划物联网分册（2016—2020 年）》中更是强调了需要“加强物联网学科建设，培养物联网复合型专业人才”。物联网人才培养的重要性，可见一斑。

华为始终聚焦使用 ICT 技术推动各行各业的数字化，把数字世界带入每个人、每个家庭、每个组织，构建万物互联的智能世界。华为云 IoT 服务秉承“联万物，+智能，为行业”的理念，发展涵盖芯、端、边、管、云的 IoT 全栈云服务，携手行业伙伴打造 AIoT 行业解决方案，培育万物互联的黑土地，全面加速企业数字化转型，助力物联网产业全面升级。

随着产业数字化转型不断推进，国家数字化人才建设战略不断深入，社会对 ICT 人才的知识体系和综合技能提出了更高挑战。健康可持续的 ICT 人才链，是产业链发展的基础。华为始终坚持构建良性人才生态，激发产业持续活力。2020 年，华为正式发布了“华为 ICT 学院 2.0”计划，旨在联合海内外各地的高校，在未来 5 年内培养 200 万 ICT 人才，持续为 ICT 产业输送新鲜血液，促进 ICT 产业的欣欣向荣。

教材建设是高校人才培养改革的重要举措，这套教材是学术界与产业界理论实践结合的产物，是华为深入高校物联网人才培养的重要实践。在此，请让我向本套教材的各位作者表示由衷的感谢，没有你们一年的辛勤和汗水，就没有这套教材的输出！

同学们、朋友们，翻过这篇序言，你们将开启物联网的学习探索之旅。愿你们能够在物联网的知识海洋里，尽情遨游，展现自我！

华为公司副总裁　云 BU 总裁　郑叶来

2020 年 4 月

前言 FOREWORD

1. 本书的学习方式

本书围绕 LiteOS 进行讲解，重点讲解 LiteOS 的移植与内核资源的应用，如内核资源的概念、运行机制、应用场景及详细的源码，层层深入。本书使用了理论和实践相结合的架构，以帮助读者熟练掌握 LiteOS 的使用。

全书内容循序渐进，不断迭代，读者在学习的时候务必做到两点：一是不能一味地只看书，要将代码和书本结合起来学习，一边看书，一边调试代码，单步执行每一条程序，看程序的执行流程和执行效果与自己想的是否一致；二是在每学完一章之后，将配套的例程重写一遍，做到举一反三，确保真正理解。刚开始编写程序的时候难免出现错误和疏漏，此时要珍惜这些错误，认真调试，这是提高编程能力的最好机会。因为程序不是写出来的，而是调试出来的。

2. 本书的参考资料

（1）LiteOS 官方源代码。

（2）Huawei LiteOS Kernel 开发指南.chm（电子版）。

（3）Huawei LiteOS Kernel API 参考.chm（电子版）。

（4）《STM32 库开发实战指南》（电子版）。

3. 本书的编写风格

本书以 LiteOS 官方源码为蓝本，抽丝剥茧，介绍了如何使用 LiteOS 的资源与 IPC 通信机制，以使读者能够深入理解 LiteOS 的原理与实现过程。

4. 本书的配套硬件

本书支持野火 STM32 开发板全套系列，具体型号如表 1 所示，外形如图 1～图 5 所示。学习时，如果配套这些硬件平台进行实验，则会达到事半功倍的效果，可以避免移植时因硬件不一样而导致的各种问题。

5. 本书的技术论坛

如果读者在学习过程中遇到问题，可以到野火电子论坛 www.firebbs.cn（备案号：粤 ICP 备 14069197 号-2）发帖交流，开源共享，共同进步。

鉴于编者水平有限，加之时间仓促，书中难免存在疏漏和不足之处，读者可把勘误发到论坛以使编者不断改进。

编　者

2019 年 12 月

表 1　野火 STM32 开发板型号

型号	区别			
	内核	引脚	RAM	ROM
MINI	Cortex-M3	64	48KB	256KB
指南者	Cortex-M3	100	64KB	512KB
霸道	Cortex-M3	144	64KB	512KB
霸天虎	Cortex-M4	144	192KB	1MB
挑战者	Cortex-M4	176	256KB	1MB

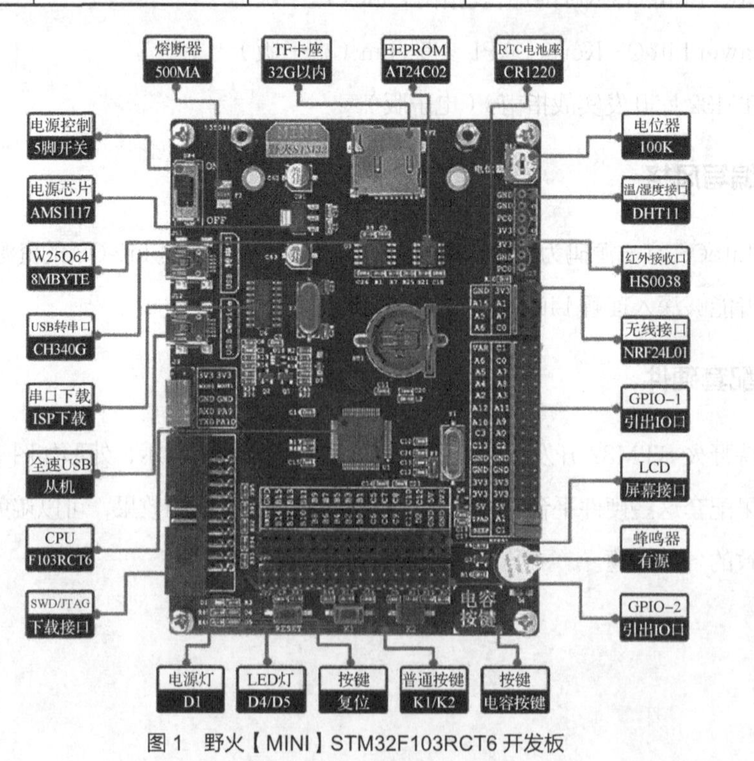

图 1　野火【MINI】STM32F103RCT6 开发板

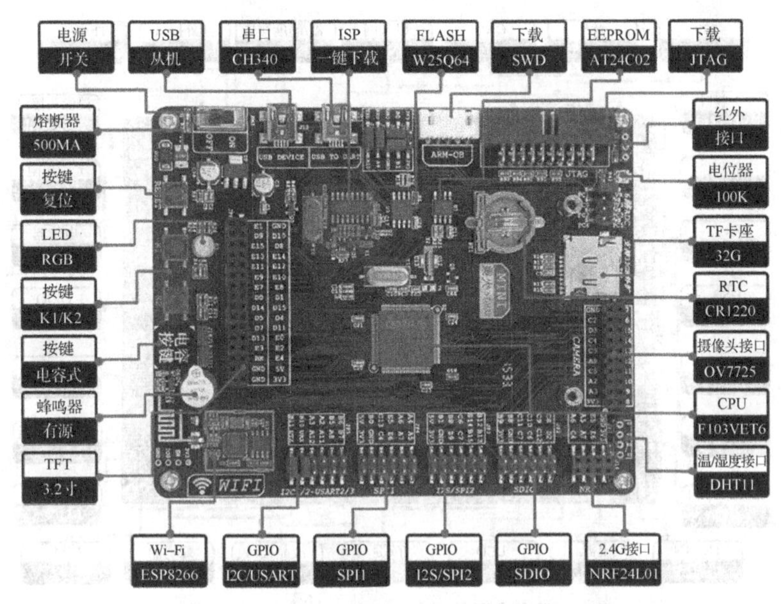

图 2　野火【指南者】STM32F103VET6 开发板

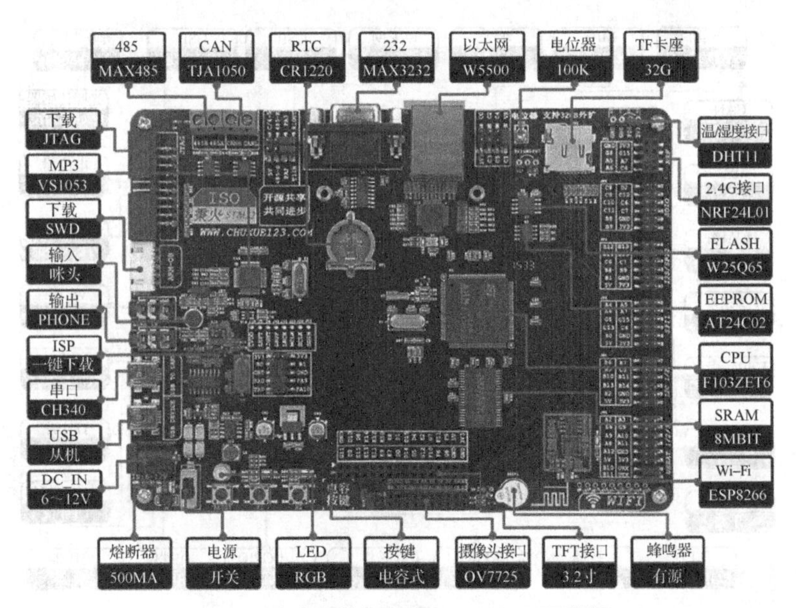

图 3　野火【霸道】STM32F103ZET6 开发板

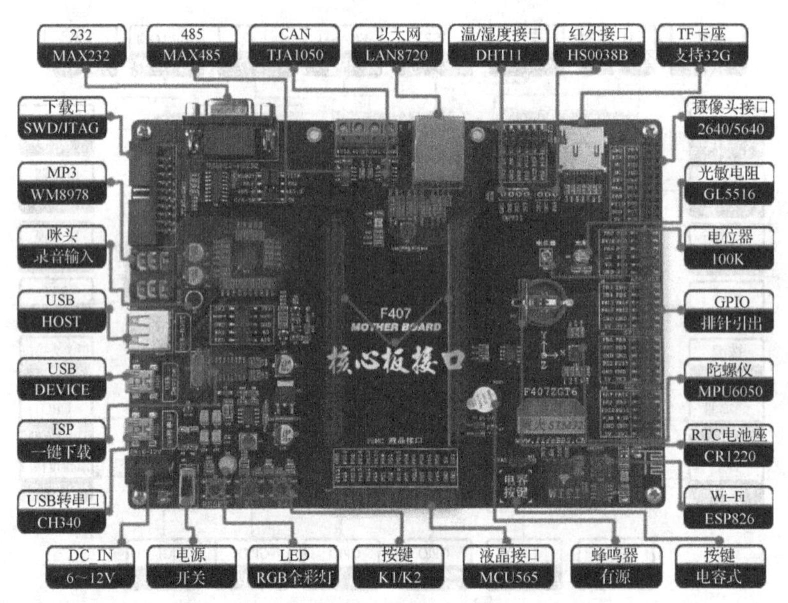

图 4　野火【霸天虎】STM32F407ZGT6 开发板

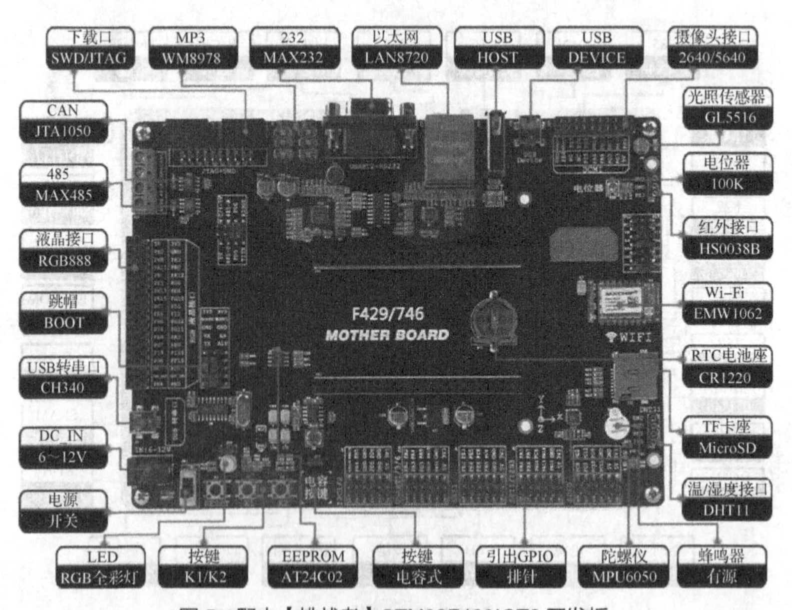

图 5　野火【挑战者】STM32F429IGT6 开发板

目录 CONTENTS

01 第1章　初识LiteOS

本章将带领读者初步认识华为公司的开源物联网操作系统 Huawei LiteOS（后文用 LiteOS 表示 Huawei LiteOS），了解其适用领域以及该操作系统目前在行业内的使用状况；同时，告知读者学习实时操作系统的原因以及学习 LiteOS 的方法。

【学习目标】

➢ 了解 LiteOS 的基本信息，如版权问题、收费问题等。

➢ 掌握 LiteOS 的学习方法。

1.1　LiteOS 概述

本节主要介绍 LiteOS 版权信息、收费问题及 LiteOS 的意义。

1．版权问题

LiteOS 是华为公司针对物联网领域推出的面向万物感知的、互联的、智能的轻量级操作系统，为终端厂商开发人员提供了“一站式”完整软件开发平台，其能够快速接入云端，有效降低开发门槛，缩短开发周期，广泛应用于智能家居、个人穿戴、车联网、城市公共服务、制造业等领域。同时，LiteOS 可提供端云协同功能，集成了 LwM2M、CoAP、mbed TLS、LwIP 全套物联网互联协议栈，且在 LwM2M 的基础上，提供了 AgentTiny 模块，用户只需关注其应用，而不必关注 LwM2M 的实现细节，直接使用 AgentTiny 封装的接口即可简单快速实现与云平台的安全可靠连接。

2012 年，华为公司为支持其终端产品开发了 LiteOS，2014 年将其在华为 Mate 系列、P 系列、荣耀系列手机及可穿戴产品上规模商用。2016 年 9 月，华为公司发布了 LiteOS 开源版本，即将 Kernel 源代码开放。经过多年的发展，LiteOS 现在已经发布了 V2.1 版本。

2．收费问题

LiteOS 是一款开源、面向物联网领域的轻量级操作系统，遵循 BSD-3 开源许可协议。LiteOS 自开源社区发布以来，从技术、生态、解决方案、商用支持等多维度使能合作伙伴，构建开源的物联网生态，目前已经聚合了 50 多家 MCU 和解决方案合作伙伴，共同推出了一批开源开发套件和行业解决方案，帮助众多行业客户快速推出物联网终端和服务，客户涵盖抄表、停车、路灯、环保、共享单车及物流等众多行业。

这里说到的开源指的是用户可以免费获取到 LiteOS 的源代码，免费的意思指无论用户是个人还是公司，都可以免费使用其源代码，不需要花钱。

LiteOS 遵循的是 BSD-3 开源许可协议，用户可以自由地使用、修改源代码，也可以将修改后的代码作为开源或者专有软件再发布。但当用户发布使用了 BSD-3 协议的代码，或者以 BSD 协议代码为基础开发自己的产品时，需要满足以下 3 个条件。

（1）如果再发布的产品中包含源代码，则在源代码中必须带有原来代码中的 BSD 协议。

（2）如果再发布的只是二进制类库/软件，则需要在类库/软件的文档和版权声明中包含原来代码中的 BSD 协议。

（3）不可以用开源代码的作者/机构名称和原来产品的名称做市场推广。

3. LiteOS 的意义

随着 5G 时代的到来，物联网、大数据、人工智能等新兴技术日趋成熟，人与人的连接将向人与物、物与物的连接转移，物联网市场将得到快速发展，以“万物互联”为特征的智能社会即将到来。

华为作为全球领先的通信科技公司，其自主开发的 LiteOS 打造了物联网端的技术底座，简单易用，组件丰富，用户只需聚焦业务开发，即可快速构建物联网产品。希望通过本书的学习，读者能够快速掌握 LiteOS 的使用。

1.2 学习 LiteOS

本节主要介绍学习 RTOS 的原因、学习 RTOS 的方法以及选择哪种 RTOS。

1. 学习 RTOS 的原因

进入嵌入式领域，首先接触的往往是单片机编程，一般会选择 51 单片机来入门。其中的单片机编程通常指裸机编程，即不加入任何实时操作系统（Real Time Operation System，RTOS）的程序。

在裸机系统中，所有程序基本上都是用户自己写的，所有操作都是在一个无限的大循环中实现的。现实生活中很多中小型的电子产品使用的就是裸机系统，其基本能够满足用户的需求。但是为什么还要学习 RTOS 编程呢？随着产品要实现的功能越来越多，单纯的裸机系统已经不能完美地解决问题，反而会使编程变得更加复杂，如果想降低编程的难度，就需要引入 RTOS 实现多任务管理，这也是使用 RTOS 的最大优势。

2. 学习 RTOS 的方法

裸机编程和 RTOS 编程的风格有些不同，很多人说 RTOS 的学习很难，还没有学习，就主动放弃了。

那么，到底如何学习 RTOS 编程呢？最简单的方法就是在他人移植好的系统之上查看 RTOS 中的 API 使用说明，再调用这些 API 实现自己想要的功能，完全不用关心底层的移植。这种方法有利有弊，如果是做产品，则好处是可以快速实现功能，尽快将产品推向市场，赢得先机；坏处是当程序出现问题的时候，因用户对 RTOS 不够了解，会导致调试困难。如果是学习，那么只会简单地调用 API 是不可取的。

市面上虽然有一些讲解 RTOS 相关源码的书籍，但是读者如果基础不够，且从未使用过这种 RTOS，那么源码看起来会非常枯燥，且其不能从全局掌握整个 RTOS 的构成和实现。

现在，本书将采用一种全新的方法来教读者学习 RTOS，即不是单纯地介绍其中的 API 如何使用，而是深入源码、层层叠加、不断完善，学习 LiteOS 中的处理思想，让读者在每一个阶段都能享受到成功的喜悦。在此过程中，只需要读者具备 C 语言的基础即可，跟随野火教程笃定前行，最后定有收获！

3. 选择 RTOS 的原因

虽然市场上的 RTOS 众多，但它们的内核实现原理相差不多，只需要深入学习其中一款即可，本书选择了目前国内流行的 LiteOS 进行学习。以后即便换为其他 RTOS，也非常容易上手。

02 第2章 移植LiteOS到STM32

本章将新建一个基于野火 STM32 全系列（包含 M3/4/7）开发板的 LiteOS 工程模板，保证 LiteOS 能够在开发板上运行。后续的所有 LiteOS 相关例程都在此模板上进行修改和添加，无须反复新建。本书每一章都对野火 STM32 的每一个开发板配套一个对应的例程，区别很小，有区别的地方书中会详细指出，如果没有特别备注，那么说明例程都是一样的。

【学习目标】

- 了解 LiteOS 源码的目录结构及其主要作用。
- 了解 LiteOS 配置文件的内容及其作用。
- 掌握 LiteOS 的移植过程及相应配置文件的修改。
- 学会 LiteOS 在开发板上实现移植，可以根据自己的需求裁剪 LiteOS。

2.1 移植前的准备工作

本节带领读者了解移植 LiteOS 需要做的准备工作。

2.1.1 获取 STM32 的裸机工程模板

STM32 的裸机工程模板直接使用野火 STM32 开发板配套的固件库例程即可，本章选取了一个比较简单的例程——“GPIO 输出—使用固件库点亮 LED”作为裸机工程模板。该裸机工程模板源码可以在对应开发板资料中的“A 盘（资料盘）/3-程序源码/1.固件库例程”目录下获取，如图 2-1 所示。下面以野火 F103-霸道开发板的光盘目录为例进行具体介绍。

2.1.2 下载 LiteOS 源码

华为 LiteOS 的源码有两份，分别是 develop 版本和 master 版本，这两份 LiteOS 源码的核心是一样的。develop 版本提供了更强大的组件及丰富的例程，如 Wi-Fi 模块、NB-IoT 模块和 GPRS 模块，并且更新比 master 版本更快。本书主要以 LiteOS 的内核为主，如 LiteOS 任务的基础功能、IPC 通信机制、内存管理等，无论是使用 develop 版本还是 master 版本，其内核源码的实现方式都是一样的。由于 master 版本是最稳定的发布版本，所以华为官方建议使用 master 版本。

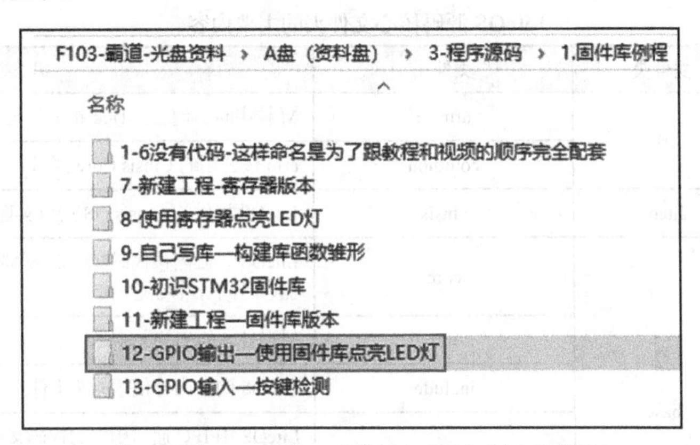

图 2-1　STM32 裸机工程模板在光盘资料中的位置

LiteOS 的源码可从 LiteOS GitHub 仓库地址 https://github.com/LiteOS/LiteOS 下载，读者在移植时并不需要把整个 LiteOS 源码都放到工程文件中，否则工程的代码量会太大。本书会在后文讲解如何将 LiteOS 移植到工程中以及如何把 LiteOS 源码中的核心部分单独提取出来，方便以后在不同的平台上移植。LiteOS 源码目录结构如图 2-2 所示。这里使用的是 LiteOS 目前的最新版本，由于 LiteOS 在不断更新，如果以后 LiteOS 更新到更高的版本，则以最新的版本为准。

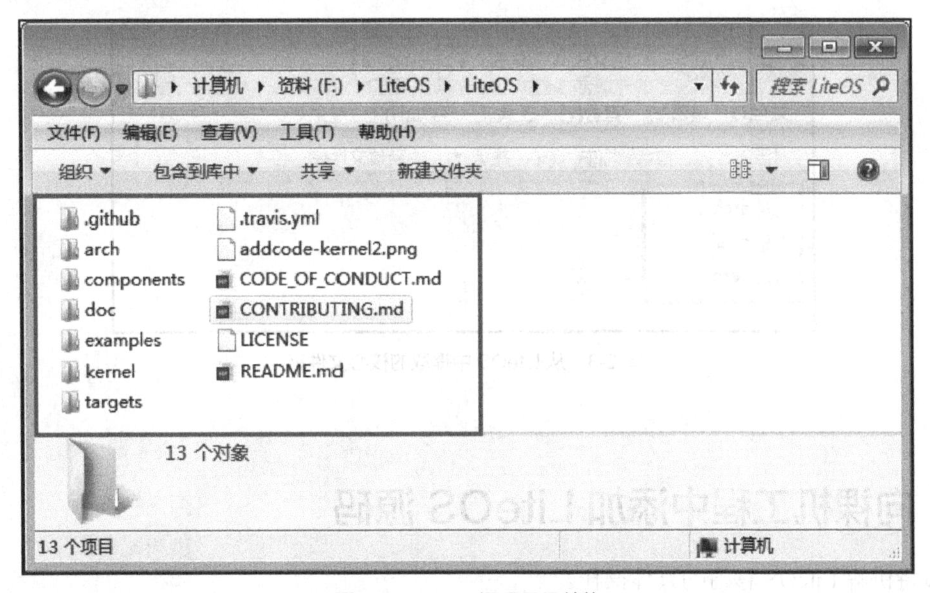

图 2-2　LiteOS 源码目录结构

2.1.3　LiteOS 源码核心文件夹分析

打开 LiteOS 源码文件，可以看见其中有 8 个文件夹，下面先来了解主要文件夹及其子文件夹的作用，再将 LiteOS 源码的核心文件提取出来，添加到工程根目录下的文件夹中。因为工程只需要有用的源码文件，而不是全部的 LiteOS 源码，所以可以避免工程过于庞大。每个文件的作用在后文会具体讲解。LiteOS 源码核心文件夹的主要内容如表 2-1 所示。

这些文件夹中的文件是 LiteOS 源码的核心文件，可以把它们取出来放到工程文件夹中，并命名为 LiteOS 以便区分，后续可以直接移植，如图 2-3 所示。

表 2-1　　　　LiteOS 源码核心文件夹的主要内容

文件夹	文件夹	文件夹	描述
arch	arm	arm-m	M 核中断、调度、Tick 相关代码
		common	arm 核公用的 Cmsis Core 接口
osdepends	liteos	cmsis	LiteOS 提供的 Cmsis OS 接口实现
kernel	base	core	LiteOS 基础内核代码文件，包括队列、Task 调度、软件定时器、时间片等功能
		om	错误处理的相关文件
		include	LiteOS 内核内部使用的头文件
		ipc	LiteOS 中 IPC 通信相关的代码文件，包括事件、信号量、消息队列、互斥锁等
		mem	LiteOS 中的内核内存管理的相关代码
		misc	内存对齐功能及毫秒级休眠功能
	include		LiteOS 开源内核头文件
	extended	tickless	低功耗框架代码

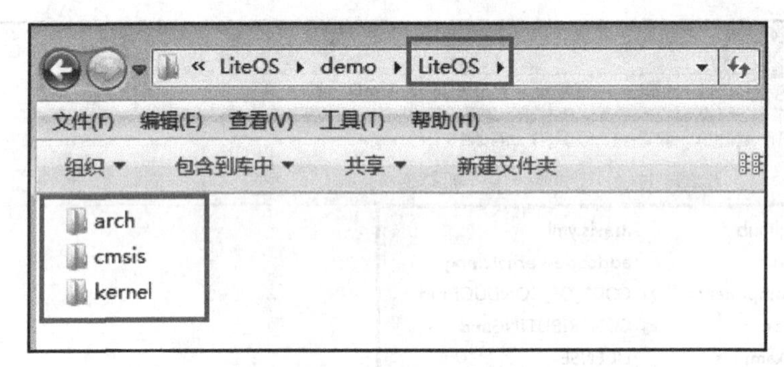

图 2-3　从 LiteOS 中提取的核心文件夹

2.2　向裸机工程中添加 LiteOS 源码

本节将讲解 LiteOS 移植的具体操作。

2.2.1　复制 LiteOS 文件夹到裸机工程根目录中

鉴于 LiteOS 的核心文件容量很小，可以直接将 2.1 节中提取的 LiteOS 目录下的所有文件夹复制到 STM32 裸机工程中，让整个 LiteOS 跟随工程一起发布，如图 2-4 所示。使用这种方法打包的 LiteOS 工程，复制到任何一台计算机上都是可以使用的，而不会提示找不到 LiteOS 的源文件。

除了 LiteOS 的核心文件之外，还需要移植其他文件，如关于 LiteOS 系统的配置文件。这是一些可以被用户修改的文件，所以会放在具体的工程文件中。targets 就是华为 LiteOS 为一些常用开发板开发的 demo 文件夹（含原厂芯片驱动），其中有各个工程的配置文件，文件夹存放路径如表 2-2 所示。

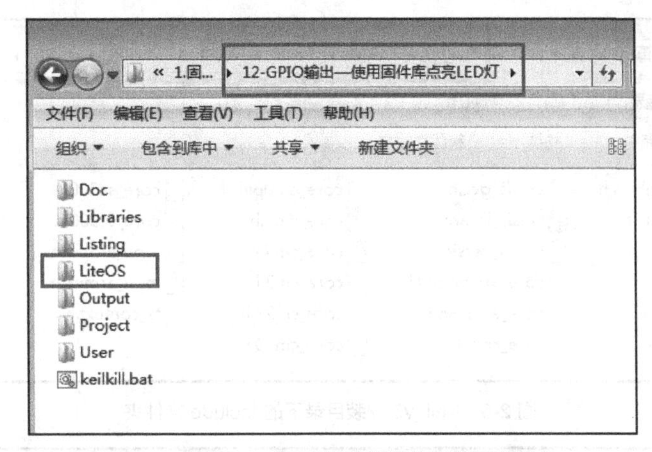

图 2-4　复制 LiteOS 文件夹到裸机工程根目录中

表 2-2　targets 的路径

文件夹名称	所在源码目录
OS_CONFIG	LiteOS \targets\任意一个工程文件下

2.2.2　将 OS_CONFIG 文件夹中配置文件复制到 LiteOS 文件夹中

将 OS_CONFIG 文件夹中的配置文件复制到 2.2.1 节提取的 LiteOS 核心文件夹中，如图 2-5 所示，后续在移植工程时，读者需要对这个文件夹中的某些文件进行修改，以适配不同的工程配置，例如通过修改这个文件夹中的内核配置头文件来裁剪 LiteOS 的功能。

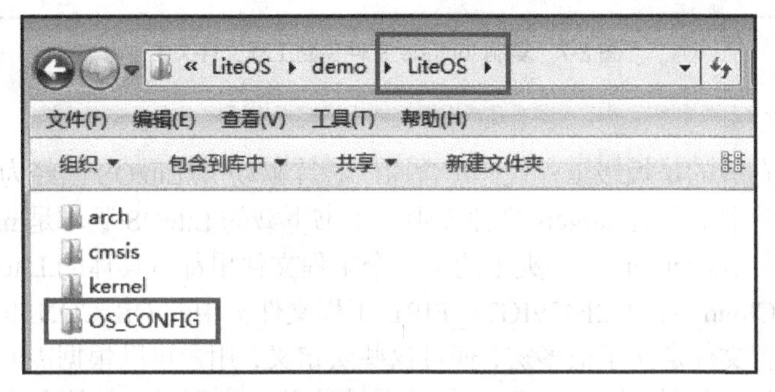

图 2-5　将 OS_CONFIG 文件夹中的配置文件复制到 LiteOS 核心文件夹中

2.2.3　复制 Include 文件夹到 CMSIS 文件夹中

Include 文件夹是 Keil_v5 安装目录下的一个文件夹，其中包含了 ARM 的相关文件，其路径为“C:\Keil_v5\ARM\Pack\ARM\CMSIS\5.3.0\CMSIS\Include”，如图 2-6 所示。因为 LiteOS 源码中会包含这个文件夹的内容，所以首先需要将其复制到工程文件中，路径为“\? \Libraries\CMSIS”，? 代表具体的工程。将其包含进来可以避免其他计算机在移植过程中因没有相关头文件而引起编译错误。例如，本书示例的路径是“12-GPIO 输出—使用固件库点亮 LED 灯\Libraries\CMSIS”，如图 2-7 所示。

2.2.4　LiteOS 文件夹内容介绍

本小节将对 LiteOS 源码文件夹中的内容做简单介绍。注意，此处的 LiteOS 文件夹并不是 2.1.3 小节中添加到工程文件夹中的 LiteOS 文件夹，而是华为 LiteOS 完整源码的文件夹，包括 demo、组件等。

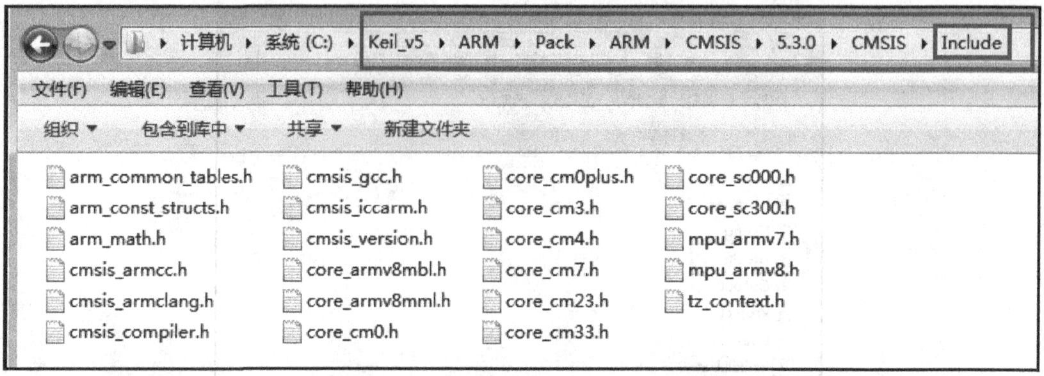

图 2-6　Keil_v5 安装目录下的 Include 文件夹

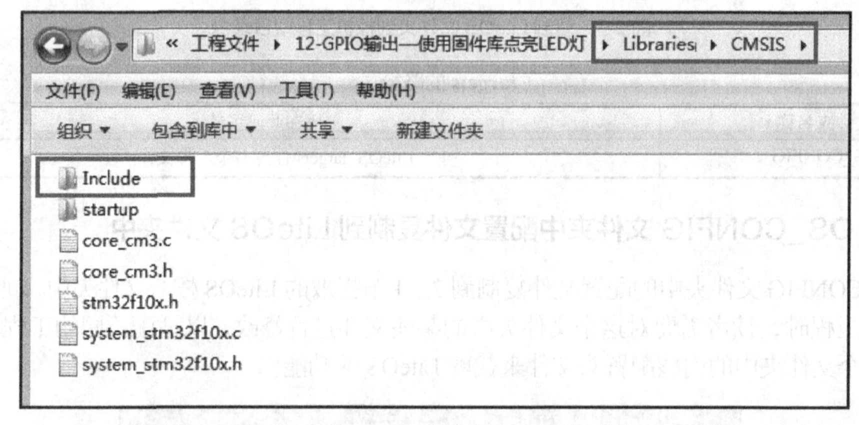

图 2-7　复制 Include 文件夹到工程文件夹中

1．targets 文件夹

targets 文件夹中存放的是板级工程代码（含原厂芯片驱动），LiteOS 已经为各半导体厂商的评估板写好程序，这些程序就存放在 targets 文件夹中。本书下载的 LiteOS 版本是 master，只有几款开发板的程序，如图 2-8 所示。targets 文件夹中的每一个工程文件里都有具体的 LiteOS 系统初始化文件、配置文件等，例如，Cloud_STM32F429IGTx_FIRE 工程文件夹中的 OS_CONFIG 是 LiteOS 功能的配置文件夹，其中的配置文件定义了很多宏，通过这些宏定义，用户可以根据需要裁剪 LiteOS 的功能。用户在使用 LiteOS 时，只需修改 OS_CONFIG 文件夹中的内容即可，其他文件并不需要改动。为了减小工程的大小，只需把 OS_CONFIG 文件夹保留出来即可。STM32F429IGTx_FIRE 文件夹的内容如图 2-9 所示。

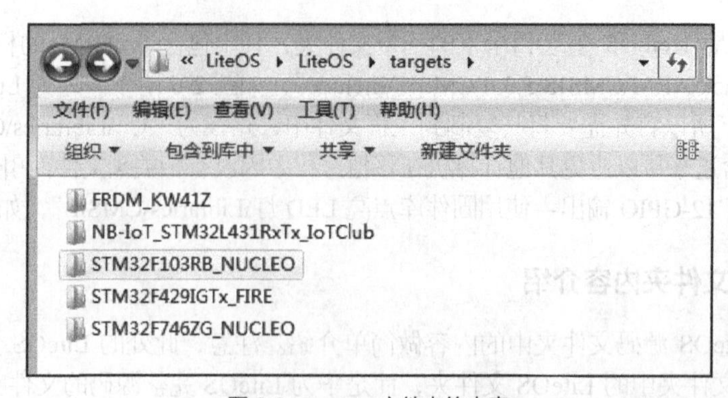

图 2-8　targets 文件夹的内容

图 2-9　STM32F429IGTx_FIRE 文件夹的内容

2. components 文件夹

在 LiteOS 中，除内核外其他第三方软件都是组件，如 agent_tiny、lwm2m、lwip 和 mbedtls 等，这些组件就存放在 components 文件夹中。

3. examples 文件夹

examples 文件夹中存放的是供开发人员测试 LiteOS 内核的 demo，是内核功能测试相关用例的代码。

4. arch 文件夹

LiteOS 是软件，单片机是硬件，为了使 LiteOS 运行在单片机上，LiteOS 和单片机必须关联，那么如何关联呢？仍然要通过代码来关联，这部分关联文件称为接口文件，通常由汇编语言和 C 语言联合编写。这些接口文件都是与硬件密切相关的，不同的硬件接口文件是不一样的，但大同小异。编写这些接口文件的过程称为移植，移植的过程通常由 LiteOS 和 MCU 原厂的人员来负责，移植好的接口文件存放在 arch 文件夹中。LiteOS 在 arch\arm\arm-m 目录下存放了 cortex-m0、m3、m4 和 m7 内核的单片机的接口文件，使用了这些内核的 MCU 都可以使用相关的接口文件。通常网络中出现的“移植某某某 RTOS 到某某某 MCU”的教程，其实准确来说不能够使用“移植”这个词语，而应该使用“使用 LiteOS 官方的移植”这种表述方法，因为所有与硬件相关的接口文件，RTOS 官方都已经写好了，用户只是使用而已。本章所讲的“移植”也是“使用 LiteOS 官方的移植”，这里的底层的移植文件暂时无须深入理解，直接使用即可。

5. kernel 文件夹

kernel 文件夹中存放的是 LiteOS 内核的源文件，是 LiteOS 内核的核心。前文已经简述了 kernel 文件夹的作用，此处不再赘述。

2.2.5　添加 LiteOS 核心源码到工程组文件夹中

前面讲解了如何将 LiteOS 的核心源码放到本地工程目录中，本小节将讲解如何将 LiteOS 的核心源码添加到开发环境的组文件夹中。

1. 新建 LiteOS 下的分组

接下来需要在开发环境中新建 LiteOS/cmsis、LiteOS/kernel、LiteOS/arch 和 LiteOS/config4 个文件分组，其中，LiteOS/cmsis 用于存放 LiteOS 文件夹中 cmsis 文件夹的内容，LiteOS/kernel 用于存放 LiteOS 文件夹中 kernel 文件夹的内容，LiteOS/arch 用于存放 LiteOS 文件夹中 arch 文件夹的内容，LiteOS/config 用于存放 LiteOS 文件夹中 OS_CONFIG 文件夹的内容。

不同的开发板需要修改对应工程中的 CMSIS 文件夹的接口文件“cortex-m”?，? 为 3、4 或者 7，其值是由野火 STM32 开发板的型号决定的，如表 2-3 所示。

表 2–3　野火 STM32 开发板的型号对应的 LiteOS 的接口文件

野火 STM32 开发板的型号	具体芯片型号	LiteOS 不同内核的接口文件
MINI	STM32F103RCT6	\Libraries\CMSIS\cortex-m3
指南者	STM32F103VET6	
霸道	STM32F103ZET6	
霸天虎	STM32F407ZGT6	\Libraries\CMSIS\cortex-m4
F429-挑战者	STM32F429IGT6	
F767-挑战者	STM32F767IGT6	\Libraries\CMSIS\cortex-m7
H743-挑战者	STM32H743IIT6	

将工程文件的内容添加到工程中后，可按照已经新建的分组添加对应的工程源码。需要注意的是，在 LiteOS/arch 分组中添加的 los_dispatch_keil.S 文件需要在添加时选择文件类型为“All files(*.*)”，添加(*.h)文件类型的时候也需要选择文件类型为“All files(*.*)”。此外，还需要添加到工程中的 LiteOS 核心源码文件及其路径如表 2-4 所示。

表 2–4　工程各分组中添加的 LiteOS 核心源码文件及其路径

工程分组	工程文件路径	工程源码文件
LiteOS/cmsis	\LiteOS\cmsis	cmsis_liteos.c
LiteOS/kernel	\LiteOS\kernel\base\core	所有扩展名为.c 的文件
	\LiteOS\kernel\base\ipc	所有扩展名为.c 的文件
	\LiteOS\kernel\base\mem\bestfit_little	所有扩展名为.c 的文件
	\LiteOS\kernel\base\mem\common	所有扩展名为.c 的文件
	\LiteOS\kernel\base\mem\membox	所有扩展名为.c 的文件
	\LiteOS\kernel\base\misc	所有扩展名为.c 的文件
	\LiteOS\kernel\base\om	所有扩展名为.c 的文件
	\LiteOS\kernel\extended\tickless	所有扩展名为.c 的文件
	\LiteOS\kernel	los_init.c
LiteOS/arch	\LiteOS\arch\arm\arm-m\src	所有扩展名为.c 的文件
	LiteOS\arch\arm\arm-m\cortex-m?\keil	los_dispatch_keil.S
LiteOS/config	\LiteOS\OS_CONFIG	los_builddef.h（可选）
		los_printf.h（可选）
		target_config.h

LiteOS/config 中的 target_config.h 可用于裁剪与配置 LiteOS 的功能，添加 LiteOS 源码到工程分组文件夹之后，文件夹内容结构如图 2-10 所示。

2. 指定 LiteOS 头文件的路径

前面已经讲解了如何将 LiteOS 的源码添加到开发环境的分组文件夹中，编译时需要为这些源文件指定头文件的路径，否则编译会报错。LiteOS 的源码中有很多头文件，必须将对应的路径添加到开发环境中。在添加 LiteOS 源码时，其他头文件夹也会被复制到工程目录中，所以这些文件夹的路径也要添加到开发环境中。LiteOS 头文件的路径添加完成后的效果如图 2-11 所示。

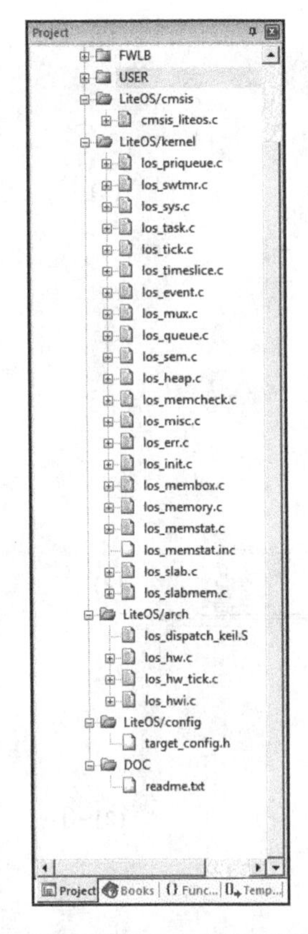

图 2-10　添加 LiteOS 源码到工程分组文件夹中

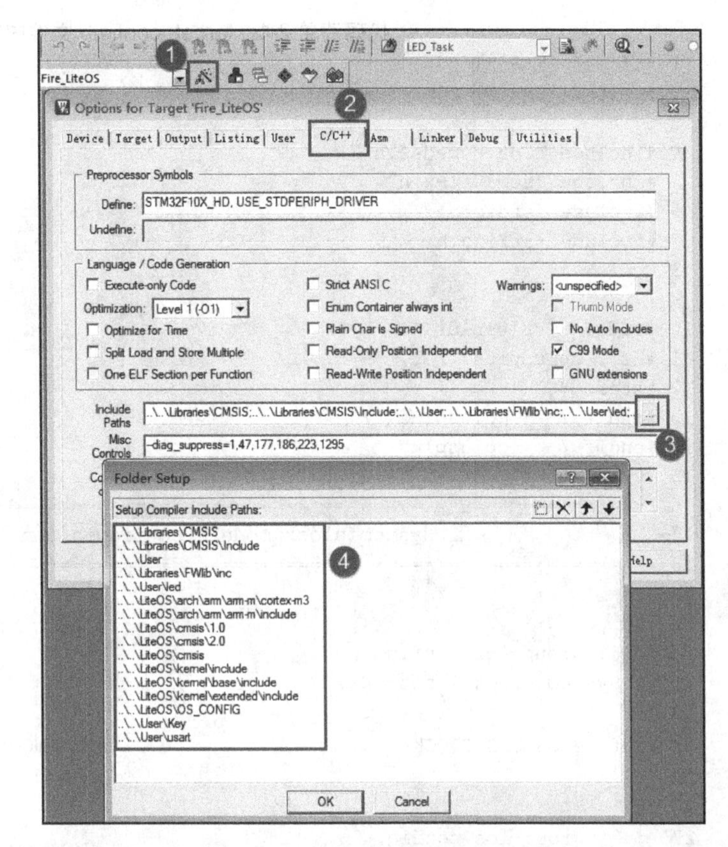

图 2-11　LiteOS 头文件的路径添加完成后的效果

注意

需要将“工程目录\Libraries\CMSIS\Include”路径下的头文件添加到开发环境中。

2.3　接管中断版本修改 target_config.h

接管中断就是指 LiteOS 管理了系统的可配置中断，系统能够判断中断源是什么，并决定是否进入中断服务。现在移植的版本是接管中断版本。

LiteOS 提供了两个版本，一个是接管中断版本，另一个是非接管中断版本，cortex-m 系列中并不经常使用接管中断版本。两个版本的 target_config.h 稍有不同，但基本一致，该头文件对裁剪整个 LiteOS 所需的功能的宏均做了定义，有些宏定义被使能，有些宏定义被失能。开始时，用户暂时只需要配置最简单的功能，要想随心所欲地配置 LiteOS 的功能，用户就必须对这些宏定义的功能有所掌握，再对这些宏定义进行修改。下面先简单介绍这些宏定义的含义。稍后将会讲解非接管中断版本。

2.3.1　target_config.h 文件内容讲解

target_config.h 是直接从 LiteOS 官方的工程文件夹中复制过来的头文件，内容如代码清单 2-1 所示，路径为“\LiteOS\targets\ STM32F429IGTx_FIRE\OS_CONFIG”。target_config.h 文件内容如下所示。

代码清单 2-1　target_config.h 文件内容

```
 1 #ifndef _TARGET_CONFIG_H
 2 #define _TARGET_CONFIG_H
 3
 4 #include "los_typedef.h"
 5 #include "stm32f10x.h"                                                    (1)
 6 #include <stdio.h>
 7 #include <string.h>
 8
 9
10 #ifdef __cplusplus
11 #if __cplusplus
12 extern "C" {
13 #endif /* __cplusplus */
14 #endif /* __cplusplus */
15
16/*=========================================================================
17                    System clock module configuration                     (2)
18=========================================================================*/
19
20 /**
21  * @ingroup los_config
22  * System clock (unit: HZ)
23  */
24 #define OS_SYS_CLOCK                          (SystemCoreClock)          (2)-①
25
26 /**
27  * @ingroup los_config
28  * Number of Ticks in one second
29  */
30 #define LOSCFG_BASE_CORE_TICK_PER_SECOND          (1000UL)               (2)-②
31
32 /**
33  * @ingroup los_config
34  * External configuration item for timer tailoring
35  */
36 #define LOSCFG_BASE_CORE_TICK_HW_TIME                       NO           (2)-③
37
38 /**
39  * @ingroup los_config
40  * Configuration LiteOS kernel tickless
41  */
42 #define LOSCFG_KERNEL_TICKLESS                              NO           (2)-④
43
44/*=========================================================================
45                 Hardware interrupt module configuration                  (3)
46=========================================================================*/
47
48 /**
49  * @ingroup los_config
50  * Configuration item for hardware interrupt tailoring
51  */
52 #define LOSCFG_PLATFORM_HWI                                 NO           (3)-①
53
54 /**
```

```
55  * @ingroup los_config
56  * Maximum number of used hardware interrupts, including Tick timer interrupts.
57  */
58 #define LOSCFG_PLATFORM_HWI_LIMIT                      96           (3)-②
59
60
61/*=============================================================================
62                     Task module configuration                       (4)
63=============================================================================*/
64
65 /**
66  * @ingroup los_config
67  * Default task priority
68  */
69 #define LOSCFG_BASE_CORE_TSK_DEFAULT_PRIO              10           (4)-①
70
71 /**
72  * @ingroup los_config
73  * Maximum supported number of tasks except the idle task rather than the number of
usable tasks
74  */
75 #define LOSCFG_BASE_CORE_TSK_LIMIT                     15           (4)-②
// max num task
76
77 /**
78  * @ingroup los_config
79  * Size of the idle task stack
80  */
81 #define LOSCFG_BASE_CORE_TSK_IDLE_STACK_SIZE           (0x500U)     (4)-③
82
83 /**
84  * @ingroup los_config
85  * Default task stack size
86  */
87 #define LOSCFG_BASE_CORE_TSK_DEFAULT_STACK_SIZE        (0x2D0U)
88
89 /**
90  * @ingroup los_config
91  * Minimum stack size.
92  */
93 #define LOSCFG_BASE_CORE_TSK_MIN_STACK_SIZE           (0x130U)
94
95 /**
96  * @ingroup los_config
97  * Configuration item for task Robin tailoring
98  */
99 #define LOSCFG_BASE_CORE_TIMESLICE                     YES          (4)-④
100
101 /**
102  * @ingroup los_config
103  * Longest execution time of tasks with the same priorities
104  */
105 #define LOSCFG_BASE_CORE_TIMESLICE_TIMEOUT             10           (4)-⑤
106
107 /**
```

```
108  * @ingroup los_config
109  * Configuration item for task (stack) monitoring module tailoring
110  */
111 #define LOSCFG_BASE_CORE_TSK_MONITOR                     YES          (4)-⑥
112
113 /**
114  * @ingroup los_config
115  * Configuration item for task perf task filter hook
116  */
117 #define LOSCFG_BASE_CORE_EXC_TSK_SWITCH                  YES          (4)-⑦
118
119 /**
120  * @ingroup los_config
121  * Configuration item for performance moniter unit
122  */
123 #define OS_INCLUDE_PERF                                  YES          (4)-⑧
124
125 /**
126  * @ingroup los_config
127  * Define a usable task priority.Highest task priority.
128  */
129 #define LOS_TASK_PRIORITY_HIGHEST                        0            (4)-⑨
130
131 /**
132  * @ingroup los_config
133  * Define a usable task priority.Lowest task priority.
134  */
135 #define LOS_TASK_PRIORITY_LOWEST                         31           (4)-⑩
136
137
138 /*=====================================================================
139                  Semaphore module configuration                       (5)
140 =====================================================================*/
141
142 /**
143  * @ingroup los_config
144  * Configuration item for semaphore module tailoring
145  */
146 #define LOSCFG_BASE_IPC_SEM                              YES          (5)-①
147
148 /**
149  * @ingroup los_config
150  * Maximum supported number of semaphores
151  */
152 #define LOSCFG_BASE_IPC_SEM_LIMIT                        20           (5)-②
// the max sem-numb
153
154
155 /*=====================================================================
156                        Mutex module configuration                     (6)
157 =====================================================================*/
158
159 /**
160  * @ingroup los_config
161  * Configuration item for mutex module tailoring
```

```
162  */
163 #define LOSCFG_BASE_IPC_MUX                          YES          (6)-①
164
165 /**
166  * @ingroup los_config
167  * Maximum supported number of mutexes
168  */
169 #define LOSCFG_BASE_IPC_MUX_LIMIT                    15           (6)-②
// the max mutex-num
170
171
172 /*=============================================================================
173                          Queue module configuration              (7)
174 =============================================================================*/
175
176 /**
177  * @ingroup los_config
178  * Configuration item for queue module tailoring
179  */
180 #define LOSCFG_BASE_IPC_QUEUE                        YES          (7)-①
181
182 /**
183  * @ingroup los_config
184  * Maximum supported number of queues rather than the number of usable queues
185  */
186 #define LOSCFG_BASE_IPC_QUEUE_LIMIT                  10           (7)-②
//the max queue-numb
187
188
189 /*=============================================================================
190              Software timer module configuration                 (8)
191 =============================================================================*/
192
193 #if (LOSCFG_BASE_IPC_QUEUE == YES)
194 /**
195  * @ingroup los_config
196  * Configuration item for software timer module tailoring
197  */
198 #define LOSCFG_BASE_CORE_SWTMR                       YES          (8)-①
199
200  #define  LOSCFG_BASE_CORE_TSK_SWTMR_STACK_SIZE     LOSCFG_BASE_CORE_TSK_DEFAULT_
STACK_SIZE
201
202 #define LOSCFG_BASE_CORE_SWTMR_TASK                  YES          (8)-②
203
204 #define LOSCFG_BASE_CORE_SWTMR_ALIGN                  NO          (8)-③
205 #if(LOSCFG_BASE_CORE_SWTMR == NO && LOSCFG_BASE_CORE_SWTMR_ALIGN == YES)
206 #error "swtmr align first need support swmtr, should make LOSCFG_BASE_CORE_SWTMR =
YES"
207 #endif
208
209 /**
210  * @ingroup los_config
211  * Maximum supported number of software timers rather than the number of usable software
timers
```

```
212  */
213 #define LOSCFG_BASE_CORE_SWTMR_LIMIT                    16            (8)-④
// the max SWTMR numb
214
215 /**
216  * @ingroup los_config
217  * Max number of software timers ID
218  */
219 #define OS_SWTMR_MAX_TIMERID                                          (8)-⑤
220 ((65535/LOSCFG_BASE_CORE_SWTMR_LIMIT) * LOSCFG_BASE_CORE_SWTMR_LIMIT)
221
222 /**
223  * @ingroup los_config
224  * Maximum size of a software timer queue
225  */
226 #define OS_SWTMR_HANDLE_QUEUE_SIZE
(LOSCFG_BASE_CORE_SWTMR_ LIMIT + 0)                                   (8)-⑥
227
228 /**
229  * @ingroup los_config
230  * Minimum divisor of software timer multiple alignment
231  */
232 #define LOS_COMMON_DIVISOR                              10            (8)-⑦
233 #endif
234
235
236 /*=====================================================================
237                      Memory module configuration                      (9)
238 =====================================================================*/
239
240 extern UINT8 *m_aucSysMem0;
241 extern UINT32 __LOS_HEAP_ADDR_START__;                                (9)-①
242 extern UINT32 __LOS_HEAP_ADDR_END__;
243
244 /**
245  * @ingroup los_config
246  * Starting address of the memory
247  */
248 #define OS_SYS_MEM_ADDR      (VOID *)__LOS_HEAP_ADDR_START__          (9)-②
249
250 /**
251  * @ingroup los_config
252  * Ending address of the memory
253  */
254 extern UINT32 g_sys_mem_addr_end;
255
256 /**
257  * @ingroup los_config
258  * Memory size
259  */
260 #define OS_SYS_MEM_SIZE  ((UINT32)(__LOS_HEAP_ADDR_END__ - __LOS_HEAP_ADDR_START__
+1))                                                                  (9)-③
261
262
263 /**
```

```
264  * @ingroup los_config
265  * Configuration module tailoring of mem node integrity checking
266  */
267 #define LOSCFG_BASE_MEM_NODE_INTEGRITY_CHECK            YES          (9)-④
268
269 /**
270  * @ingroup los_config
271  * Configuration module tailoring of mem node size checking
272  */
273 #define LOSCFG_BASE_MEM_NODE_SIZE_CHECK                 YES          (9)-⑤
274
275 #define LOSCFG_MEMORY_BESTFIT                           YES          (9)-⑥
276
277 /**
278  * @ingroup los_config
279  * Configuration module tailoring of more mempry pool checking
280  */
281 #define LOSCFG_MEM_MUL_POOL                             YES          (9)-⑦
282
283 /**
284  * @ingroup los_config
285  * Number of memory checking blocks
286  */
287 #define OS_SYS_MEM_NUM                                  20           (9)-⑧
288
289 /**
290  * @ingroup los_config
291  * Configuration module tailoring of slab memory
292  */
293 #define LOSCFG_KERNEL_MEM_SLAB                          YES          (9)-⑨
294
295
296 /*=======================================================================
297                           fw Interface configuration               (10)
298 =======================================================================*/
299
300 /**
301  * @ingroup los_config
302  * Configuration item for the monitoring of task communication
303  */
304 #define LOSCFG_COMPAT_CMSIS_FW                          YES          (10)-①
305
306
307 /*=======================================================================
308                                   others                           (11)
309 =======================================================================*/
310
311 /**
312  * @ingroup los_config
313  * Configuration system wake-up info to open
314  */
315 #define OS_SR_WAKEUP_INFO                               YES          (11)-①
316
317 /**
```

```
318  * @ingroup los_config
319  * Configuration CMSIS_OS_VER
320  */
321 #define CMSIS_OS_VER                                        2            (11)-②
322
323
324/*======================================================================
325                        Exception module configuration                  (12)
326======================================================================*/
327
328 /**
329  * @ingroup los_config
330  * Configuration item for exception tailoring
331  */
332 #define LOSCFG_PLATFORM_EXC                                 NO           (12)-①
333
334
335/*======================================================================
336                          Runstop module configuration                  (13)
337======================================================================*/
338
339 /**
340  * @ingroup los_config
341  * Configuration item for runstop module tailoring
342  */
343 #define LOSCFG_KERNEL_RUNSTOP                               NO           (13)-①
344
345
346 /*=====================================================================
347                                   track configuration                  (14)
348 =====================================================================*/
349
350 /**
351  * @ingroup los_config
352  * Configuration item for track
353  */
354 #define LOSCFG_BASE_MISC_TRACK                              NO           (14)-①
355
356 /**
357  * @ingroup los_config
358  * Max count of track items
359  */
360 #define LOSCFG_BASE_MISC_TRACK_MAX_COUNT                    1024         (14)-②
361
362
363 #ifdef __cplusplus
364 #if __cplusplus
365 }
366 #endif /* __cplusplus */
367 #endif /* __cplusplus */
368
369
370 #endif /* _TARGET_CONFIG_H */
371
```

代码清单 2-1（1）：头文件 stm32f10x.h 是根据工程文件中选择的芯片型号进行添加的，目前本书使用的是野火 STM32 霸道开发板，所以头文件为 stm32f10x.h，如果是野火其他型号的开发板，则在 target_config.h 中修改与开发板对应的头文件即可。

代码清单 2-1（2）：System clock module configuration 为系统时钟模块的配置参数，要想 LiteOS 准确无误地运行，这些基本配置必须有，并且必须正确。

代码清单 2-1（2）-①：OS_SYS_CLOCK 是配置 LiteOS 的系统时钟的参数，在野火 STM32 霸道开发板上系统时钟为 SystemCoreClock=SYSCLK_FREQ_72MHz，即 72MHz。

代码清单 2-1（2）-②：LOSCFG_BASE_CORE_TICK_PER_SECOND 表示操作系统每秒产生 Tick 的数量。其中，TICK 指操作系统节拍的时钟周期。时钟节拍指系统以固定的频率产生中断（时基中断），并在中断中处理与时间相关的事件，推动所有任务向前运行。时钟节拍需要依赖于硬件定时器，在 STM32 裸机程序中经常使用的 SysTick 时钟是 MCU 的内核定时器，通常使用该定时器产生操作系统的时钟节拍。在 LiteOS 中，系统延时和阻塞时间都是以 Tick 为单位的，配置 LOSCFG_BASE_CORE_TICK_PER_SECOND 的值可以改变中断的频率，从而间接改变 LiteOS 的时钟周期（$T=1/f$）。如果将 LOSCFG_BASE_CORE_TICK_PER_SECOND 的值设置为 1000，那么 LiteOS 的时钟周期为 1ms。过高的系统节拍中断频率意味着 LiteOS 内核将占用更多的 CPU 时间，因此会降低效率，一般将 LOSCFG_BASE_CORE_TICK_PER_SECOND 的值设置为 50～1000 即可。

代码清单 2-1（2）-③：LOSCFG_BASE_CORE_TICK_HW_TIME 是定时器裁剪的外部配置参数，未使用，所以这里宏定义为 NO。

代码清单 2-1（2）-④：LOSCFG_KERNEL_TICKLESS 是配置 LiteOS 打开 Tickless 低功耗组件，这个组件打开后，SysTick 会在系统空闲时关闭并睡眠，进入省电模式，不空闲时 SysTick 会继续工作，本质上是动态时钟配置。本书提供的例程是不需要打开 Tickless 低功耗组件的，因此这里宏定义设置为 NO。

代码清单 2-1（3）：Hardware interrupt module configuration 是硬件外部中断模块的配置参数。

代码清单 2-1（3）-①：LOSCFG_PLATFORM_HWI 是硬件中断定制配置参数，YES 表明 LiteOS 接管了外部中断，一般建议设置为 NO，即不接管中断。

代码清单 2-1（3）-②：LOSCFG_PLATFORM_HWI_LIMIT 宏定义表示 LiteOS 支持的最大的外部中断数，默认为 96，一般不做修改，使用默认值即可。

代码清单 2-1（4）：Task module configuration 是任务模块的配置参数。

代码清单 2-1（4）-①：LOSCFG_BASE_CORE_TSK_DEFAULT_PRIO 宏定义表示默认的任务优先级，默认为 10，优先级数值越小，表示任务优先级越高。

代码清单 2-1（4）-②：LOSCFG_BASE_CORE_TSK_LIMIT 宏定义表示 LiteOS 支持的最大任务个数（除去空闲任务），默认为 15。

代码清单 2-1（4）-③：任务栈，LOSCFG_BASE_CORE_TSK_IDLE_STACK_SIZE 宏定义表示空闲的任务栈大小，默认为 0x500U 字节；LOSCFG_BASE_CORE_TSK_DEFAULT_STACK_SIZE 宏定义表示定义默认的任务栈大小为 0x2D0U 字节。在任务创建的时候，一般会指定任务栈的大小，以适配不同的应用任务，如果没有指定，则使用默认值。LOSCFG_BASE_CORE_TSK_MIN_STACK_SIZE 宏定义表示任务最小需要的栈大小，任务栈大小应该是一个合理的值，如果此值太大，则可能会导致内存耗尽，最小的任务栈大小默认为 0x130U。任务栈大小必须在 8 个字节的边界上对齐，其大小取决于它能否避免任务栈溢出。

代码清单 2-1（4）-④：LOSCFG_BASE_CORE_TIMESLICE 宏定义表示是否使用时间片，LiteOS 通常会使用时间片，故配置为 YES。

代码清单 2-1（4）-⑤：LOSCFG_BASE_CORE_TIMESLICE_TIMEOUT 宏定义表示具有相同优先级的任务的最长执行时间，单位为时钟节拍周期，默认配置为 10。

代码清单 2-1（4）-⑥：LOSCFG_BASE_CORE_TSK_MONITOR 宏定义表示任务栈监控模块定制的配置项，LiteOS 中默认打开。

代码清单 2-1（4）-⑦：LOSCFG_BASE_CORE_EXC_TSK_SWITCH 宏定义表示任务执行过滤器钩子函数的配置项，LiteOS 中默认打开。

代码清单 2-1（4）-⑧：OS_INCLUDE_PERF 宏定义表示性能监视器单元的配置项，LiteOS 中默认打开。

代码清单 2-1（4）-⑨：LOS_TASK_PRIORITY_HIGHEST 宏定义表示定义可用的任务的最高优先级。LiteOS 中默认最高优先级为 0，优先级数值越小，优先级别越高。

代码清单 2-1（4）-⑩：LOS_TASK_PRIORITY_LOWEST 宏定义表示定义可用的任务的最低优先级，LiteOS 中默认为 31，LiteOS 最大支持 32 个抢占优先级，优先级数值越大，优先级别越低。

代码清单 2-1（5）：Semaphore module configuration 是信号量模块配置，信号量用于任务间的 IPC 通信，或者用于任务与任务间的同步、任务与中断间的同步等。

代码清单 2-1（5）-①：LOSCFG_BASE_IPC_SEM 宏定义表示信号量的配置项，配置为 YES 时，表示默认使用信号量。

代码清单 2-1（5）-②：LOSCFG_BASE_IPC_SEM_LIMIT 宏定义表示 LiteOS 最大支持信号量的个数，默认为 20 个，用户可以自定义信号量的个数。

代码清单 2-1（6）：Mutex module configuration 是互斥锁模块配置，互斥锁在 LiteOS 中有不可缺少的作用，如果某资源同时只准一个任务访问，则可以使用互斥锁保护这个资源，互斥锁具有优先级继承机制。

代码清单 2-1（6）-①：LOSCFG_BASE_IPC_MUX 宏定义表示互斥锁的配置项，配置为 YES 时，表示默认使用互斥锁。

代码清单 2-1（6）-②：LOSCFG_BASE_IPC_MUX_LIMIT 宏定义表示 LiteOS 最大支持互斥锁的个数，默认为 15。

代码清单 2-1（7）：Queue module configuration 是消息队列模块配置，消息队列也是 IPC 通信的一种，用于任务与任务间、任务与中断间的直接通信，可以存储有限的、大小固定的数据。

代码清单 2-1（7）-①：LOSCFG_BASE_IPC_QUEUE 宏定义表示队列的配置项，配置为 YES 时，表示默认使用消息队列。

代码清单 2-1（7）-②：LOSCFG_BASE_IPC_QUEUE_LIMIT 宏定义表示 LiteOS 最大支持消息队列的个数，默认为 10。

代码清单 2-1（8）：Software timer module configuration 是软件定时器模块配置，使用软件定时器时，必须使用消息队列。

代码清单 2-1（8）-①：LOSCFG_BASE_CORE_SWTMR 宏定义表示软件定时器的配置项，配置为 YES 时，表示默认使用软件定时器。使用了软件定时器，就需要配置任务栈的大小，LOSCFG_BASE_CORE_TSK_SWTMR_STACK_SIZE 宏定义用于配置软件定时器的任务栈大小，默认任务栈的大小为 0x2D0U 字节。

代码清单 2-1（8）-②：LOSCFG_BASE_CORE_SWTMR_TASK 宏定义表示使用软件定时器回调函数，默认打开。

代码清单 2-1（8）-③：LOSCFG_BASE_CORE_SWTMR_ALIGN 宏定义表示软件定时器对齐使用，某些场景下才需要对齐，默认关闭。

代码清单 2-1（8）-④：LOSCFG_BASE_CORE_SWTMR_LIMIT 宏定义表示支持的最大软件定时器数量，值默认为 16，而不是可用的软件定时器数量。

代码清单 2-1（8）-⑤：OS_SWTMR_MAX_TIMERID 宏定义表示最大的软件 ID 数值，默认为 65520，即 (65535/LOSCFG_BASE_CORE_SWTMR_LIMIT)*LOSCFG_BASE_CORE_SWTMR_LIMIT)。

代码清单 2-1（8）-⑥：OS_SWTMR_HANDLE_QUEUE_SIZE 宏定义表示最大的软件定时器队列的大小，默认为“(LOSCFG_BASE_CORE_SWTMR_LIMIT+0)”。

代码清单 2-1（8）-⑦：LOS_COMMON_DIVISOR 宏定义表示软件定时器多重对齐的最小除数，默认为 10。

代码清单 2-1（9）：Memory module configuration 是内存模块的配置项。

代码清单 2-1（9）-①：声明了外部定义的一些变量，__LOS_HEAP_ADDR_START__为系统的起始地址，__LOS_HEAP_ADDR_END__为系统的结束地址，系统管理的内存均在这两个地址之间。

代码清单 2-1（9）-②：OS_SYS_MEM_ADDR 宏定义是系统的内存起始地址。

代码清单 2-1（9）-③：OS_SYS_MEM_SIZE 宏定义是系统的内存大小，大小为结束地址-起始地址+1。

代码清单 2-1（9）-④：LOSCFG_BASE_MEM_NODE_INTEGRITY_CHECK 宏定义用于配置内存节点完整性检查，默认打开。

代码清单 2-1（9）-⑤：LOSCFG_BASE_MEM_NODE_SIZE_CHECK 宏定义用于配置内存节点大小检查，默认打开。

代码清单 2-1（9）-⑥：LOSCFG_MEMORY_BESTFIT 宏定义用于配置分配内存算法，bestfit 只是分配内存算法中的一套，配置文件中默认打开该宏定义，但如果真正需要使用，则需要把 bestfit 内存管理算法部分添加到工程中，本书提供的配套例程仅使用 bestfit_little（LiteOS 内存管理算法中的一套）。

代码清单 2-1（9）-⑦：LOSCFG_MEM_MUL_POOL 宏定义用于配置内存模块内存池检查，默认打开。

代码清单 2-1（9）-⑧：OS_SYS_MEM_NUM 宏定义用于配置内存块检查，默认为 20。

代码清单 2-1（9）-⑨：LOSCFG_KERNEL_MEM_SLAB 宏定义用于配置系统内存分配机制，默认使用 SLAB 分配机制。

代码清单 2-1（10）：fw Interface configuration 是 fw 接口界面的配置。

代码清单 2-1（10）-①：LOSCFG_COMPAT_CMSIS_FW 宏定义用于监视任务通信的配置，默认打开，用户可以选择关闭。

代码清单 2-1（11）：others 是与 LiteOS 相关的其他配置。

代码清单 2-1（11）-①：OS_SR_WAKEUP_INFO 宏定义用于配置系统唤醒信息打开，默认使用。

代码清单 2-1（11）-②：CMSIS_OS_VER 宏定义用于配置 CMSIS_OS_VER 版本，默认是 2，即从 cmsis_LiteOS.c 加载 cmsis_LiteOS2.c，在 cmsis_os.h 中加载 cmsis_os2.h；而如果是 1，则加载对应 1 的版本 cmsis_LiteOS1.c 和 cmsis_os2.h。

代码清单 2-1（12）：Exception module configuration 是异常模块配置。

代码清单 2-1（12）-①：LOSCFG_PLATFORM_EXC 是异常模块配置项，默认不使用。

代码清单 2-1（13）：Runstop module configuration 是运行停止模块配置。现在这个版本的 LiteOS 切换还没使用到，其用于切换休眠与运行。

代码清单 2-1（13）-①：LOSCFG_KERNEL_RUNSTOP 是运行停止配置项，默认不使用。

代码清单 2-1（14）：track configuration 是跟踪配置模块。

代码清单 2-1（14）-①：LOSCFG_BASE_MISC_TRACK 是跟踪配置项，默认不使用。

代码清单 2-1（14）-②：LOSCFG_BASE_MISC_TRACK_MAX_COUNT 配置最大跟踪数目，默认为 1024。

2.3.2 target_config.h 文件修改

target_config.h 头文件的配置是 LiteOS 对外开放的配置，los_config.h 是 LiteOS 的主要配置文件，考虑到不懂的人不知道如何配置 los_config.h 头文件，所以在 los_config.h 中默认已经配置好了这些头文件，以保证 LiteOS 正常运行，即使在 target_config.h 中配置错误了，target_config.h 也能正常运行，这是一种保险机制，因此只修改 target_config.h 文件即可。

target_config.h 头文件的内容修改得不多，一方面修改与对应开发板的头文件，如果是使用野火 STM32F1 开发板，则包含 F1 的头文件#include "stm32f10x.h"；如果使用了其他系列的开发板，则包含与开发板对应的头文件即可；此外，还需要修改系统的时钟 OS_SYS_CLOCK 与系统的时钟节拍 LOSCFG_BASE_CORE_TICK_PER_SECOND，一般常用的是 100～1000，开发人员根据自己的需要选择即可；也可以修改默认的任务栈大小，根据自己的需要修改即可，具体修改如代码清单 2-2 加粗部分所示。

代码清单 2-2　target_config.h 文件修改

```
 1 #ifndef _TARGET_CONFIG_H
 2 #define _TARGET_CONFIG_H
 3
 4 #include "los_typedef.h"
 5 #include "stm32f10x.h"
 6 #include <stdio.h>
 7 #include <string.h>
 8
 9
10 #ifdef __cplusplus
11 #if __cplusplus
12 extern "C" {
13 #endif /* __cplusplus */
14 #endif /* __cplusplus */
15
16/*=============================================================================
17                        System clock module configuration
18=============================================================================*/
19
20 /**
21  * @ingroup los_config
22  * System clock (unit: HZ)
23  */
24 #define OS_SYS_CLOCK                         (SystemCoreClock)
25
26 /**
27  * @ingroup los_config
28  * Number of Ticks in one second
29  */
30 #define LOSCFG_BASE_CORE_TICK_PER_SECOND                    (1000UL)
31
32 /**
33  * @ingroup los_config
34  * External configuration item for timer tailoring
35  */
36 #define LOSCFG_BASE_CORE_TICK_HW_TIME                 NO
37
38 /**
39  * @ingroup los_config
```

```
40  * Configuration LiteOS kernel tickless
41  */
42 #define LOSCFG_KERNEL_TICKLESS                          NO
43
44/*=============================================================================
45                 Hardware interrupt module configuration
46=============================================================================*/
47
48 /**
49  * @ingroup los_config
50  * Configuration item for hardware interrupt tailoring
51  */
52 #define LOSCFG_PLATFORM_HWI                             YES
53
54 /**
55  * @ingroup los_config
56  * Maximum number of used hardware interrupts, including Tick timer interrupts.
57  */
58 #define LOSCFG_PLATFORM_HWI_LIMIT                       96
59
60
61/*=============================================================================
62                   Task module configuration
63=============================================================================*/
64
65 /**
66  * @ingroup los_config
67  * Default task priority
68  */
69 #define LOSCFG_BASE_CORE_TSK_DEFAULT_PRIO           10
70
71 /**
72  * @ingroup los_config
73  * Maximum supported number of tasks except the idle task rather than the number of
usable tasks
74  */
75 #define LOSCFG_BASE_CORE_TSK_LIMIT                     15
// max num task
76
77 /**
78  * @ingroup los_config
79  * Size of the idle task stack
80  */
81 #define LOSCFG_BASE_CORE_TSK_IDLE_STACK_SIZE   (0x500U)
82
83 /**
84  * @ingroup los_config
85  * Default task stack size
86  */
87 #define LOSCFG_BASE_CORE_TSK_DEFAULT_STACK_SIZE       (0x2D0U)
88
89 /**
90  * @ingroup los_config
91  * Minimum stack size.
92  */
93 #define LOSCFG_BASE_CORE_TSK_MIN_STACK_SIZE           (0x130U)
94
```

```
 95 /**
 96  * @ingroup los_config
 97  * Configuration item for task Robin tailoring
 98  */
 99 #define LOSCFG_BASE_CORE_TIMESLICE                           YES
100
101 /**
102  * @ingroup los_config
103  * Longest execution time of tasks with the same priorities
104  */
105 #define LOSCFG_BASE_CORE_TIMESLICE_TIMEOUT                   10
106
107 /**
108  * @ingroup los_config
109  * Configuration item for task (stack) monitoring module tailoring
110  */
111 #define LOSCFG_BASE_CORE_TSK_MONITOR                         YES
112
113 /**
114  * @ingroup los_config
115  * Configuration item for task perf task filter hook
116  */
117 #define LOSCFG_BASE_CORE_EXC_TSK_SWITCH                      YES
118
119 /**
120  * @ingroup los_config
121  * Configuration item for performance moniter unit
122  */
123 #define OS_INCLUDE_PERF                                      YES
124
125 /**
126  * @ingroup los_config
127  * Define a usable task priority.Highest task priority.
128  */
129 #define LOS_TASK_PRIORITY_HIGHEST                            0
130
131 /**
132  * @ingroup los_config
133  * Define a usable task priority.Lowest task priority.
134  */
135 #define LOS_TASK_PRIORITY_LOWEST                             31
136
137
138 /*=============================================================================
139                     Semaphore module configuration
140 =============================================================================*/
141
142 /**
143  * @ingroup los_config
144  * Configuration item for semaphore module tailoring
145  */
146 #define LOSCFG_BASE_IPC_SEM                                  YES
147
148 /**
149  * @ingroup los_config
150  * Maximum supported number of semaphores
151  */
```

```
152 #define LOSCFG_BASE_IPC_SEM_LIMIT                            20
// the max sem-numb
153
154
155 /*=======================================================================
156                        Mutex module configuration
157 =======================================================================*/
158
159 /**
160  * @ingroup los_config
161  * Configuration item for mutex module tailoring
162  */
163 #define LOSCFG_BASE_IPC_MUX                                  YES
164
165 /**
166  * @ingroup los_config
167  * Maximum supported number of mutexes
168  */
169 #define LOSCFG_BASE_IPC_MUX_LIMIT                            15
// the max mutex-num
170
171
172 /*=======================================================================
173                        Queue module configuration
174 =======================================================================*/
175
176 /**
177  * @ingroup los_config
178  * Configuration item for queue module tailoring
179  */
180 #define LOSCFG_BASE_IPC_QUEUE                                YES
181
182 /**
183  * @ingroup los_config
184  * Maximum supported number of queues rather than the number of usable queues
185  */
186 #define LOSCFG_BASE_IPC_QUEUE_LIMIT                          10
//the max queue-numb
187
188
189 /*=======================================================================
190                  Software timer module configuration
191 =======================================================================*/
192
193 #if (LOSCFG_BASE_IPC_QUEUE == YES)
194 /**
195  * @ingroup los_config
196  * Configuration item for software timer module tailoring
197  */
198 #define LOSCFG_BASE_CORE_SWTMR                               YES
199
200 #define LOSCFG_BASE_CORE_TSK_SWTMR_STACK_SIZE
LOSCFG_BASE_CORE_TSK_ DEFAULT_STACK_SIZE
201
202 #define LOSCFG_BASE_CORE_SWTMR_TASK                          YES
203
204 #define LOSCFG_BASE_CORE_SWTMR_ALIGN                         YES
```

```
    205 #if(LOSCFG_BASE_CORE_SWTMR == NO && LOSCFG_BASE_CORE_SWTMR_ALIGN == YES)
    206 #error "swtmr align first need support swmtr, should make LOSCFG_BASE_CORE_SWTMR =
YES"
    207 #endif
    208
    209 /**
    210  * @ingroup los_config
    211  * Maximum supported number of software timers rather than the number of usable software
timers
    212  */
    213 #define LOSCFG_BASE_CORE_SWTMR_LIMIT 16  // the max SWTMR numb
    214
    215 /**
    216  * @ingroup los_config
    217  * Max number of software timers ID
    218  */
    219 #define OS_SWTMR_MAX_TIMERID
    220 ((65535/LOSCFG_BASE_CORE_SWTMR_LIMIT) * LOSCFG_BASE_CORE_SWTMR_LIMIT)
    221
    222 /**
    223  * @ingroup los_config
    224  * Maximum size of a software timer queue
    225  */
    226 #define OS_SWTMR_HANDLE_QUEUE_SIZE
    (LOSCFG_BASE_CORE_SWTMR_LIMIT + 0)
    227
    228 /**
    229  * @ingroup los_config
    230  * Minimum divisor of software timer multiple alignment
    231  */
    232 #define LOS_COMMON_DIVISOR 10
    233 #endif
    234
    235
    236 /*=====================================================================
    237                            Memory module configuration
    238 =====================================================================*/
    239
    240 extern UINT8 *m_aucSysMem0;
    241 extern UINT32 __LOS_HEAP_ADDR_START__;
    242 extern UINT32 __LOS_HEAP_ADDR_END__;
    243
    244 /**
    245  * @ingroup los_config
    246  * Starting address of the memory
    247  */
    248 #define OS_SYS_MEM_ADDR      (VOID *)__LOS_HEAP_ADDR_START__
    249
    250 /**
    251  * @ingroup los_config
    252  * Ending address of the memory
    253  */
    254 extern UINT32 g_sys_mem_addr_end;
    255
    256 /**
    257  * @ingroup los_config
    258  * Memory size
```

```
259  */
260 #define OS_SYS_MEM_SIZE
((UINT32)(__LOS_HEAP_ ADDR_END__ - __LOS_HEAP_ADDR_START__ +1))
261
262
263 /**
264  * @ingroup los_config
265  * Configuration module tailoring of mem node integrity checking
266  */
267 #define LOSCFG_BASE_MEM_NODE_INTEGRITY_CHECK            YES
268
269 /**
270  * @ingroup los_config
271  * Configuration module tailoring of mem node size checking
272  */
273 #define LOSCFG_BASE_MEM_NODE_SIZE_CHECK                 YES
274
275 #define LOSCFG_MEMORY_BESTFIT                           YES
276
277 /**
278  * @ingroup los_config
279  * Configuration module tailoring of more mempry pool checking
280  */
281 #define LOSCFG_MEM_MUL_POOL                             YES
282
283 /**
284  * @ingroup los_config
285  * Number of memory checking blocks
286  */
287 #define OS_SYS_MEM_NUM                                  20
288
289 /**
290  * @ingroup los_config
291  * Configuration module tailoring of slab memory
292  */
293 #define LOSCFG_KERNEL_MEM_SLAB                          YES
294
295
296 /*=====================================================================
297                             fw Interface configuration
298 =====================================================================*/
299
300 /**
301  * @ingroup los_config
302  * Configuration item for the monitoring of task communication
303  */
304 #define LOSCFG_COMPAT_CMSIS_FW                          YES
305
306
307 /*=====================================================================
308                                     others
309 =====================================================================*/
310
311 /**
312  * @ingroup los_config
313  * Configuration system wake-up info to open
```

```
314  */
315 #define OS_SR_WAKEUP_INFO                                          YES
316
317 /**
318  * @ingroup los_config
319  * Configuration CMSIS_OS_VER
320  */
321 #define CMSIS_OS_VER                                               2
322
323
324/*=====================================================================
325                     Exception module configuration
326=====================================================================*/
327
328 /**
329  * @ingroup los_config
330  * Configuration item for exception tailoring
331  */
332 #define LOSCFG_PLATFORM_EXC                                        NO
333
334
335/*=====================================================================
336                       Runstop module configuration
337=====================================================================*/
338
339 /**
340  * @ingroup los_config
341  * Configuration item for runstop module tailoring
342  */
343 #define LOSCFG_KERNEL_RUNSTOP                                      NO
344
345
346 /*====================================================================
347                                track configuration
348 ====================================================================*/
349
350 /**
351  * @ingroup los_config
352  * Configuration item for track
353  */
354 #define LOSCFG_BASE_MISC_TRACK                                     NO
355
356 /**
357  * @ingroup los_config
358  * Max count of track items
359  */
360 #define LOSCFG_BASE_MISC_TRACK_MAX_COUNT                           1024
361
362
363 #ifdef __cplusplus
364 #if __cplusplus
365 }
366 #endif /* __cplusplus */
367 #endif /* __cplusplus */
368
369
370 #endif /* _TARGET_CONFIG_H */
```

2.4　非接管中断版本修改 target_config.h

本节主要讲解非接管中断版本 target_config.h 文件的内容及需要修改的内容，如果是使用接管中断版本的读者，对本节内容可稍做了解。

2.4.1　target_config.h 文件内容

非接管中断的方式更加简单，更适合初学者学习。非接管中断版本的 target_config.h 文件需要在 LiteOS 提供的 demo 中移植过来，例如，LiteOS\targets\STM32F103RB_NUCLEO\OS_CONFIG。非接管中断版本的 target_config.h 文件内容如代码清单 2-3 所示。

注意

此文件仅保留内存管理部分，其他内容和接管中断版本基本一致。

代码清单 2-3　target_config.h 文件内容（非接管中断版本）

```
 1 #ifndef _TARGET_CONFIG_H
 2 #define _TARGET_CONFIG_H
 3
 4 #include "los_typedef.h"
 5 #include "stm32f1xx.h"
 6 #include <stdio.h>
 7 #include <string.h>
 8
 9
10 #ifdef __cplusplus
11 #if __cplusplus
12 extern "C" {
13 #endif /* __cplusplus */
14 #endif /* __cplusplus */
15
16
17
18 /*=============================================================================
19                        Memory module configuration
20 ==============================================================================*/
21 #define BOARD_SRAM_START_ADDR     0x20000000                            (1)
22 #define BOARD_SRAM_SIZE_KB        20                                    (2)
23 #define BOARD_SRAM_END_ADDR (BOARD_SRAM_START_ADDR + 1024 * BOARD_SRAM_SIZE_KB)
24                                                                         (3)
25 /**
26  * Config the start address and size of the LiteOS`s heap memory
27  */
28 #if defined ( __CC_ARM )                                                (4)
29
30 extern UINT32 Image$$RW_IRAM1$$ZI$$Limit;
31 #define LOS_HEAP_MEM_BEGIN    (&(Image$$RW_IRAM1$$ZI$$Limit))           (5)
32 #define LOS_HEAP_MEM_END      BOARD_SRAM_END_ADDR                       (6)
33
34 #elif defined ( __ICCARM__ )                                            (7)
35
36 #pragma segment="HEAP"
37 #define LOS_HEAP_MEM_BEGIN    (__segment_end("HEAP"))
38 #define LOS_HEAP_MEM_END      BOARD_SRAM_END_ADDR
```

```
39
40 #elif defined ( __GNUC__ )                                          (8)
41
42 extern UINT32 _ebss;
43 extern UINT32 _Min_Stack_Size;
44 extern UINT32 _Min_Heap_Size;
45 #define LOS_HEAP_MEM_BEGIN ((UINT32)(&_ebss) + (UINT32)(&_Min_Heap_Size))
46 #define LOS_HEAP_MEM_END ((UINT32)BOARD_SRAM_END_ADDR - (UINT32)(&_Min_Stack_Size))
47
48 #else
49 #error "Unknown compiler"
50 #endif
51
52 /**
53  * @ingroup los_config
54  * Starting address of the LiteOS heap memory
55  */
56 #define OS_SYS_MEM_ADDR  (VOID *)LOS_HEAP_MEM_BEGIN
57
58 /**
59  * @ingroup los_config
60  * Size of LiteOS heap memory
61  */
62  #define  OS_SYS_MEM_SIZE  (UINT32)((UINT32)LOS_HEAP_MEM_END  -  (UINT32)  LOS_HEAP_
MEM_BEGIN)
63                                                                     (9)
64
65 /**
66  * @ingroup los_config
67  * Configuration module tailoring of mem node integrity checking
68  */
69 #define LOSCFG_BASE_MEM_NODE_INTEGRITY_CHECK                      YES
70
71 /**
72  * @ingroup los_config
73  * Configuration module tailoring of mem node size checking
74  */
75 #define LOSCFG_BASE_MEM_NODE_SIZE_CHECK                           YES
76
77 #define LOSCFG_MEMORY_BESTFIT                                     YES
78
79 /**
80  * @ingroup los_config
81  * Configuration module tailoring of more mempry pool checking
82  */
83 #define LOSCFG_MEM_MUL_POOL                                       YES
84
85 /**
86  * @ingroup los_config
87  * Number of memory checking blocks
88  */
89 #define OS_SYS_MEM_NUM                                            20
90
91 /**
92  * @ingroup los_config
93  * Configuration module tailoring of slab memory
94  */
```

```
95 #define LOSCFG_KERNEL_MEM_SLAB                                    YES
96
97
98 #ifdef __cplusplus
99 #if __cplusplus
100 }
101 #endif /* __cplusplus */
102 #endif /* __cplusplus */
103
104
105 #endif /* _TARGET_CONFIG_H */
106
```

代码清单 2-3（1）：定义内存的起始地址，内存是 RAM（运行）内存，STM32 的 RAM 起始地址是 0x20000000。如果不知道 RAM 的起始地址，可以在工程中查看，如图 2-12 所示。

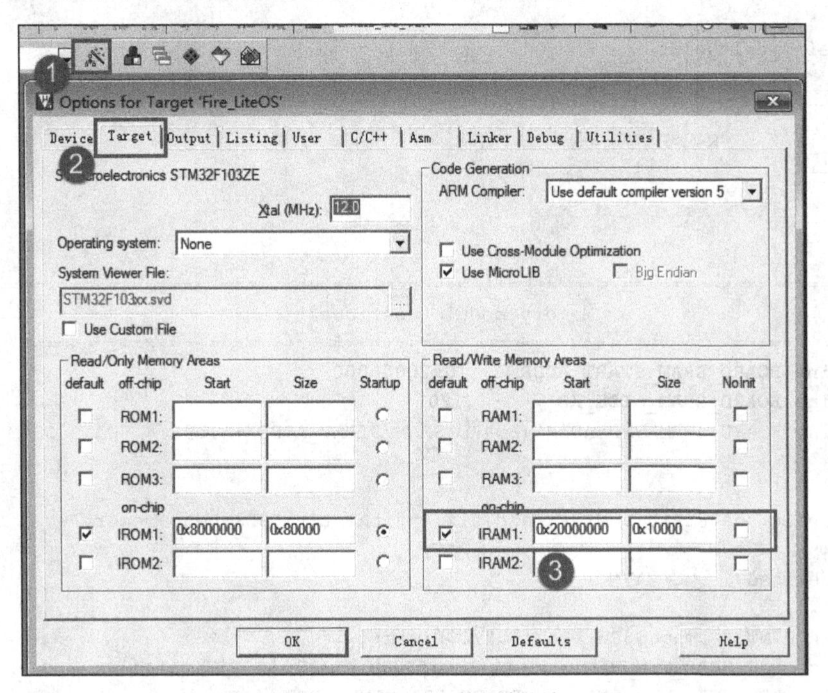

图 2-12 查看 RAM 的起始地址

代码清单 2-3（2）：定义芯片 RAM 的大小，根据对应的芯片进行修改，例如，STM32F103ZET6 的 RAM 是 64KB，那么 BOARD_SRAM_SIZE_KB 可以定义为不超过 64KB，当然，一般不能定义得那么大，因为工程本身也使用了一些内存，系统可管理的内存大小就要小一些，根据需要进行调整即可。

代码清单 2-3（3）：根据对应芯片的起始地址与 RAM 的大小计算出结束地址。

代码清单 2-3（4）、（7）、（8）：不同的宏定义对应不同的编译器，兼容性更强。

代码清单 2-3（5）：LiteOS 所管理内存的真正起始地址，由 LiteOS 自动计算得出，不会造成浪费，很多操作系统的地址是人为设定的，一些用不上的地址就浪费了，而 LiteOS 比较有优势，能让 RAM 得到最大化的利用。

代码清单 2-3（6）：LiteOS 所管理内存的真正结束地址。

代码清单 2-3（9）：LiteOS 所管理内存的实际大小。结束地址减去起始地址，即可得到真正的系统所管理的地址。

2.4.2 target_config.h 文件修改

target_config.h 文件的修改很简单，除 2.3.2 小节修改的内容以外，还需要修改对应的头文件以及实际芯片的 RAM 起始地址与大小，如代码清单 2-4 加粗部分所示。

代码清单 2-4　target_config.h 文件修改

```
 1 #ifndef _TARGET_CONFIG_H
 2 #define _TARGET_CONFIG_H
 3
 4 #include "los_typedef.h"
 5 #include "stm32f1xx.h"
 6 #include <stdio.h>
 7 #include <string.h>
 8
 9
10 #ifdef __cplusplus
11 #if __cplusplus
12 extern "C" {
13 #endif /* __cplusplus */
14 #endif /* __cplusplus */
15
16
17
18 /*=============================================================================
19                          Memory module configuration
20 ============================================================================*/
21 #define BOARD_SRAM_START_ADDR      0x20000000
22 #define BOARD_SRAM_SIZE_KB          20
23 #define BOARD_SRAM_END_ADDR (BOARD_SRAM_START_ADDR + 1024 * BOARD_SRAM_SIZE_KB)
24
25 /**
26  * Config the start address and size of the LiteOS`s heap memory
27  */
28 #if defined ( __CC_ARM )
29
30 extern UINT32 Image$$RW_IRAM1$$ZI$$Limit;
31 #define LOS_HEAP_MEM_BEGIN    (&(Image$$RW_IRAM1$$ZI$$Limit))
32 #define LOS_HEAP_MEM_END      BOARD_SRAM_END_ADDR
33
34 #elif defined ( __ICCARM__ )
35
36 #pragma segment="HEAP"
37 #define LOS_HEAP_MEM_BEGIN    (__segment_end("HEAP"))
38 #define LOS_HEAP_MEM_END      BOARD_SRAM_END_ADDR
39
40 #elif defined ( __GNUC__ )
41
42 extern UINT32 _ebss;
43 extern UINT32 _Min_Stack_Size;
44 extern UINT32 _Min_Heap_Size;
45 #define LOS_HEAP_MEM_BEGIN ((UINT32)(&_ebss) + (UINT32)(&_Min_Heap_Size))
46 #define LOS_HEAP_MEM_END ((UINT32)BOARD_SRAM_END_ADDR - (UINT32)(&_Min_Stack_Size))
47
48 #else
49 #error "Unknown compiler"
50 #endif
```

```
 51
 52 /**
 53  * @ingroup los_config
 54  * Starting address of the LiteOS heap memory
 55  */
 56 #define OS_SYS_MEM_ADDR  (VOID *)LOS_HEAP_MEM_BEGIN
 57
 58 /**
 59  * @ingroup los_config
 60  * Size of LiteOS heap memory
 61  */
 62 #define  OS_SYS_MEM_SIZE  (UINT32)((UINT32)LOS_HEAP_MEM_END  -  (UINT32)  LOS_HEAP_
MEM_BEGIN)
 63
 64
 65 /**
 66  * @ingroup los_config
 67  * Configuration module tailoring of mem node integrity checking
 68  */
 69 #define LOSCFG_BASE_MEM_NODE_INTEGRITY_CHECK                        YES
 70
 71 /**
 72  * @ingroup los_config
 73  * Configuration module tailoring of mem node size checking
 74  */
 75 #define LOSCFG_BASE_MEM_NODE_SIZE_CHECK                             YES
 76
 77 #define LOSCFG_MEMORY_BESTFIT                                       YES
 78
 79 /**
 80  * @ingroup los_config
 81  * Configuration module tailoring of more mempry pool checking
 82  */
 83 #define LOSCFG_MEM_MUL_POOL                                         YES
 84
 85 /**
 86  * @ingroup los_config
 87  * Number of memory checking blocks
 88  */
 89 #define OS_SYS_MEM_NUM                                              20
 90
 91 /**
 92  * @ingroup los_config
 93  * Configuration module tailoring of slab memory
 94  */
 95 #define LOSCFG_KERNEL_MEM_SLAB                                      YES
 96
 97
 98 #ifdef __cplusplus
 99 #if __cplusplus
100 }
101 #endif /* __cplusplus */
102 #endif /* __cplusplus */
103
104
105 #endif /* _TARGET_CONFIG_H */
106
```

2.5 修改相关文件

LiteOS 的移植需要修改较多内容，如启动文件的修改、分散加载文件的修改、中断相关文件的修改、core_cm3.h 头文件的修改，本节将详细讲解这些相关文件的修改。如果移植的是非接管中断版本，对本节内容可稍做了解。

2.5.1 启动文件内容修改

因为 LiteOS 接管中断版本的中断向量表是由系统管理的，所以裸机的启动文件已经不适合了，必须替换掉，LiteOS 的开发人员已经写好了启动文件，只需要修改一下即可。在移植操作系统的过程中，要用 LiteOS 的启动文件 los_startup_keil.s 替换裸机工程中的启动文件，其中存放的是与 LiteOS 相关的初始化函数。启动文件中的内容如代码清单 2-5 所示。

代码清单 2-5　os_startup_keil.s 启动文件内容

```
 1 LOS_Heap_Min_Size   EQU     0x400
 2
 3                 AREA    LOS_HEAP, NOINIT, READWRITE, ALIGN=3          (1)
 4 __los_heap_base
 5 LOS_Heap_Mem    SPACE   LOS_Heap_Min_Size
 6
 7
 8                 AREA    LOS_HEAP_INFO, DATA, READONLY, ALIGN=2        (2)
 9                 IMPORT  |Image$$ARM_LIB_STACKHEAP$$ZI$$Base|          (3)
10                 EXPORT  __LOS_HEAP_ADDR_START__                       (4)
11                 EXPORT  __LOS_HEAP_ADDR_END__
12 __LOS_HEAP_ADDR_START__
13                 DCD     __los_heap_base                               (5)
14 __LOS_HEAP_ADDR_END__
15                 DCD     |Image$$ARM_LIB_STACKHEAP$$ZI$$Base| - 1
16
17
18                 PRESERVE8
19
20                 AREA    RESET, CODE, READONLY
21                 THUMB
22
23                 IMPORT  ||Image$$ARM_LIB_STACKHEAP$$ZI$$Limit||
24                 IMPORT  osPendSV
25
26                 EXPORT  _BootVectors
27                 EXPORT  Reset_Handler
28
29 _BootVectors
30                 DCD     ||Image$$ARM_LIB_STACKHEAP$$ZI$$Limit||
31                 DCD     Reset_Handler
32
33
34 Reset_Handler
35                 IMPORT  SystemInit                                    (6)
36                 IMPORT  __main
37                 LDR     R0, =SystemInit                               (7)
38                 BLX     R0
39                 LDR     R0, =__main
40                 BX      R0
41
```

```
42
43                  ALIGN
44                  END
```

代码清单 2-5（1）：开辟栈的大小为 0X400（1KB），名称为 LOS_HEAP，NOINIT 表示不初始化，READWRITE 表示可读可写，按 8（2^3）字节对齐。

代码清单 2-5（2）：开辟栈的大小为 0X400（1KB），名称为 LOS_HEAP_INFO，READWRITE 表示只读数据段，按 4（2^2）字节对齐。

代码清单 2-5（3）：声明|Image$$ARM_LIB_STACKHEAP$$ZI$$Base|来自外部文件，和 C 语言中的 EXTERN 关键字类似。

代码清单 2-5（4）：声明__LOS_HEAP_ADDR_START__与__LOS_HEAP_ADDR_END__具有全局属性，可被外部的文件使用。

代码清单 2-5（5）：__LOS_HEAP_ADDR_START__和__LOS_HEAP_ADDR_END__是全局变量。它们位于 LOS_HEAP_INFO 段，该段会被链接到 Flash 地址空间，因此这两个变量的地址在 Flash 空间内。所以这两个符号用于定义 const 是只读变量，它们的值分别是__los_heap_base 和|Image$$ARM_LIB_STACKHEAP$$ZI$$Base|-1。

代码清单 2-5（6）：表示该标号来自外部文件，和 C 语言中的 EXTERN 关键字类似。这里表示 SystemInit 和__main 这两个函数均来自外部文件。

代码清单 2-5（7）：跳转到 SystemInit 和__main 这两个函数并执行，这两个函数是需要在外部实现的。

SystemInit 函数在 STM32 的固件库中已经实现，它位于 system_stm32f10x.c 文件，如代码清单 2-6 所示。

代码清单 2-6　SystemInit 函数（system_stm32f10x.c 文件）

```
1 void SystemInit (void)
2 {
3     /* Reset the RCC clock configuration to the default reset state(for debug purpose) */
4     /* Set HSION bit */
5     RCC->CR |= (uint32_t)0x00000001;                                    (1)
6
7     /* Reset SW, HPRE, PPRE1, PPRE2, ADCPRE and MCO bits */
8 #ifdef STM32F10X_CL
9     RCC->CFGR &= (uint32_t)0xF8FF0000;
10 #else
11     RCC->CFGR &= (uint32_t)0xF0FF0000;
12 #endif /* STM32F10X_CL */
13
14     /* Reset HSEON, CSSON and PLLON bits */
15     RCC->CR &= (uint32_t)0xFEF6FFFF;
16
17     /* Reset HSEBYP bit */
18     RCC->CR &= (uint32_t)0xFFFBFFFF;
19
20     /* Reset PLLSRC, PLLXTPRE, PLLMUL and USBPRE/OTGFSPRE bits */
21     RCC->CFGR &= (uint32_t)0xFF80FFFF;
22
23 #ifdef STM32F10X_CL
24     /* Reset PLL2ON and PLL3ON bits */
25     RCC->CR &= (uint32_t)0xEBFFFFFF;
26
27     /* Disable all interrupts and clear pending bits  */
28     RCC->CIR = 0x00FF0000;
29
```

```
    30      /* Reset CFGR2 register */
    31      RCC->CFGR2 = 0x00000000;
    32 #elif defined (STM32F10X_LD_VL) || defined (STM32F10X_MD_VL) || (defined STM32F10X_
HD_VL)
    33      /* Disable all interrupts and clear pending bits  */
    34      RCC->CIR = 0x009F0000;
    35
    36      /* Reset CFGR2 register */
    37      RCC->CFGR2 = 0x00000000;
    38 #else
    39      /* Disable all interrupts and clear pending bits  */
    40      RCC->CIR = 0x009F0000;
    41 #endif /* STM32F10X_CL */
    42
    43 #if defined (STM32F10X_HD) || (defined STM32F10X_XL) || (defined STM32F10X_HD_VL)
    44 #ifdef DATA_IN_ExtSRAM
    45      SystemInit_ExtMemCtl();
    46 #endif /* DATA_IN_ExtSRAM */
    47 #endif
    48
    49      /* Configure the System clock frequency, HCLK, PCLK2 and PCLK1 prescalers */
    50      /* Configure the Flash Latency cycles and enable prefetch buffer */
    51      SetSysClock();                                                  (2)
    52
    53 #ifdef VECT_TAB_SRAM
    54      SCB->VTOR = SRAM_BASE | VECT_TAB_OFFSET; /* Vector Table Relocation in Internal
SRAM. */
    55 #else
    56      SCB->VTOR = FLASH_BASE | VECT_TAB_OFFSET; /* Vector Table Relocation in Internal
FLASH. */
    57 #endif
    58 }
```

代码清单 2-6（1）：操作时钟控制寄存器，将内部 8MHz 高速时钟使能，从这里可以看出系统启动后是依靠内部时钟源而工作的。

代码清单 2-6（2）：SetSysClock 是 SystemInit 的重点函数，用来设置系统复位后的所有时钟，让系统工作起来。

2.5.2 分散加载文件修改

在 LiteOS 中，中断向量表被放在运行内存中，为避免影响分配内存，需要将代码分散加载到不同的区域中，华为官方提供的分散加载文件就在每个具体的工程文件目录下。如 LiteOS\targets\STM32F429IGTx_FIRE\MDK-ARM 文件夹下的 STM32F429IGTx-LiteOS.sct 文件，如图 2-13 所示，首先将它复制到自己工程的 User 文件夹中，并将其名称修改为“Fire-F103-LiteOS.sct”；其次将它配置到工程中，这样在编译器编译、链接的时候就会根据分散加载文件的配置进行处理，操作过程如图 2-14 所示。

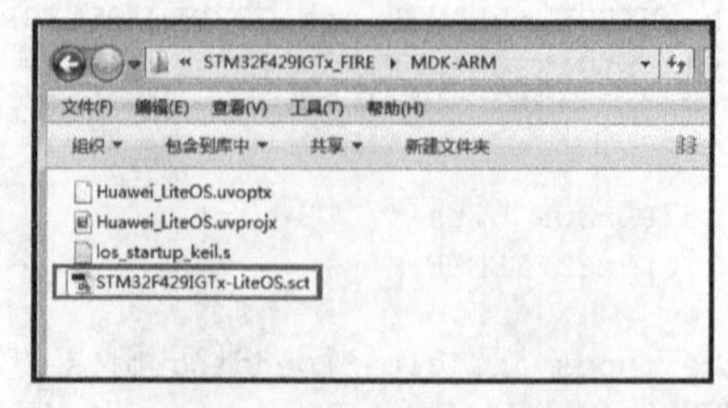

图 2-13　STM32F429IGTx-LiteOS.sct 文件

添加到工程配置中后，可以打开分散加载文件，查看其中的源码，操作步骤如图 2-15 所示。

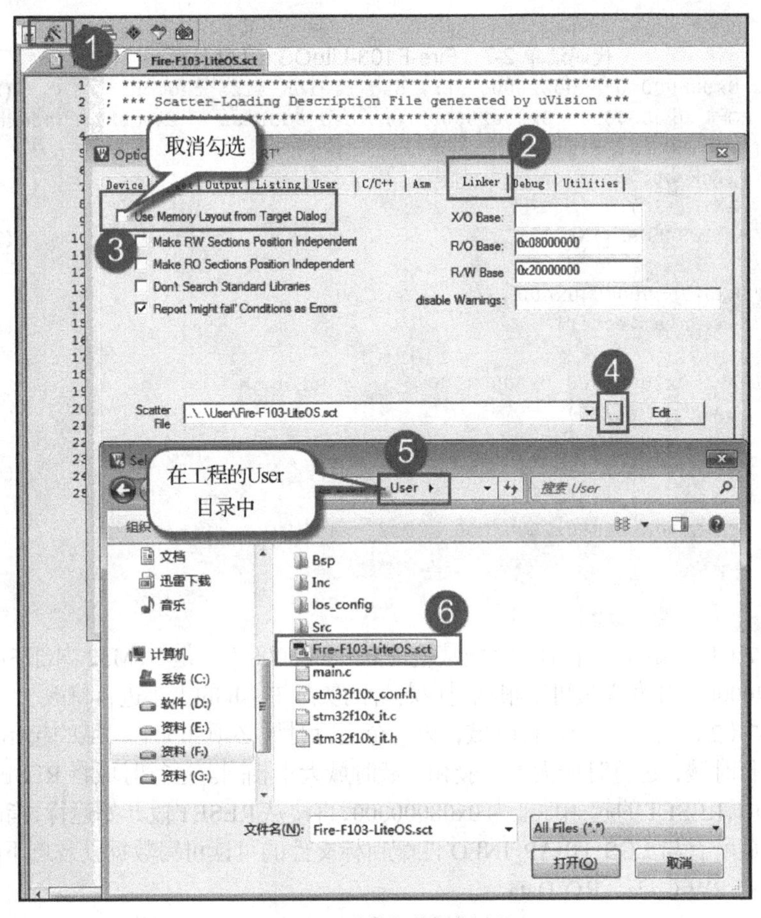

图 2-14　分散加载操作过程

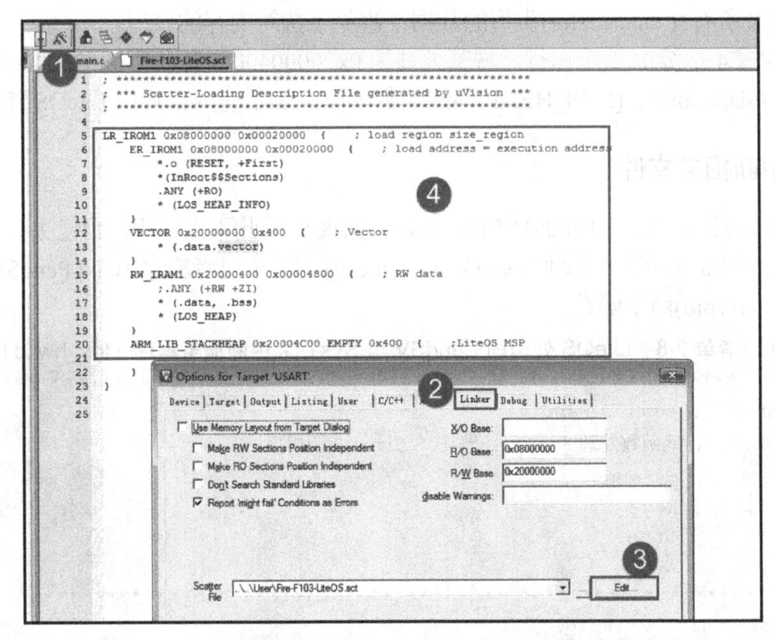

图 2-15　打开分散加载文件“Fire-F103-LiteOS.sct”的操作步骤

打开分散加载文件后，可以看到文件中的源码，如代码清单 2-7 所示，下面简单介绍分散加载文件的格式。

代码清单 2-7　Fire-F103-LiteOS.sct 文件源码

```
 1 LR_IROM1 0x08000000 0x00020000 {; load region size_region              (1)
 2     ER_IROM1 0x08000000 0x00020000 {; load address = execution address
 3         *.o (RESET, +First)
 4         *(InRoot$$Sections)
 5         .ANY (+RO)
 6         * (LOS_HEAP_INFO)                                               (2)
 7     }
 8     VECTOR 0x20000000 0x400 {    ; Vector
 9         * (.data.vector)                                                (3)
10     }
11     RW_IRAM1 0x20000400 0x00004800 {    ; RW data
12         ;.ANY (+RW +ZI)
13         * (.data, .bss)
14         * (LOS_HEAP)                                                    (4)
15     }
16     ARM_LIB_STACKHEAP 0x20004C00 EMPTY 0x400 {    ;LiteOS MSP
17 
18     }
19 }
```

代码清单 2-7（1）：定义一个加载时域基地址 0x08000000（这是 STM32 内部 Flash 的基地址），域大小为 0x00020000，开发人员可以根据对应芯片的实际 Flash 的大小进行修改。

代码清单 2-7（2）：定义一个运行时域，第一个运行时域必须和加载时域的起始地址相同，否则将不能加载到运行时域，运行时域大小一般和加载时域大小相同。运行时域将 RESET 段最先加载到本域的起始地址中，RESET 的起始地址为 0x08000000，直接从 RESET 段开始运行，指向 Reset_Handler 开始运行，再加载所有与 LOS_HEAP_INFO 匹配目标文件的可读可写数据以及剩下的所有只读属性数据，包含 Code、RW-Code、RO-Data。

代码清单 2-7（3）：定义一个运行时域基地址为 0x20000000、大小为 0x400 的 RAM 空间，用来存放中断向量表及所有*(.data.vector)类型的数据，避免干扰对内存的分配。

代码清单 2-7（4）：定义一个运行时域基地址为 0x20000400、大小为 0x00004800 的 RAM 空间，用来存放所有与(.data, .bss)、(LOS_HEAP)匹配的数据段，剩下的内存将由 LiteOS 随意分配。

2.5.3　修改中断相关文件

鉴于 LiteOS 已经处理好了 PendSV 与 SysTick 的中断，因此不需要用户自己去处理，如代码清单 2-8 所示，所以要在中断相关的源文件（stm32fxxx_it.c）中注释（或者删除）void PendSV_Handler(void) 与 SysTick_Handler(void)两个函数。

代码清单 2-8　LiteOS 处理的 PendSV 与 SysTick 中断服务程序（los_hwi.c）

```
 1 /*************************************************************************
 2  Function    : PendSV_Handler
 3  Description : 此函数处理 PendSVC 异常， LiteOS 调用接口
 4                osPendSV
 5  Input       : None
 6  Output      : None
 7  Return      : None
 8  *********************************************************************/
 9 void PendSV_Handler(void)
10 {
```

```
11     osPendSV();
12 }
13
14 /*******************************************************************
15  Function      : SysTick_Handler
16  Description : 此函数处理 SysTick 异常， LiteOS 调用接口
17                 osTickHandler
18  Input         : None
19  Output        : None
20  Return        : None
21  ******************************************************************/
22 void SysTick_Handler(void)
23 {
24     if (g_bSysTickStart) {
25         osTickHandler();
26     } else {
27         g_ullTickCount++;
28     }
29 }
```

2.5.4　修改 core_cm3.h 文件

由于裸机工程使用的是 3.5 版本的 ST 官方固件库，它们提供的 core_cm3.h 文件是 1.30 版本的，这个版本已经很旧了，现在的 core_cm3.h 一直在更新，因此，移植的时候需要修改 core_cm3.h 的头文件，开发人员可以直接使用本书提供的 core_cm3.h（4.30 版本）文件。打开本书提供的配套例程，在工程的 CMSIS 分组中打开 core_cm3.h，全选文件，并将其复制到裸机工程的 core_cm3.h 文件中即可，如图 2-16 所示。

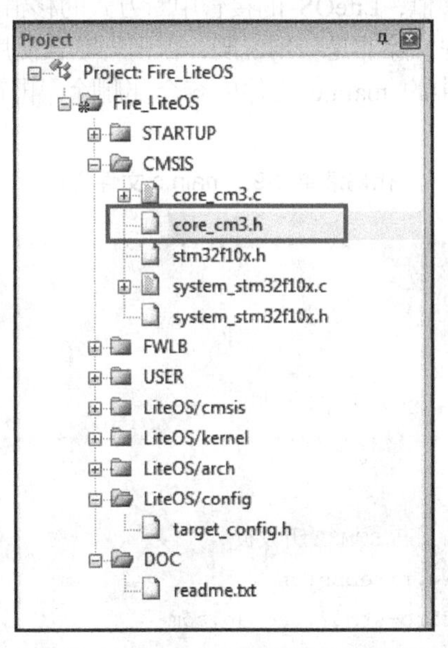

图 2-16　修改 core_cm3.h 文件（复制到移植的工程中）

2.6　修改工程配置

在 LiteOS 中，编译需要 C99 标准的支持，并且要忽略正常的警告，选择“target”→“C/C++”

选项，在“Misc Controls”文本框中输入“--diag_suppress=1,47,177,186,223,1295”，即可设置忽略这些编号的警告，如图 2-17 所示。

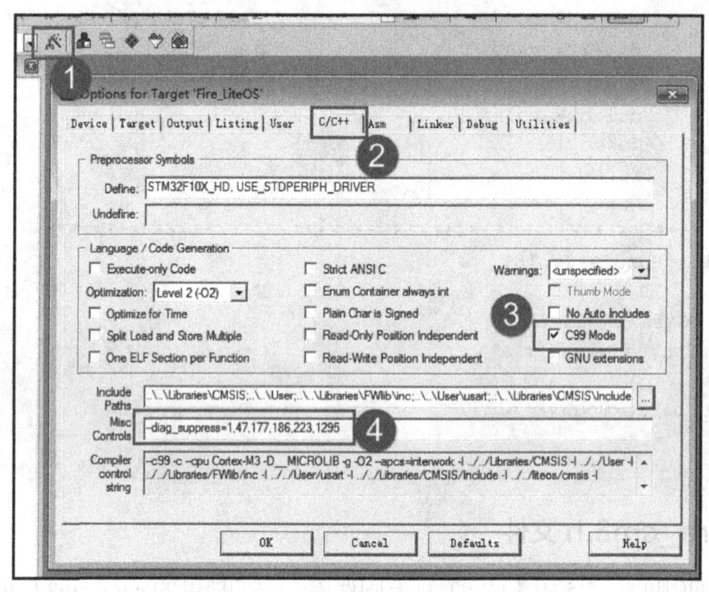

图 2-17　修改工程配置

2.7　修改 main.c

至此，初步完成了工程的移植，LiteOS 的接管中断方式的移植比非接管中断方式需要的配置稍多一些，本书所提供的配套例程，除非是特别说明，否则均默认使用非接管中断方式。

本书需先将原来裸机工程中的 main.c 文件内容全部删除，再在其中新增如下内容，如代码清单 2-9 所示。

代码清单 2-9　main.c 文件内容

```
1 /**
2    ************************************************************************
3    * @file    main.c
4    * @author  fire
5    * @version V1.0
6    * @date    2018-xx-xx
7    * @brief   LiteOS + STM32 工程模板
8    ************************************************************************
9    * @attention
10   *
11   * 实验平台:野火 F103-霸道 STM32 开发板
12   * 论坛    :http://www.firebbs.cn
13   * 淘宝    :https://fire-stm32.taobao.com
14   *
15   ************************************************************************
16   */
17
18 /*
19 **************************************************************************
20 *                              包含的头文件
21 **************************************************************************
```

```
22 */
23 #include "stm32f10x.h"
24 #include " los_sys.h "                                          (1)
25 #include "los_typedef.h"
26 #include "los_task.ph"
27 /*
28 ***************************************************************************
29 *                                  变量
30 ***************************************************************************
31 */
32
33
34 /*
35 ***************************************************************************
36 *                                函数声明
37 ***************************************************************************
38 */
39
40
41
42 /*
43 ***************************************************************************
44 *                                main 函数
45 ***************************************************************************
46 */
47 /**
48   * @brief  主函数
49   * @param  无
50   * @retval 无
51   */
52 int main(void)
53 {
54     /* 什么都没有*/
55 }
56
57
58 /********************************END OF FILE****************************/
```

代码清单 2-9（1）：添加需要包含的头文件，不同的开发板对应的头文件是不一样的，根据自己的开发板平台选择对应的头文件即可。本例程使用野火 STM32 开发板作为实验平台，这些是 LiteOS 的相关文件的头文件，需要包含进去。

当工程初步移植完成后进行编译，如果采用非接管中断方式移植的工程，则会发现没有错误也没有警告。

2.8　下载验证

将程序编译好，使用 DAP 仿真器把程序下载到野火 STM32 开发板（具体型号根据具体购买的开发板而定，每个型号的开发板都配套了对应的程序）中，因为目前还没有在 main 函数中创建任务，系统也尚未开始运行，main 函数中什么都没有，所以下载到开发板上也是没有任何现象的。要想看到现象，需自己在 main 函数中创建应用任务，并使 LiteOS 在开发板上运行。关于如何使用 LiteOS 创建任务，将在第 3 章内容中进行讲解。

03 第3章　创建任务

第 2 章讲解了基于野火 STM32 开发板如何创建 LiteOS 工程模板的内容，本章将开始真正进入学习使用 LiteOS 的征程，从最简单的创建任务开始，实现 LED 翻转的功能，帮助读者能够对整个 LiteOS 有初步的了解。

【学习目标】

- 了解 LiteOS 的基本使用方式。
- 了解 LiteOS 创建任务的基本参数及其作用，如任务栈、任务控制块等。
- 了解 LiteOS 的启动流程。
- 掌握 LiteOS 创建任务的过程。
- 学会使用 LiteOS 创建任务函数。

3.1　硬件初始化

在启动 LiteOS 之前，应该先对系统硬件进行初始化。本章创建的任务需要用到开发板搭载的 LED，因此需要对 LED 硬件部分进行初始化，具体处理是在 main.c 文件的 BSP_Init 函数中对 LED 进行初始化，如代码清单 3-1 加粗部分所示。

代码清单 3-1　在 BSP_Init 中添加硬件初始化函数

```
1 /*************************************************************
2   * @ 函数名  ：  BSP_Init
3   * @ 功能说明 ：  板级外设初始化，所有开发板上的初始化均可放在这个函数中
4   * @ 参数     ：
5   * @ 返回值  ：  无
6   ************************************************************ /
7 static void BSP_Init(void)
8 {
9     /*
10      * STM32 中断优先级分组为 4，即 4bit 都用来表示抢占优先级，范围为 0 ~ 15
11      * 优先级分组只需要分组一次，以后如果有其他任务需要用到中断，
12      * 则统一使用这个优先级分组，不要再分组，切记
13      */
```

```
14    NVIC_PriorityGroupConfig( NVIC_PriorityGroup_4 );
15
16    /* LED 初始化 */
17    LED_GPIO_Config();
18 }
```

main 函数中调用了 BSP_Init，当代码执行到 BSP_Init 函数时，操作系统的内容完全未涉及，即 BSP_Init 函数所做的处理与裸机工程中的硬件初始化是一样的。当执行完 BSP_Init 函数后，CPU 才会启动操作系统去运行用户创建的任务。在学习过程中，读者可能已经将任务创建完成，并且 LiteOS 操作系统也已经运行，但程序运行的现象与想象中不一样，如 LED 灯不会亮、串口没有输出、LED 灯没有显示等。如果是初学者，这个时候就会心急如焚，该如何判断是硬件出现问题还是系统出现问题呢？在此，编者分享一个小小的调试技巧：在硬件初始化完成后，立即测试硬件是否能正常工作，保证在尚未涉及操作系统的情况下，硬件是正常工作的，具体实现如代码清单 3-2 加粗部分所示。

代码清单 3-2　在 BSP_Init 中添加硬件测试函数

```
 1 /*****************************************************************
 2   * @brief  主函数
 3   * @param  无
 4   * @retval 无
 5   * @note   第一步：开发板硬件初始化
 6             第二步：创建 App 应用任务
 7             第三步：启动 LiteOS，开始多任务调度，启动失败时输出错误信息
 8   *****************************************************************/
 9 int main(void)
10 {
11     /* 板级硬件初始化 */
12     BSP_Init();                                              (1)
13     LED1_ON;                                                 (2)
14     while (1);                                               (3)
15 }
```

代码清单 3-2（1）：硬件初始化。

代码清单 3-2（2）：测试点亮 LED 灯，可以继续添加其他硬件初始化和测试代码。在确认硬件能正常工作之后，这部分硬件测试的代码可删可不删，因为 BSP_Init 函数只执行一次。

代码清单 3-2（3）：为了测试硬件是否正常工作，添加一个死循环，使程序停在这里，不再继续向下执行，当测试完毕后，语句“while(1);”必须删除。

3.2 创建单任务

在本节中将会创建一个任务，任务使用的栈空间和任务控制块是在创建任务的时候全部由 LiteOS 动态分配的。在 LiteOS 中，每一个任务都是独立的，它们的运行环境都单独保存在自己的任务栈中，任务栈占用的是 MCU 内部的 SRAM（静态随机存取存储器，内存），创建的任务越多，需要使用的栈空间就越大，即需要使用的 SRAM 越多，一个 MCU 支持创建多少个任务，取决于它的 SRAM 空间有多少。

3.2.1 动态内存空间的堆

任务控制块和任务栈的内存空间都是从 SRAM 分配的，具体分配到哪个地址由编译器决定。LiteOS 支持动态内存分配，任务控制块和任务栈的内存空间均由 LiteOS 分配，LiteOS 中定义了一个

OS_SYS_MEM_SIZE 宏指定系统可以管理的内存大小，这个宏定义在 target_config.h 中由用户配置。在创建任务的时候，系统使用 LOS_MemAllocAlign 函数从内存池中分配需要的内存，如代码清单 3-3 所示。

代码清单 3-3　LiteOS 创建任务并进行动态内存分配

```
 1 LITE_OS_SEC_TEXT VOID *LOS_MemAllocAlign(VOID *pPool,
 2                                           UINT32 uwSize,
 3                                           UINT32 uwBoundary){
 4     VOID *pRet = NULL;
 5     UINT32 uwUseSize;
 6     UINT32 uwGapSize;
 7      VOID *pAlignedPtr;
 8     do {
 9      if ((NULL == pPool) || (0 == uwSize) || (0 == uwBoundary)
10             || !IS_ALIGNED(uwBoundary, sizeof(VOID *))) {
11             break;                                                  (1)
12         }
13
14
15         uwUseSize = uwSize + uwBoundary + 4;
16         pRet = osHeapAlloc(pPool, uwUseSize);                       (2)
17
18         if (pRet) {
19             pAlignedPtr = (VOID *)OS_MEM_ALIGN(pRet, uwBoundary);   (3)
20             if (pRet == pAlignedPtr) {
21                 break;
22             }
23
24
25             uwGapSize = (UINT32)pAlignedPtr - (UINT32)pRet;
26             OS_MEM_SET_ALIGN_FLAG(uwGapSize);
27             *((UINT32 *)((UINT32)pAlignedPtr - 4)) = uwGapSize;
28
29             pRet = pAlignedPtr;
30         }
31     } while (0);
32
33     return pRet;
34 }
```

代码清单 3-3（1）：如果传入的参数是非法的，则跳出循环不再继续分配内存。

代码清单 3-3（2）：进行内存分配，从系统可管理的 OS_SYS_MEM_SIZE 大小的内存中进行分配，分配的内存大小为 uwUseSize，如果内存分配成功，则返回指向内存地址的指针 pRet。具体的内存分配过程将会在本书后续进行详细分析，此处读者只需要知道系统是通过 osHeapAlloc 函数进行内存分配的即可。

代码清单 3-3（3）：如果内存分配成功，则对已经分配的内存进行对齐操作。在 LiteOS 中，内存按 8 字节对齐。

3.2.2　LiteOS 核心初始化

在开始创建任务之前，需要对 LiteOS 的核心组件进行初始化，LiteOS 已经提供了一个函数接口——LOS_KernelInit，它能够将整个 LiteOS 的核心部分初始化。在初始化完成后，读者可以根据自己的需要创建任务和信号量等。

核心初始化函数 LOS_KernelInit 主要做了以下几件事。

（1）系统内存的初始化，因为 LiteOS 所管理的内存只是一块内存区域，所以 LiteOS 将其管理的内存初始化一遍，目的是使后续能够正常管理。

（2）如果系统接管中断，那么 LiteOS 会将所有的中断入口函数通过一个指针数组存储，系统最大支持管理 OS_VECTOR_CNT 即 OS_SYS_VECTOR_CNT+OS_HWI_MAX_NUM 个中断。而系统不接管中断就不会对中断入口函数进行处理，读者可以通过 LOSCFG_PLATFORM_HWI 宏定义配置是否由系统接管中断。

（3）任务基本的底层初始化，如 LiteOS 采用一块内存来管理所有的任务控制块信息，系统最大支持 LOSCFG_BASE_CORE_TSK_LIMIT+1 个任务（包括空闲任务），该宏定义的值是由用户指定的，用户可以根据系统需求进行裁剪，以减少系统的内存开销，并初始化系统必要的链表等。

（4）如果用户使能任务监视功能，那么系统会初始化对应的监视功能。

（5）如果用户使能信号量、互斥锁、消息队列等 IPC 通信机制，那么在系统运行前会将这些内核资源初始化。系统支持的最大的信号量、互斥锁、消息队列个数由用户决定，当不需要那么多任务时可以进行裁剪，以减少系统的内存开销。

（6）如果系统使用了软件定时器，则必须使用消息队列（因为软件定时器依赖消息队列进行管理），并初始化相关的功能。除此之外，系统还会创建一个软件定时器任务。

（7）LiteOS 会创建一个空闲任务，空闲任务在系统中是必须存在的，因为处理器是一直在运行的，当整个系统都没有就绪任务的时候，系统必须保证有一个任务在运行，空闲任务就是为这个目的而设计的。空闲任务的优先级最低，当用户创建的任务进入就绪态时，它可以抢占空闲任务的 CPU 使用权，从而执行用户创建的任务。空闲任务默认的任务栈大小是 LOSCFG_BASE_ CORE_TSK_IDLE_STACK_SIZE，用户可以进行修改。

3.2.3 定义任务函数

在创建任务时，需要指定任务函数（或者称之为任务主体），它应该是一个无限的死循环，不能返回，如代码清单 3-4 所示。

代码清单 3-4 定义任务函数

```
1 /**************************************************************************
2     * @ 函数名  :  Test1_Task
3     * @ 功能说明:  Test1_Task 任务实现
4     * @ 参数    :
5     * @ 返回值  :  无
6     ***************************************************************************/
7 static void Test1_Task(void)
8 {
9       /* 每个任务都是一个无限循环，不能返回 */
10      while (1) {                                                    (1)
11          LED2_TOGGLE;                                               (2)
12          LOS_TaskDelay(1000); /*延时 1000 个 Tick*/                 (3)
13      }
14 }
```

代码清单 3-4（1）：每个独立的任务都是一个无限循环，不能返回。

代码清单 3-4（2）：任务点灯测试，翻转 LED。

代码清单 3-4（3）：调用系统延时函数，保证任务得以切换，延时 1000 个 Tick。

3.2.4 定义任务 ID 变量

在 LiteOS 中，任务 ID（也可以理解为任务句柄，下文均采用任务 ID 表示）是非常重要的，因为它是任务的唯一标志。任务 ID 本质上是一个从 0 开始的整数，是任务身份的标志（读者也可以将其简单理解为任务的索引号）。在任务创建成功后，系统会返回一个任务 ID 给用户，用户可以通过任务 ID 对任务进行挂起、恢复、查询信息等操作，在此之前，用户需要定义一个任务 ID 变量，用来存储返回的任务 ID。任务 ID 变量定义如代码清单 3-5 所示。

代码清单 3-5 定义任务 ID 变量

```
1 /* 定义任务 ID 变量 */
2 UINT32 Test1_Task_Handle;
```

3.2.5 任务控制块

每一个任务都含有一个任务控制块（Task Control Block，TCB）。TCB 包含了任务栈指针（Stack Pointer）、任务状态、任务优先级、任务 ID、任务名及任务栈大小等信息，还可以反映出每个任务的运行情况。任务控制块的内容如代码清单 3-6 所示，相关概念说明如下。

任务入口函数：每个新任务得到调度后都将执行的函数。该函数由用户实现，在任务创建时，通过任务创建结构体指定。

任务优先级：优先级表示任务执行的优先顺序。任务的优先级决定了在发生任务切换时即将要执行的任务，处于就绪列表中最高优先级的任务将得到执行。

任务栈：每一个任务都拥有一个独立的栈空间，称为任务栈。任务栈保存的信息包含局部变量、寄存器、函数参数、函数返回地址等。发生任务切换时，会将切出任务的上下文信息保存在任务自身的任务栈中，任务恢复运行时可以还原现场，从而保证在任务恢复后不丢失数据，并继续执行。

任务上下文：任务在运行过程中使用到的一些资源，如寄存器等。当某个任务挂起时，系统中的其他任务得到运行，在任务切换的时候，如果没有把切出任务的上下文信息保存下来，则会导致未知的错误。因此，LiteOS 在任务挂起的时候会将切出任务的上下文信息保存在任务栈中，在任务恢复的时候，系统将从任务栈中恢复挂起时的上下文信息，任务将继续运行。

代码清单 3-6 任务控制块（los_tack.ph）内容

```
1 typedef struct tagTaskCB {
2     VOID            *pStackPointer;    /**<任务栈指针    */
3     UINT16          usTaskStatus;      /**<任务状态      */
4     UINT16          usPriority;        /**<任务优先级    */
5     UINT32          uwStackSize;       /**<任务栈大小    */
6     UINT32          uwTopOfStack;      /**<任务栈顶      */
7     UINT32          uwTaskID;          /**<任务 ID       */
8     TSK_ENTRY_FUNC  pfnTaskEntry;      /**<任务入口函数  */
9     VOID            *pTaskSem;         /**<任务阻塞在哪个信号量 */
10    VOID            *pTaskMux;         /**<任务阻塞在哪个互斥锁 */
11    UINT32          uwArg;             /**<参数          */
12    CHAR            *pcTaskName;       /**<任务名称      */
13    LOS_DL_LIST     stPendList;        /**<挂起列表      */
14    LOS_DL_LIST     stTimerList;       /**<时间相关列表  */
15    UINT32          uwIdxRollNum;
16    EVENT_CB_S      uwEvent;           /**<事件          */
17    UINT32          uwEventMask;       /**<事件掩码      */
```

```
18     UINT32         uwEventMode;         /**<事件模式          */
19     VOID           *puwMsg;             /**<内存分配给队列    */
20 } LOS_TASK_CB;
```

3.2.6　创建具体任务

创建具体任务的时候，可使用 LOS_TaskCreate 函数，每个任务的具体配置是需要用户定义的，不同的任务之间参数是不一样的，如代码清单 3-7 所示。

代码清单 3-7　创建具体任务

```
 1 /*******************************************************************
 2   * @ 函数名  ： Creat_Test1_Task
 3   * @ 功能说明： 创建 Test1_Task 任务
 4   * @ 参数    ：
 5   * @ 返回值  ： 无
 6   *******************************************************************/
 7 static UINT32 Creat_Test1_Task()
 8 {
 9     UINT32 uwRet = LOS_OK; //定义一个创建任务的返回类型，默认为创建成功的返回值
10     TSK_INIT_PARAM_S task_init_param; /*定义一个局部变量 */              (1)
11
12     task_init_param.usTaskPrio = 5; /* 任务优先级，数值越小，优先级越高*/ (2)
13     task_init_param.pcName = "Test1_Task";/* 任务名称 */                 (3)
14     task_init_param.pfnTaskEntry = (TSK_ENTRY_FUNC)Test1_Task;          (4)
15     task_init_param.uwStackSize = 0x000; /* 任务栈大小 */                (5)
16
17     uwRet = LOS_TaskCreate(&Test1_Task_Handle, &task_init_param);       (6)
18     return uwRet;                                                       (7)
19 }
```

代码清单 3-7（1）：定义一个局部的任务参数结构体变量，用于配置任务的参数，如任务优先级、任务入口函数、任务名称、任务栈大小等。

代码清单 3-7（2）：任务优先级范围由 target_config.h 中的宏决定，其中最高优先级为 LOS_TASK_PRIORITY_HIGHEST，最低优先级为 LOS_TASK_PRIORITY_LOWEST。在 LiteOS 中，优先级数值越小，任务优先级越高，0 代表最高优先级。

代码清单 3-7（3）：任务名称为字符串形式。使用字符串的目的有两个，一是方便用户调试；二是因为 LiteOS 创建任务时不会给 name 分配内存，而是直接使用用户传入的字符串，编译器会使用字符串的方式（C 语言中以双引号包含的字符串）在 text 段（即 Flash）创建字符串实体，这样使用更安全。如果在局部使用字符数组，则可能会因后续访问任务名 name 时结果不可预知而造成错误。

代码清单 3-7（4）：任务入口函数即任务的具体实现函数。一般来说，任务函数是不允许退出的，否则任务将通过 lr 寄存器返回。但在 LiteOS 中，系统在任务初始化时将任务的上下文初始化，r0 寄存器被设置为任务的 taskid，pc 寄存器被设置为 osTaskEntry 函数，lr 寄存器被设置为 osTaskExit 函数。osTaskEntry 函数中会调用用户的任务函数，并在返回后调用 LOS_TaskDelete 函数删除自己，所以尽管 lr 寄存器被设置为 osTaskExit 函数，但并不会真正返回到这个函数中，这就大大提高了代码的健壮性。当然，这些操作对用户来说是不可见的，读者可以将 osTaskEntry 函数理解为哨兵，在用户函数退出的时候被哨兵发现了，就把自己删除，而不是通过 lr 返回 osTaskExit 函数中。

代码清单 3-7（5）：任务栈大小单位为字节。使用动态内存创建任务时，只需要知道任务栈的大

小即可，因为它的任务栈空间是在任务创建时由系统动态分配的。如果系统的内存不足以分配足够大的任务栈，那么该任务将无法被创建，并返回错误代码，用户可以根据错误代码调整系统的内存。

代码清单 3-7（6）：使用 LOS_TaskCreate 函数创建一个任务需要传递用户定义的任务 ID 变量 Test1_Task_Handle 的地址，在创建任务完成后，系统将返回一个任务 ID，任务参数结构体 task_init_param 配置的参数作为创建任务所需的参数使用。

代码清单 3-7（7）：返回任务创建的结果，如果是 LOS_OK，则表示任务创建成功，否则表示任务创建失败，并且返回错误代码。

3.3 main.c 文件内容全貌

把任务主体、任务 ID 变量、任务控制块这三部分的代码统一放到 main.c 中，就能组成一个系统可以运行的任务，并且可以使用串口输出调试信息以便观察，如代码清单 3-8 所示。

代码清单 3-8　main.c 文件内容全貌

```
1 /*******************************************************************
2    * @file    main.c
3    * @author  fire
4    * @version V1.0
5    * @date    2018-xx-xx
6    * @brief   STM32 全系列开发板-LiteOS!
7    *******************************************************************
8    * @attention
9    *
10   * 实验平台:野火 F103-霸道 STM32 开发板
11   * 论坛    :http://www.firebbs.cn
12   * 淘宝    :http://firestm32.taobao.com
13   *
14   ********************************************************************
15   */
16 /* LiteOS 头文件 */
17 #include "los_sys.h"
18 #include "los_task.ph"
19 /* 板级外设头文件 */
20 #include "bsp_usart.h"
21 #include "bsp_led.h"
22
23 /* 定义任务 ID 变量 */
24 UINT32 Test1_Task_Handle;
25
26 /* 函数声明 */
27 static UINT32 AppTaskCreate(void);
28 static UINT32 Creat_Test1_Task(void);
29
30 static void Test1_Task(void);
31 static void BSP_Init(void);
32
33
34 /*******************************************************************
35   * @brief  主函数
36   * @param  无
```

```
37   * @retval 无
38   * @note   第一步：开发板硬件初始化
39              第二步：创建 App 应用任务
40              第三步：启动 LiteOS，开始多任务调度，启动失败时输出错误信息
41   ******************************************************************/
42 int main(void)
43 {
44     UINT32 uwRet = LOS_OK;  //定义一个任务创建的返回值，默认为创建成功
45 
46     /* 板级硬件初始化 */
47     BSP_Init();
48 
49    printf("这是一个[野火]-STM32 全系列开发板-LiteOS-SRAM 动态创建单任务实验！\n\n");
50 
51     /* LiteOS 内核初始化 */
52     uwRet = LOS_KernelInit();
53 
54     if (uwRet != LOS_OK) {
55         printf("LiteOS 核心初始化失败！失败代码 0x%X\n",uwRet);
56         return LOS_NOK;
57     }
58 
59     uwRet = AppTaskCreate();
60     if (uwRet != LOS_OK) {
61         printf("AppTaskCreate 创建任务失败！失败代码 0x%X\n",uwRet);
62         return LOS_NOK;
63     }
64 
65     /* 开启 LiteOS 任务调度 */
66     LOS_Start();
67 
68     //正常情况下不会执行到这里
69     while (1);
70 
71 }
72 
73 
74 /*******************************************************************
75   * @ 函数名  : AppTaskCreate
76   * @ 功能说明：任务创建，为了方便管理，所有的任务创建函数都可以放在这个函数中
77   * @ 参数    : 无
78   * @ 返回值  : 无
79   ******************************************************************/
80 static UINT32 AppTaskCreate(void)
81 {
82     /* 定义一个返回类型变量，初始化为 LOS_OK */
83     UINT32 uwRet = LOS_OK;
84 
85     uwRet = Creat_Test1_Task();
86     if (uwRet != LOS_OK) {
87         printf("Test1_Task 任务创建失败！失败代码 0x%X\n",uwRet);
88         return uwRet;
```

```
89     }
90     return LOS_OK;
91 }
92
93
94 /*******************************************************************
95   * @ 函数名  :  Creat_Test1_Task
96   * @ 功能说明:  创建 Test1_Task 任务
97   * @ 参数    :
98   * @ 返回值  :  无
99   *******************************************************************/
100 static UINT32 Creat_Test1_Task()
101 {
102     //定义一个创建任务的返回类型，初始化为创建成功的返回值
103     UINT32 uwRet = LOS_OK;
104
105     //定义一个用于创建任务的参数结构体
106     TSK_INIT_PARAM_S task_init_param;
107
108     task_init_param.usTaskPrio = 5; /* 任务优先级，数值越小，优先级越高 */
109     task_init_param.pcName = "Test1_Task";/* 任务名 */
110     task_init_param.pfnTaskEntry = (TSK_ENTRY_FUNC)Test1_Task;
111     task_init_param.uwStackSize = 1024;      /* 栈大小 */
112
113      uwRet = LOS_TaskCreate(&Test1_Task_Handle, &task_init_param);
114     return uwRet;
115 }
116
117 /*******************************************************************
118   * @ 函数名  :  Test1_Task
119   * @ 功能说明:  Test1_Task 任务实现
120   * @ 参数    :  NULL
121   * @ 返回值  :  NULL
122   *******************************************************************/
123 static void Test1_Task(void)
124 {
125     /* 每个任务都是一个无限循环，不能返回 */
126     while (1) {
127         LED2_TOGGLE;
128         printf("任务 1 运行中,每 1000ticks 打印一次信息\r\n");
129         LOS_TaskDelay(1000);
130     }
131 }
132
133 /*******************************************************************
134   * @ 函数名  :  BSP_Init
135   * @ 功能说明:  板级外设初始化，所有开发板的初始化均可放在这个函数中
136   * @ 参数    :
137   * @ 返回值  :  无
138   *******************************************************************/
139 static void BSP_Init(void)
```

```
140 {
141     /*
142      * STM32 中断优先级分组为 4，即 4bit 都用来表示抢占优先级，范围为 0～15
143      * 优先级分组只需要分组一次，以后如果有其他任务需要用到中断，
144      * 则统一使用这个优先级分组，不要再分组，切记
145      */
146     NVIC_PriorityGroupConfig( NVIC_PriorityGroup_4 );
147
148     /* LED 初始化 */
149     LED_GPIO_Config();
150
151     /* 串口初始化    */
152     USART_Config();
153
154 }
155 /**************************END OF FILE**********************/
```

将程序编译好，使用 DAP 仿真器把程序下载到野火 STM32 开发板（具体型号根据读者使用的开发板而定，每个型号的开发板都配套有对应的程序）中，可以看到开发板的 LED 灯在闪烁，并且串口调试助手输出了任务运行信息，具体如图 3-1 所示，说明创建的任务已经在开发板上正常运行。本书在后续的实验中均采用动态内存创建任务与内核对象。

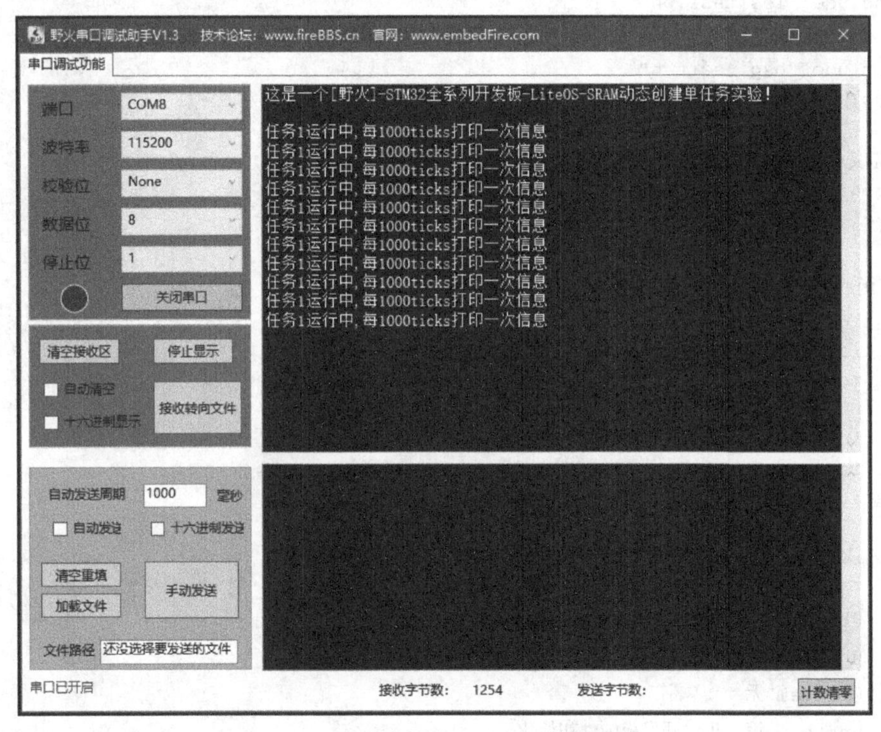

图 3-1　LiteOS 在野火 STM32 开发板中运行

3.4　创建多任务

3.2 节介绍了创建单个任务的过程，本节将介绍创建多个任务的过程。创建多个任务与创建单个任务的过程其实是相同的——定义任务 ID 变量、实现函数主体、配置任务相关信息、创建任务。本节将创建两个任务，两个任务的优先级不同，任务 1 实现 LED1 灯闪烁，任务 2 实现 LED2 灯闪烁，

两个 LED 灯闪烁的频率不一样，并且在串口中输出相应的调试信息，具体实现如代码清单 3-9 加粗部分所示。

代码清单 3-9　创建多任务——SRAM 动态内存

```
1 /**************************************************************
2   * @file    main.c
3   * @author  fire
4   * @version V1.0
5   * @date    2018-xx-xx
6   * @brief   STM32 全系列开发板-LiteOS!
7   **************************************************************
8   * @attention
9   *
10  * 实验平台:野火 F103-霸道 STM32 开发板
11  * 论坛    :http://www.firebbs.cn
12  * 淘宝    :http://firestm32.taobao.com
13  *
14  ***************************************************************
15  */
16 /* LiteOS 头文件 */
17 #include "los_sys.h"
18 #include "los_task.ph"
19 /* 板级外设头文件 */
20 #include "bsp_usart.h"
21 #include "bsp_led.h"
22
23 /*定义任务 ID 变量 */
24 UINT32 Test1_Task_Handle;
25 UINT32 Test2_Task_Handle;
26
27 /* 函数声明 */
28 static UINT32 AppTaskCreate(void);
29 static UINT32 Creat_Test1_Task(void);
30 static UINT32 Creat_Test2_Task(void);
31
32 static void Test1_Task(void);
33 static void Test2_Task(void);
34 static void BSP_Init(void);
35
36
37 /**************************************************************
38   * @brief 主函数
39   * @param 无
40   * @retval 无
41   * @note   第一步：开发板硬件初始化
42             第二步：创建 App 应用任务
43             第三步：启动 LiteOS，开始多任务调度，启动失败时输出错误信息
44   **************************************************************/
45 int main(void)
46 {
47     UINT32 uwRet = LOS_OK;  //定义一个任务创建的返回值，默认为创建成功
48
```

```
49     /* 板级硬件初始化 */
50     BSP_Init();
51
52     printf("这是一个[野火]-STM32 全系列开发板-LiteOS-SRAM 动态创建多任务! \n\n");
53
54     /* LiteOS 内核初始化 */
55     uwRet = LOS_KernelInit();
56
57     if (uwRet != LOS_OK) {
58         printf("LiteOS 核心初始化失败! 失败代码 0x%X\n",uwRet);
59         return LOS_NOK;
60     }
61
62     uwRet = AppTaskCreate();
63     if (uwRet != LOS_OK) {
64         printf("AppTaskCreate 创建任务失败! 失败代码 0x%X\n",uwRet);
65         return LOS_NOK;
66     }
67
68     /* 开启 LiteOS 任务调度 */
69     LOS_Start();
70
71     //正常情况下不会执行到这里
72     while (1);
73
74 }
75
76
77 /*******************************************************************
78   * @ 函数名  :  AppTaskCreate
79   * @ 功能说明:  任务创建，为了方便管理，所有的任务创建函数都可以放在这个函数中
80   * @ 参数    :  无
81   * @ 返回值  :  无
82   *****************************************************************/
83 static UINT32 AppTaskCreate(void)
84 {
85     /* 定义一个返回类型变量，初始化为 LOS_OK */
86     UINT32 uwRet = LOS_OK;
87
88     uwRet = Creat_Test1_Task();
89     if (uwRet != LOS_OK) {
90         printf("Test1_Task 任务创建失败! 失败代码 0x%X\n",uwRet);
91         return uwRet;
92     }
93
94     uwRet = Creat_Test2_Task();
95     if (uwRet != LOS_OK) {
96         printf("Test2_Task 任务创建失败! 失败代码 0x%X\n",uwRet);
97         return uwRet;
98     }
99     return LOS_OK;
100 }
101
```

```
102
103 /***************************************************************
104   * @ 函数名  ： Creat_Test1_Task
105   * @ 功能说明： 创建 Test1_Task 任务
106   * @ 参数    ：
107   * @ 返回值  ： 无
108   ***************************************************************/
109 static UINT32 Creat_Test1_Task()
110 {
111     //定义一个创建任务的返回类型，初始化为创建成功的返回值
112     UINT32 uwRet = LOS_OK;
113
114     //定义一个用于创建任务的参数结构体
115     TSK_INIT_PARAM_S task_init_param;
116
117     task_init_param.usTaskPrio = 5;/* 任务优先级，数值越小，优先级越高 */
118     task_init_param.pcName = "Test1_Task";/* 任务名 */
119     task_init_param.pfnTaskEntry = (TSK_ENTRY_FUNC)Test1_Task;
120     task_init_param.uwStackSize = 1024;      /* 栈大小 */
121
122      uwRet = LOS_TaskCreate(&Test1_Task_Handle, &task_init_param);
123     return uwRet;
124 }
125 /***************************************************************
126   * @ 函数名  ： Creat_Test2_Task
127   * @ 功能说明： 创建 Test2_Task 任务
128   * @ 参数    ：
129   * @ 返回值  ： 无
130   ***************************************************************/
131 static UINT32 Creat_Test2_Task()
132 {
133     // 定义一个创建任务的返回类型，初始化为创建成功的返回值
134     UINT32 uwRet = LOS_OK;
135     TSK_INIT_PARAM_S task_init_param;
136
137     task_init_param.usTaskPrio = 4;/* 任务优先级，数值越小，优先级越高 */
138     task_init_param.pcName = "Test2_Task";  /* 任务名*/
139     task_init_param.pfnTaskEntry = (TSK_ENTRY_FUNC)Test2_Task;
140     task_init_param.uwStackSize = 1024; /* 栈大小 */
141
142      uwRet = LOS_TaskCreate(&Test2_Task_Handle, &task_init_param);
143
144     return uwRet;
145 }
146
147
148 /***************************************************************
149   * @ 函数名  ： Test1_Task
150   * @ 功能说明： Test1_Task 任务实现
151   * @ 参数    ： NULL
152   * @ 返回值  ： NULL
```

```
153   ****************************************************************/
154 static void Test1_Task(void)
155 {
156     /* 每个任务都是一个无限循环，不能返回 */
157     while (1) {
158         LED2_TOGGLE;
159         printf("任务1运行中,每1000ticks打印一次信息\r\n");
160         LOS_TaskDelay(1000);
161     }
162 }
163 /****************************************************************
164   * @ 函数名  :  Test2_Task
165   * @ 功能说明:  Test2_Task任务实现
166   * @ 参数    :  NULL
167   * @ 返回值  :  NULL
168   ****************************************************************/
169 static void Test2_Task(void)
170 {
171     /* 每个任务都是一个无限循环，不能返回 */
172     while (1) {
173         LED1_TOGGLE;
174         printf("任务2运行中,每500ticks打印一次信息\n");
175         LOS_TaskDelay(500);
176     }
177 }
178
179 /****************************************************************
180   * @ 函数名  :  BSP_Init
181   * @ 功能说明:  板级外设初始化，所有开发板的初始化均可放在这个函数中
182   * @ 参数    :
183   * @ 返回值  :  无
184   ****************************************************************/
185 static void BSP_Init(void)
186 {
187     /*
188      * STM32中断优先级分组为4，即4bit都用来表示抢占优先级，范围为0~15
189      * 优先级分组只需要分组一次，以后如果有其他任务需要用到中断，
190      * 则统一使用这个优先级分组，不要再分组，切记
191      */
192     NVIC_PriorityGroupConfig( NVIC_PriorityGroup_4 );
193
194     /* LED 初始化 */
195     LED_GPIO_Config();
196
197     /* 串口初始化    */
198     USART_Config();
199
200 }
201
202
203 /************************END OF FILE**********************/
```

本节例程只创建了两个任务，如果读者想要创建3个、4个甚至更多个任务，其过程也是一样的，

容易忽略的地方是任务栈的大小、优先级等，读者可以根据创建任务的重要性与复杂度等配置不同的任务栈空间及任务优先级。

将程序编译好，使用 DAP 仿真器把程序下载到野火 STM32 开发板（具体型号根据读者使用的开发板而定，每个型号的开发板都配套有对应的程序）中，可以看到开发板中的两个 LED 灯以不同的频率在闪烁，而且串口输出对应的运行信息，具体如图 3-2 所示，说明创建的两个任务能够正常运行。

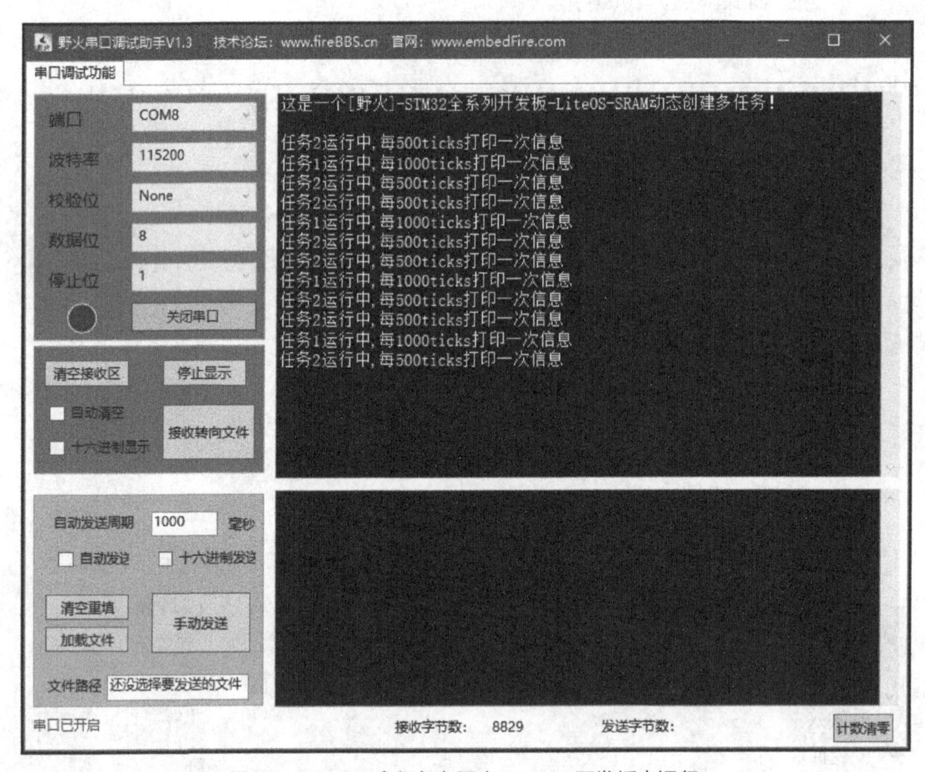

图 3-2　LiteOS 多任务在野火 STM32 开发板中运行

3.5　LiteOS 的启动流程

在目前常见的 RTOS 中，主要有两种常见的启动方式，本书将先通过伪代码的形式来介绍这两种启动方式的区别，再结合源码具体分析 LiteOS 的启动流程。

3.5.1　第一种启动方式

这种启动方式的过程：在 main 函数中将系统硬件初始化完成，将 RTOS 内核初始化完成，将系统的所有任务创建完成，这样整个系统万事俱备，只需要启动 RTOS 的调度器，就可以开启多任务的调度。其伪代码实现如代码清单 3-10 所示。

注意

此处提供的是伪代码，实际中不一定可用，仅作举例使用。

代码清单 3-10　第一种启动方式伪代码实现

```
1 int main (void)
```

```
2 {
3     /* 硬件初始化 */
4     BSP_Init();                                                    (1)
5
6     /* RTOS 初始化 */
7     LOS_KernelInit();                                              (2)
8
9     /* 创建任务 1，但任务 1 不会执行，因为调度器还没有开启 */         (3)
10    Creat_Test1_Task();
11    /* 创建任务 2，但任务 2 不会执行，因为调度器还没有开启 */
12    Creat_Test2_Task();
13
14    /* 继续创建各种任务 */
15
16    /* 启动 RTOS，开始调度 */
17    LOS_Start();                                                   (4)
18 }
19
20 void Test1_Task ( void *arg )                                     (5)
21 {
22     while (1)
23     {
24         /* 任务主体，必须有阻塞的情况出现 */
25     }
26 }
27
28 void Test2_Task ( void *arg )                                     (6)
29 {
30     while (1)
31     {
32         /* 任务主体，必须有阻塞的情况出现 */
33     }
34 }
```

代码清单 3-10（1）：硬件初始化，属于裸机的范畴，读者可以把需要使用到的硬件都初始化完成并进行测试，确保硬件能够正常工作。

代码清单 3-10（2）：RTOS 初始化。不同的系统初始化所完成的工作是不一样的，在 LiteOS 中，需要对系统内存、内核资源等进行初始化；此外，需要创建一个空闲任务以保证系统的正常运行。

代码清单 3-10（3）：创建各种用户任务。此处用户需要把所有系统中的所有任务都创建完成，但此时系统还未开始调度。

代码清单 3-10（4）：启动 RTOS 调度器，系统开始任务调度。此时，调度器会从已经创建完成的就绪任务中选择一个优先级最高的任务开始运行。

代码清单 3-10（5）、（6）：任务主体通常是一个不带返回值并无限循环的 C 函数，函数体中必须有阻塞的情况出现，否则该任务会一直在 while 循环中占有 CPU，导致系统中优先级比它低的任务无法获得 CPU 的使用权。

3.5.2　第二种启动方式

这种启动方式的过程：在 main 函数中将系统硬件与 RTOS 内核初始化完成，再创建一个启动任务（或者称之为 App 任务）后立即启动调度器，在启动任务中创建各种应用任务，当系统的所有任务都创建成功后，启动任务会把自己删除，具体的伪代码实现如代码清单 3-11 所示。

注意

此处提供的是伪代码，实际中不一定可用，仅作举例使用。

代码清单 3-11　第二种启动方式伪代码实现

```
 1 int main (void)
 2 {
 3      /* 硬件初始化 */
 4      BSP_Init();                                          (1)
 5
 6      /* RTOS 初始化 */
 7      LOS_KernelIni();                                     (2)
 8
 9      /* 创建一个启动任务 */
10      Creat_App_Task();                                    (3)
11
12      /* 启动 RTOS，开始调度 */
13      RTOS_Start();                                        (4)
14 }
15
16 /* 启动任务，在其中创建任务 */
17 void App_Task_Start( void *arg )                          (5)
18 {
19     /* 创建任务 1 并执行 */
20     Creat_Test1_Task();                                   (6)
21
22     /* 当任务 1 阻塞时，继续创建任务 2 并执行 */
23     Creat_Test2_Task();
24
25     /* 继续创建各种任务 */
26
27     /* 当任务创建完成后，删除启动任务 */
28     Delete_App_Task();                                    (7)
29 }
30
31 void Test1_Task( void *arg )                              (8)
32 {
33     while (1)
34     {
35         /* 任务实体，必须有阻塞的情况出现 */
36     }
37 }
38
39 void Test2_Task( void *arg )                              (9)
40 {
41     while (1)
42     {
43         /* 任务实体，必须有阻塞的情况出现 */
44     }
45 }
```

代码清单 3-11（1）：硬件初始化。

代码清单 3-11（2）：RTOS 初始化。

代码清单 3-11（3）：创建一个启动任务，需要在该任务中创建系统需要的应用任务。

代码清单 3-11（4）：启动 RTOS 调度器，开始任务调度。

代码清单 3-11（5）：其实任务本应该是一个不带返回值且无限循环的 C 函数，但因为启动任务的特殊性，它只需执行一次就要被删除，因此，其需要在退出之前显式地把自己删除。同时，在启动任务中，它会把系统需要的所有应用任务都创建完成。

代码清单 3-11（6）：创建任务。每创建完一个任务，该任务立即进入就绪状态，系统会进行一次调度，如果新创建任务的优先级比启动任务优先级高，那么将发生一次任务调度，新创建的任务将得到 CPU 的使用权，此时新创建的任务将被运行；当新创建的任务进入阻塞状态让出 CPU 使用权的时候，启动任务得到 CPU 使用权并继续运行。如果新创建任务的优先级比启动任务低，则不会发生任务调度。

代码清单 3-11（7）：在系统所有应用任务创建完成后，启动任务完成使命，删除自己，从此系统将再无启动任务。

代码清单 3-11（8）、（9）：任务主体通常是一个不带返回值并无限循环的 C 函数，函数体中必须有阻塞的情况出现，否则该任务会一直在 while 循环中占用 CPU，导致系统中优先级比它低的任务无法获得 CPU 的使用权。

3.5.3 LiteOS 的启动流程

1. 启动文件

在系统上电的时候，系统第一个执行的是启动文件中由汇编语言编写的复位函数 Reset_Handler，如代码清单 3-12 所示。复位函数会进行系统时钟的初始化，并调用__main 函数初始化系统的运行环境，__main 是 Keil 提供的类似 GCC 的 init_array 的初始化分散加载相关内容的函数，这个函数并非 C 库函数，可以称之为运行时库函数。

启动文件由汇编语言编写，该汇编文件定义了默认的异常向量表，启动文件中的代码在系统上电复位后会被立即执行，其主要做了以下工作。

（1）上电后，MCU 从默认表中取得初始 MSP 和 PC。

（2）在 Reset_Handler 中调用 SystemInit 函数初始化系统时钟。

（3）在 Reset_Handler 中调用__main 初始化用户栈，从而最终调用 main 函数。

代码清单 3-12　Reset_Handler 函数

```
 1 Reset_Handler
 2                  IMPORT  SystemInit
 3                  IMPORT  __main
 4                  LDR     R0, =SystemInit
 5                  BLX     R0
 6                  LDR     R0, =__main
 7                  BX      R0
 8
 9                  ALIGN
10                  END
```

2. LiteOS 初始化

在 main 函数中，用户必须对 LiteOS 核心部分（内核）进行初始化，因为只有在 LiteOS 内核初始化完成之后，用户才能调用系统相关的函数进行创建任务、消息队列、信号量等操作。如果 LiteOS 内核初始化失败，则返回错误代码。LiteOS 内核初始化的实现如代码清单 3-13 所示。

代码清单 3-13　LiteOS 内核初始化

```
1 LITE_OS_SEC_TEXT_INIT UINT32 LOS_KernelInit(VOID)
```

```
 2 {
 3     UINT32 uwRet;
 4
 5     osRegister();                                                     (1)
 6
 7     m_aucSysMem0 = OS_SYS_MEM_ADDR;
 8     uwRet = osMemSystemInit();                                        (2)
 9     if (uwRet != LOS_OK) {
10         PRINT_ERR("osMemSystemInit error %d\n", uwRet);
11         return uwRet;
12     }
13
14 #if (LOSCFG_PLATFORM_HWI == YES)                                      (3)
15     {
16         osHwiInit();
17     }
18 #endif
19
20 #if (LOSCFG_PLATFORM_EXC == YES)
21     {
22         osExcInit(MAX_EXC_MEM_SIZE);
23     }
24 #endif
25
26     uwRet =osTaskInit();                                              (4)
27     if (uwRet != LOS_OK) {
28         PRINT_ERR("osTaskInit error\n");
29         return uwRet;
30     }
31
32 #if (LOSCFG_BASE_CORE_TSK_MONITOR == YES)                             (5)
33     {
34         osTaskMonInit();
35     }
36 #endif
37
38 #if (LOSCFG_BASE_CORE_CPUP == YES)                                    (6)
39     {
40         uwRet = osCpupInit();
41         if (uwRet != LOS_OK) {
42             PRINT_ERR("osCpupInit error\n");
43             return uwRet;
44         }
45     }
46 #endif
47
48 #if (LOSCFG_BASE_IPC_SEM == YES)                                      (7)
49     {
50         uwRet = osSemInit();
51         if (uwRet != LOS_OK) {
52             return uwRet;
53         }
54     }
55 #endif
56
57 #if (LOSCFG_BASE_IPC_MUX == YES)                                      (8)
58     {
```

```
59          uwRet = osMuxInit();
60          if (uwRet != LOS_OK) {
61              return uwRet;
62          }
63      }
64 #endif
65
66 #if (LOSCFG_BASE_IPC_QUEUE == YES)                                    (9)
67      {
68          uwRet = osQueueInit();
69          if (uwRet != LOS_OK) {
70              PRINT_ERR("osQueueInit error\n");
71              return uwRet;
72          }
73      }
74 #endif
75
76 #if (LOSCFG_BASE_CORE_SWTMR == YES)                                   (10)
77      {
78          uwRet = osSwTmrInit();
79          if (uwRet != LOS_OK) {
80              PRINT_ERR("osSwTmrInit error\n");
81              return uwRet;
82          }
83      }
84 #endif
85
86 #if(LOSCFG_BASE_CORE_TIMESLICE == YES)                                (11)
87      osTimesliceInit();
88 #endif
89
90      uwRet = osIdleTaskCreate();
91      if (uwRet != LOS_OK) {
92          return uwRet;
93      }
94
95 #if (LOSCFG_TEST == YES)                                              (12)
96      uwRet = los_TestInit();
97      if (uwRet != LOS_OK) {
98          PRINT_ERR("los_TestInit error\n");
99          return uwRet;
100     }
101 #endif
102
103     return LOS_OK;
104 }
```

代码清单 3-13（1）：根据 target_config.h 中的 LOSCFG_BASE_CORE_TSK_LIMIT 宏定义配置系统最大支持的任务个数，默认为 LOSCFG_BASE_CORE_TSK_LIMIT+1，包括空闲任务 IDLE。

代码清单 3-13（2）：初始化 LiteOS 内存管理模块，系统管理的内存大小为 OS_SYS_MEM_SIZE，可以由用户进行设置。

代码清单 3-13（3）：如果在 target_config.h 中使能 LOSCFG_PLATFORM_HWI 宏定义，则进行硬件中断模块的初始化。如果 LiteOS 接管系统中断，则使用中断时需要先注册中断，否则将无法响应中断；反之，系统的中断将由硬件响应。

代码清单 3-13（4）：初始化任务模块相关的内容，如分配内存、初始化链表，为后续创建任务做准备工作。

代码清单 3-13（5）：在 target_config.h 中使能 LOSCFG_BASE_CORE_TSK_MONITOR 宏定义，表示启用任务监视器功能，需要对任务监视器进行相关初始化操作。

代码清单 3-13（6）：本书例程未使能 LOSCFG_BASE_CORE_CPUP 宏定义，暂时不需要进行相关初始化操作。

代码清单 3-13（7）：在 target_config.h 中使能 LOSCFG_BASE_IPC_SEM 宏定义，表示系统使用信号量功能，需要初始化信号量相关内容，如分配内存、初始化信号量链表等。

代码清单 3-13（8）：在 target_config.h 中使能 LOSCFG_BASE_IPC_MUX 宏定义，表示系统使用互斥锁功能，需要对互斥锁进行相关初始化操作，如分配内存、初始化链表等。

代码清单 3-13（9）：在 target_config.h 中使能 LOSCFG_BASE_IPC_QUEUE 宏定义，表示系统使用消息队列功能，需要对消息队列进行相关初始化操作，如分配内存、初始化链表等。

提示

系统支持的最大的信号量、互斥锁、消息队列个数由用户决定，并且在内核初始化的时候会分配对应控制块所需的内存空间，用户可以根据系统的需求进行裁剪，以减少系统的内存开销。

代码清单 3-13（10）：在 target_config.h 中使能 LOSCFG_BASE_CORE_SWTMR 宏定义，表示系统使用软件定时器功能，在使用软件定时器的时候，必须使用消息队列功能，因为 LiteOS 的软件定时器是依赖消息队列实现的，系统会对软件定时器进行相关初始化操作，如分配内存、初始化链表等。除此之外，系统会创建一个软件定时器任务 osSwTmrTask 与一个软件定时器命令队列 m_uwSwTmrHandlerQueue。

代码清单 3-13（11）：本书例程未使能 LOSCFG_BASE_CORE_TIMESLICE 宏定义，暂时不需要进行相关初始化操作。

代码清单 3-13（12）：本书例程未使能 LOSCFG_TEST 宏定义，暂时不需要进行相关初始化操作。

在系统完成一系列相关的初始化操作之后，LiteOS 即可正常启动，读者可以使用系统提供的 API 来创建任务和内核对象等，并开启任务调度，还可以在任务中使用内核资源实现需要的功能，其伪代码如代码清单 3-14 加粗部分所示。

代码清单 3-14 创建任务与开启调度（伪代码）

```
1 /* LiteOS 核心初始化 */
2 uwRet = LOS_KernelInit();
3 if (uwRet != LOS_OK)
4 {
5     printf("LiteOS 核心初始化失败! \n");
6     return LOS_NOK;
7 }
8 /* Test1_Task 任务创建失败 */
9 uwRet = Creat_Test1_Task();
10 if (uwRet != LOS_OK)
11 {
12     printf("Test1_Task 任务创建失败! \n");
13     return LOS_NOK;
14 }
15 /* Test2_Task 任务创建失败 */
16 uwRet = Creat_Test2_Task();
17 if (uwRet != LOS_OK)
18 {
19     printf("Test2_Task 任务创建失败! \n");
```

```
20     return LOS_NOK;
21 }
22 /* 开启 LiteOS 任务调度 */
23 LOS_Start();
```

3. 开启任务调度

任务创建完成时默认处于就绪态（OS_TASK_STATUS_READY），只有处于就绪态的任务才能参与任务的调度。任务调度器的开启由 LOS_Start 函数来实现，如代码清单 3-15 所示。系统在开启任务调度器后，任务会进行切换，任务的切换动作包括获取就绪列表中最高优先级任务、切出任务上文保存、切入任务下文恢复等。

代码清单 3-15　开启任务调度

```
1 /* 开启 LiteOS 任务调度 */
2 LOS_Start();
```

LOS_Start 函数的实现过程如代码清单 3-16 所示。

代码清单 3-16　LOS_Start 函数的实现过程

```
 1 LITE_OS_SEC_TEXT_INIT UINT32 LOS_Start(VOID)
 2 {
 3     UINT32 uwRet;
 4 #if (LOSCFG_BASE_CORE_TICK_HW_TIME == NO)
 5     uwRet = osTickStart();                                        (1)
 6
 7     if (uwRet != LOS_OK) {
 8         PRINT_ERR("osTickStart error\n");
 9         return uwRet;
10     }
11 #else
12     extern int os_timer_init(void);
13     uwRet = os_timer_init();
14     if (uwRet != LOS_OK) {
15         PRINT_ERR("os_timer_init error\n");
16         return uwRet;
17     }
18 #endif
19     LOS_StartToRun();                                             (2)
20
21     return uwRet;
22 }
```

代码清单 3-16（1）：打开系统必要的时钟以保证系统获得正常的时基，系统时钟节拍根据宏定义 OS_SYS_CLOCK 与 LOSCFG_BASE_CORE_TICK_PER_SECOND 进行设置。

代码清单 3-16（2）：LOS_StartToRun 函数采用汇编语言实现，其源码在 los_dispatch_keil.s 文件中，如代码清单 3-17 所示。

代码清单 3-17　LOS_StartToRun 函数源码

```
 1 OS_NVIC_INT_CTRL            EQU    0xE000ED04
 2 OS_NVIC_SYSPRI2             EQU    0xE000ED20                   (1)
 3 OS_NVIC_PENDSV_PRI          EQU    0xF0F00000                   (2)
 4 OS_NVIC_PENDSVSET           EQU    0x10000000
 5 OS_TASK_STATUS_RUNNING      EQU    0x0010
 6
 7     AREA    |.text|, CODE, READONLY
 8     THUMB
 9     REQUIRE8
10
```

```
11 LOS_StartToRun
12     LDR     R4, =OS_NVIC_SYSPRI2
13     LDR     R5, =OS_NVIC_PENDSV_PRI
14     STR     R5, [R4]                                              (3)
15
16     LDR     R0, =g_bTaskScheduled
17     MOV     R1, #1
18     STR     R1, [R0]
19
20     MOV     R0, #2
21     MSR     CONTROL, R0
22
23
24     LDR     R0, =g_stLosTask
25     LDR     R2, [R0, #4]
26     LDR     R0, =g_stLosTask
27     STR     R2, [R0]
28
29     LDR     R3, =g_stLosTask
30     LDR     R0, [R3]
31     LDRH    R7, [R0 , #4]
32     MOV     R8,  #OS_TASK_STATUS_RUNNING
33     ORR     R7,  R7,  R8
34     STRH    R7,  [R0 , #4]
35
36     LDR     R12, [R0]
37     ADD     R12, R12, #36
38
39     LDMFD   R12!, {R0-R7}
40     MSR     PSP, R12
41
42     MOV     LR, R5
43    ;MSR     xPSR, R7
44
45     CPSIE   I
46     BX      R6
```

代码清单 3-17（3）：配置 SysTick 与 PendSV 的优先级，通过这一句代码将系统处理优先级寄存器 SCB_SHPR3[地址为 0xE000ED20，代码清单 3-17（1）]配置为 0xF0F00000[代码清单 3-17（2）]，即最低的优先级，避免 SysTick 与 PendSV 中断抢占系统中的其他重要中断，寄存器说明如图 3-3 所示。

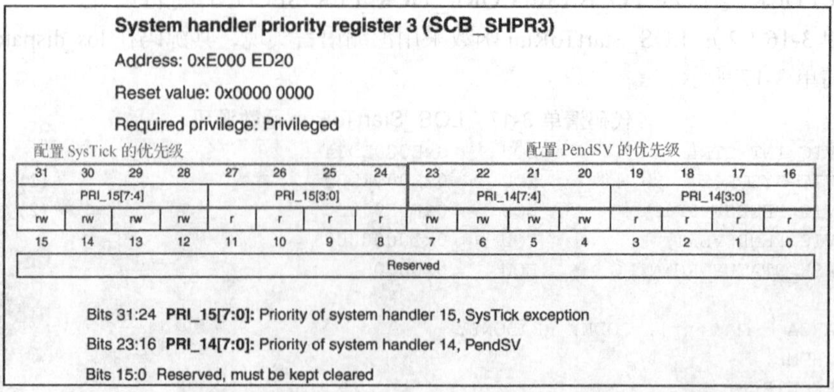

System handler priority register 3 (SCB_SHPR3)

Address: 0xE000 ED20

Reset value: 0x0000 0000

Required privilege: Privileged

配置 SysTick 的优先级　　　　配置 PendSV 的优先级

31	30	29	28	27	26	25	24	23	22	21	20	19	18	17	16
PRI_15[7:4]				PRI_15[3:0]				PRI_14[7:4]				PRI_14[3:0]			
rw	rw	rw	rw	r	r	r	r	rw	rw	rw	rw	r	r	r	r
15	**14**	**13**	**12**	**11**	**10**	**9**	**8**	**7**	**6**	**5**	**4**	**3**	**2**	**1**	**0**
Reserved															

Bits 31:24 **PRI_15[7:0]:** Priority of system handler 15, SysTick exception

Bits 23:16 **PRI_14[7:0]:** Priority of system handler 14, PendSV

Bits 15:0 Reserved, must be kept cleared

图 3-3　系统中断优先级寄存器 SCB_SHPR3（只有 PRI_15/PRI_14 的高 4 位才可写）的说明

其他代码可根据表 3-1、表 3-2 进行理解。

表 3–1 ARM 常用汇编指令

指令名称	作用
EQU	给数字常量取一个符号名，相当于 C 语言中的 define
AREA	汇编一个新的代码段或者数据段
SPACE	分配内存空间
PRESERVE8	当前任务栈需按照 8 字节对齐
EXPORT	声明一个标号具有全局属性，可被外部的文件使用
DCD	以字为单位分配内存，要求 4 字节对齐，并要求初始化这些内存
PROC	定义子程序，与 ENDP 成对使用，表示子程序结束
WEAK	弱定义，如果外部文件声明了一个标号，则优先使用外部文件定义的标号；如果外部文件没有定义；则文件也不会报错。要注意的是，这不是 ARM 的指令，而是编译器的指令，将其放在一起只是为了方便学习
IMPORT	声明标号来自外部文件，和 C 语言中的 EXTERN 关键字类似
B	跳转到一个标号
ALIGN	编译器对指令或者数据的存放地址进行对齐操作，一般需要加一个立即数，省略立即数时，表示 4 字节对齐。要注意的是，这不是 ARM 的指令，而是编译器的指令，将其放在一起只是为了方便学习
END	到达文件的末尾，文件结束
IF、ELSE、ENDIF	汇编条件分支语句，和 C 语言的 if、else 类似

表 3–2 ARM 常用指示符

指示符	作用
MRS	加载特殊功能寄存器的值到通用寄存器中
MSR	存储通用寄存器的值到特殊功能寄存器中
CBZ	比较，如果结果为 0 则转移
CBNZ	比较，如果结果非 0 则转移
LDR	从存储器中加载字到一个寄存器中
LDR[伪指令]	加载一个立即数或者一个地址值到一个寄存器中
LDRH	从存储器中加载半字到一个寄存器中
LDRB	从存储器中加载字节到一个寄存器中
STR	把一个寄存器按字存储到存储器中
STRH	把一个寄存器的低半字存储到存储器中
STRB	把一个寄存器的低字节存储到存储器中
LDMIA	将多个字从存储器加载到 CPU 寄存器中，指针先操作，再递增
STMDB	将多个字从 CPU 寄存器存储到存储器中，指针先递减，再操作
ORR	按位或
BX	直接跳转到由寄存器给定的地址上
BL	跳转到标号对应的地址，并且把跳转前的下一条指令地址保存到 LR 中
BLX	跳转到由寄存器 REG 指定的地址，根据 REG 的 LSB 切换处理器状态，并把转移前的下一条指令地址保存到 LR 中

04 第4章　任务管理

任务管理是 LiteOS 的核心组成部分，本章先介绍任务的基本概念、调度器的基本概念以及任务状态相关的知识点；再分析任务相关函数的原理和实现过程，让读者更深入地了解 LiteOS 的任务管理；最后介绍了任务设计的实践经验，以供读者参考学习。

【学习目标】

- 了解调度器、任务的相关基本概念。
- 了解使用 LiteOS 任务相关函数出错时提示的错误代码的意义。
- 掌握 LiteOS 中与任务相关的函数的基本使用方法。

4.1　基本概念

本节将带领读者了解一些任务相关的基本概念，让读者对任务有一个初步的认识，为后续的学习打下基础，如任务的基本概念、调度器的基本概念、任务状态的基本概念。

4.1.1　任务的基本概念

从系统的角度看，任务是竞争系统资源的最小运行单元。LiteOS 是一个支持多任务的操作系统，在 LiteOS 中，任务可以使用 CPU、内存空间等系统资源，并独立于其他任务运行。理论上说，任何数量的任务都可以共享同一个优先级，处于就绪态的多个同为最高优先级的任务将会以时间片切换的方式共享 CPU。

简而言之，LiteOS 的任务可认为是一系列独立任务的集合，每个任务都在独立的环境中运行。在任何时刻，有且只有一个任务处于运行态，LiteOS 调度器决定哪个任务可以运行。调度器的主要职责是找到处于就绪态的最高优先级任务，并且在任务切入切出时保存任务上下文内容（寄存器值、任务栈数据），为了实现这一点，LiteOS 的每个任务都需要有独立的任务栈，当任务切出时，它的上下文环境会被保存在任务栈中，当任务恢复运行时，即可从任务栈中正确地恢复上次的运行环境。系统的任务越多，需要的 SRAM 就越大，一个系统能够运行多少个任务，取决于系统的 SRAM 的大小。

任务享有独立的栈空间，系统决定了任务的状态。任务使用内核的 IPC 通信资源实现中断与任务、任务与任务之间的通信。

任务通常会运行在一个死循环中，不会退出，当一个任务不再需要运行时，可以调用 LiteOS 中的任务删除函数将其删除。

系统默认支持 32 个优先级（其值为 0～31），优先级数值越大的任务，其优先级越低，31 为最低优先级，分配给空闲任务使用，一般不建议用户使用这个优先级。在一些资源比较紧张的系统中，用户可以根据实际情况选择系统支持的任务优先级的个数，创建合适数量的任务，以节约内存资源。

4.1.2　调度器的基本概念

LiteOS 中提供的调度器基于优先级的全抢占式调度，在系统中，除了中断处理函数、调度器闭锁和处于临界段中的情况是不可抢占的之外，其他部分都是可以抢占的。在系统中，当有比当前任务优先级更高的任务就绪时，当前任务将立刻被切出，高优先级的任务抢占处理器运行。

LiteOS 支持抢占式调度机制，高优先级的任务可打断低优先级的任务，低优先级的任务必须在高优先级的任务阻塞或结束后调度。LiteOS 内核中也允许创建相同优先级的任务，相同优先级的任务采用时间片轮转方式进行调度（即分时调度器），时间片轮转调度仅在当前系统中有多个最高优先级就绪任务存在的情况下有效。为了保证系统的实时性，系统应最大可能地保证高优先级的任务得以运行，任务调度的原则是当任务状态发生了改变，并且当前运行的任务优先级小于就绪列表中最高优先级任务时，立刻进行任务切换（除非当前系统处于中断处理程序或禁止任务切换的状态）。

4.1.3　任务状态的基本概念

系统初始化完成后，创建的任务可以在系统中竞争资源，由内核进行调度。LiteOS 系统中的任务有多种运行状态，通常分为以下 4 种。

（1）就绪态（Ready）：该状态的任务处于就绪列表中，是就绪的任务，已经具备执行的能力，只要等待调度器进行调度即可。新创建的任务会被初始化为该状态。

（2）运行态（Running）：该状态表明任务正在执行，此时它占用处理器，LiteOS 调度器选择运行的永远是处于最高优先级的就绪态任务，在任务被运行的一刻，其任务状态就变成了运行态。

（3）阻塞态（Blocked）：如果任务当前正在等待某个时序或外部中断，那么该任务处于阻塞状态，它不处于就绪列表中，无法得到调度器的调度。阻塞态包含任务被挂起、任务被延时、任务正在等待信号量、读写队列或者等待读写事件等。

（4）退出态（Dead）：该状态指任务运行结束，等待系统回收资源。

4.1.4　任务状态迁移

LiteOS 中的每一个任务都有多种运行状态，它们之间的转换关系是怎样的？任务从运行态变成阻塞态，或者从阻塞态变成就绪态，这些状态是怎么迁移的？下面来讲解任务状态迁移，示意图如图 4-1 所示。

创建任务→就绪态：任务创建完成后即进入就绪态，表明任务已准备就绪，随时可以运行，只等待调度器进行调度。

就绪态→运行态：任务创建后进入就绪列表，发生任务切换时，就绪列表中最高优先级的任务被执行，由就绪态进入运行态，但此刻该任务依旧在就绪列表中。

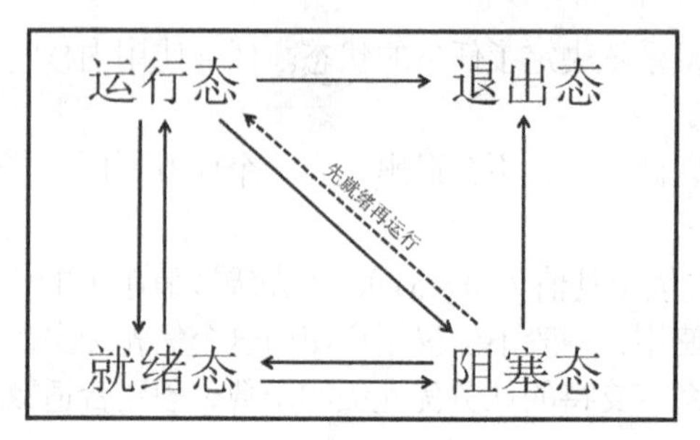

图 4-1 任务状态示意图

运行态→就绪态：有更高优先级的任务创建或者恢复后，会发生任务调度，此刻就绪列表中最高优先级的任务变为运行态，而原先运行的任务由运行态变为就绪态，且仍处于就绪列表中，等待最高优先级的任务运行完毕后继续运行（CPU 使用权被更高优先级的任务占有）。

运行态→阻塞态：正在运行的任务发生阻塞（挂起、延时、读信号量等待）时，该任务会从就绪列表中删除，任务状态由运行态变为阻塞态，并发生任务切换，系统运行就绪列表中最高优先级的任务。

阻塞态→就绪态（阻塞态→运行态）：阻塞的任务被恢复后（任务恢复、延时时间超时、读信号量超时或读到信号量等），被恢复的任务会被加入就绪列表，从而由阻塞态变成就绪态；如果此时被恢复任务的优先级高于正在运行任务的优先级，则会发生任务切换，该任务将再次转换任务状态，由就绪态变成运行态。

就绪态→阻塞态：任务也有可能在就绪态时被阻塞（挂起），此时任务状态会由就绪态变为阻塞态，该任务从就绪列表中删除，不参与系统调度，直到该任务被恢复为就绪态。

运行态、阻塞态→退出态：调用系统中的删除任务函数后，无论是处于何种状态的任务都将变为退出态。

4.2 常用的任务函数

本节将具体分析 LiteOS 中一些与任务相关的常用函数的原理及源码实现过程。

4.2.1 任务创建函数 LOS_TaskCreate

在前面的章节中，本书已经讲解了任务创建函数 LOS_TaskCreate 的使用，而未分析其源码，那么 LiteOS 中任务创建函数 LOS_TaskCreate 是如何实现的呢？其源码如代码清单 4-1 所示。

代码清单 4-1 任务创建函数 LOS_TaskCreate 源码

```
 1 LITE_OS_SEC_TEXT_INIT UINT32 LOS_TaskCreate(UINT32 *puwTaskID,
 2                                  TSK_INIT_PARAM_S *pstInitParam){
 3     UINT32 uwRet = LOS_OK;
 4     UINTPTR uvIntSave;
 5     LOS_TASK_CB *pstTaskCB;                                        (1)
 6
 7     uwRet = LOS_TaskCreateOnly(puwTaskID, pstInitParam);           (2)
 8     if (LOS_OK != uwRet) {
 9         return uwRet;
10     }
11     pstTaskCB = OS_TCB_FROM_TID(*puwTaskID);                       (3)
12
13     uvIntSave = LOS_IntLock();
```

```
14     pstTaskCB->usTaskStatus &= (~OS_TASK_STATUS_SUSPEND);
15     pstTaskCB->usTaskStatus |= OS_TASK_STATUS_READY;                    (4)
16
17 #if (LOSCFG_BASE_CORE_CPUP == YES)
18      g_pstCpup[pstTaskCB->uwTaskID].uwID = pstTaskCB->uwTaskID;
19      g_pstCpup[pstTaskCB->uwTaskID].usStatus = pstTaskCB->usTaskStatus;
20 #endif
21
22      osPriqueueEnqueue(&pstTaskCB->stPendList, pstTaskCB->usPriority);  (5)
23      g_stLosTask.pstNewTask = LOS_DL_LIST_ENTRY(osPriqueueTop(),
24                               LOS_TASK_CB, stPendList);
25      if ((g_bTaskScheduled) && (g_usLosTaskLock == 0)) {
26          if (g_stLosTask.pstRunTask != g_stLosTask.pstNewTask) {        (6)
27              if (LOS_CHECK_SCHEDULE) {
28                  (VOID)LOS_IntRestore(uvIntSave);
29                  osSchedule();                                          (7)
30                  return LOS_OK;
31              }
32          }
33      }
34
35      (VOID)LOS_IntRestore(uvIntSave);
36      return LOS_OK;                                                     (8)
37 }
```

代码清单 4-1（1）：定义一个新建任务的任务控制块结构体指针，用于保存新建任务的任务信息。

代码清单 4-1（2）：调用 LOS_TaskCreateOnly 函数进行任务的创建并阻塞任务，该函数仅创建任务，不配置任务状态信息，参数 puwTaskID 是任务 ID 的指针，指向用户定义的任务 ID 变量的地址，在创建任务成功后将通过该指针返回一个任务 ID 给用户，任务配置与 pstInitParam 一致。在创建新任务时，会对之前已删除的任务的任务控制块和任务栈进行回收。

代码清单 4-1（3）：通过任务 ID 获取对应任务控制块的信息。

代码清单 4-1（4）：将新建的任务从阻塞态中解除，并将任务状态设置为就绪态。这一步操作执行之后任务状态由阻塞态变为就绪态，表明任务可以参与系统调度。

代码清单 4-1（5）：获取新建任务的优先级，并将任务按照优先级顺序由高到低插入任务就绪列表。

代码清单 4-1（6）：如果开启了任务调度，并且调度器没有被闭锁，则进行第二次判断，如果新建任务的优先级比当前任务的优先级更高，则再进行一次任务调度，否则将返回任务创建成功，即返回代码清单 4-1（8）定义的值。

代码清单 4-1（7）：如果满足了代码清单 4-1（6）中的条件，则进行任务的调度，任务的调度是用汇编代码实现的，如代码清单 4-2 所示，并返回任务创建成功提示信息。

代码清单 4-2　LiteOS 任务调度的实现

```
1 OS_NVIC_INT_CTRL          EQU     0xE000ED04
2 OS_NVIC_PENDSVSET         EQU     0x10000000
3
4 osTaskSchedule
5     LDR       R0, =OS_NVIC_INT_CTRL
6     LDR       R1, =OS_NVIC_PENDSVSET
7     STR       R1, [R0]
8     BX        LR
```

在 Cortex-M 系列处理器中，LiteOS 是利用 PendSV 进行任务调度的，LiteOS 向 0xE000ED04 地址写入 0x10000000，即将 SCB 寄存器的第 28 位置 1，触发 PendSV 中断，真正的任务切换是在 PendSV

中断中进行的，如图 4-2 所示。

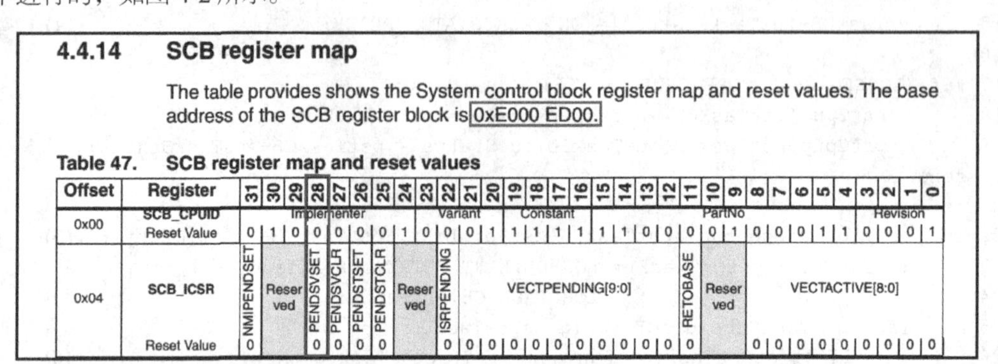

4.4.14 SCB register map

The table provides shows the System control block register map and reset values. The base address of the SCB register block is 0xE000 ED00.

Table 47. SCB register map and reset values

Offset	Register	31	30	29	28	27	26	25	24	23	22	21	20	19	18	17	16	15	14	13	12	11	10	9	8	7	6	5	4	3	2	1	0
0x00	SCB_CPUID	Implementer								Variant				Constant				PartNo												Revision			
	Reset Value	0	1	0	0	0	0	0	1	0	0	0	1	1	1	1	1	1	1	0	0	0	0	1	0	0	0	1	1	0	0	0	1
0x04	SCB_ICSR	NMIPENDSET	Reserved		PENDSVSET	PENDSVCLR	PENDSTSET	PENDSTCLR	Reserved		ISRPENDING	VECTPENDING[9:0]										RETOBASE	Reserved		VECTACTIVE[8:0]								
	Reset Value	0			0	0	0	0			0	0	0	0	0	0	0	0	0	0	0	0			0	0	0	0	0	0	0	0	0

图 4-2　触发 PendSV 中断

4.2.2　任务删除函数 LOS_TaskDelete

LiteOS 支持显式删除任务，当任务不再需要的时候，可以将其删除。例如，3.5.1 小节中讲解的第一种启动方式中就是对启动任务进行了删除操作。删除任务后，LiteOS 会回收任务的相关资源，任务删除函数 LOS_TaskDelete 源码如代码清单 4-3 所示。

代码清单 4-3　任务删除函数 LOS_TaskDelete 源码

```
 1 LITE_OS_SEC_TEXT_INIT UINT32 LOS_TaskDelete(UINT32 uwTaskID)
 2 {
 3     UINTPTR uvIntSave;
 4     LOS_TASK_CB *pstTaskCB;
 5     UINT16 usTempStatus;
 6     UINT32 uwErrRet = OS_ERROR;
 7
 8     CHECK_TASKID(uwTaskID);
 9     uvIntSave = LOS_IntLock();
10
11     pstTaskCB = OS_TCB_FROM_TID(uwTaskID);
12
13     usTempStatus = pstTaskCB->usTaskStatus;
14
15     if (OS_TASK_STATUS_UNUSED & usTempStatus) {                        (1)
16         uwErrRet = LOS_ERRNO_TSK_NOT_CREATED;
17         OS_GOTO_ERREND();
18     }
19
20     if ((OS_TASK_STATUS_RUNNING & usTempStatus)
21          && (g_usLosTaskLock != 0)) {                                  (2)
22     PRINT_INFO("In case of task lock,task deletion is not recommended\n");
23         g_usLosTaskLock = 0;
24     }
25
26     if (OS_TASK_STATUS_READY & usTempStatus) {                         (3)
27         osPriqueueDequeue(&pstTaskCB->stPendList);
28         pstTaskCB->usTaskStatus &= (~OS_TASK_STATUS_READY);
29     } else if ((OS_TASK_STATUS_PEND & usTempStatus)
30               || (OS_TASK_STATUS_PEND_QUEUE & usTempStatus)) {
31                   LOS_ListDelete(&pstTaskCB->stPendList);              (4)
32     }
33     if ((OS_TASK_STATUS_DELAY | OS_TASK_STATUS_TIMEOUT) & usTempStatus) {
```

```
34          osTimerListDelete(pstTaskCB);                                          (5)
35      }
36
37      pstTaskCB->usTaskStatus &= (~(OS_TASK_STATUS_SUSPEND));
38      pstTaskCB->usTaskStatus |= OS_TASK_STATUS_UNUSED;
39      pstTaskCB->uwEvent.uwEventID = 0xFFFFFFFF;
40      pstTaskCB->uwEventMask = 0;
41
42      g_stLosTask.pstNewTask = LOS_DL_LIST_ENTRY(osPriqueueTop(),
43                                       LOS_TASK_CB, stPendList);                 (6)
44
45      if (OS_TASK_STATUS_RUNNING & pstTaskCB->usTaskStatus) {                  (7)
46          LOS_ListTailInsert(&g_stTskRecyleList, &pstTaskCB->stPendList);
47          g_stLosTask.pstRunTask = &g_pstTaskCBArray[g_uwTskMaxNum];
48          g_stLosTask.pstRunTask->uwTaskID = uwTaskID;
49          g_stLosTask.pstRunTask->usTaskStatus = pstTaskCB->usTaskStatus;
50          g_stLosTask.pstRunTask->uwTopOfStack = pstTaskCB->uwTopOfStack;
51          g_stLosTask.pstRunTask->pcTaskName = pstTaskCB->pcTaskName;
52          pstTaskCB->usTaskStatus = OS_TASK_STATUS_UNUSED;
53          (VOID)LOS_IntRestore(uvIntSave);
54          osSchedule();
55          return LOS_OK;
56      } else {
57          pstTaskCB->usTaskStatus = OS_TASK_STATUS_UNUSED;                     (8)
58          LOS_ListAdd(&g_stLosFreeTask, &pstTaskCB->stPendList);               (9)
59          (VOID)LOS_MemFree(m_aucSysMem0, (VOID *)pstTaskCB->uwTopOfStack);    (10)
60          pstTaskCB->uwTopOfStack = (UINT32)NULL;                              (11)
61      }
62
63      (VOID)LOS_IntRestore(uvIntSave);
64      return LOS_OK;                                                           (12)
65
66  LOS_ERREND:
67      (VOID)LOS_IntRestore(uvIntSave);
68      return uwErrRet;                                                         (13)
69  }
```

代码清单 4-3（1）：如果要删除的任务的状态是 OS_TASK_STATUS_UNUSED，则表示任务尚未创建，系统无法删除任务，将返回错误代码 LOS_ERRNO_TSK_NOT_CREATED。

代码清单 4-3（2）：如果要删除的任务正在运行且调度器已经被闭锁，则系统会将任务解锁，g_usLosTaskLock 被设置为 0，并进行删除操作。

代码清单 4-3（3）：如果要删除的任务处于就绪态，则 LiteOS 会将要删除的任务从就绪列表中移除，并且取消任务的就绪态。

代码清单 4-3（4）：如果要删除的任务处于阻塞态或者在队列中被阻塞，则 LiteOS 会将要删除的任务从阻塞列表中删除。

代码清单 4-3（5）：如果要删除的任务正在处于延时状态或者正处于等待信号量/事件等阻塞超时状态，则 LiteOS 将从延时列表中删除任务。

代码清单 4-3（6）：系统重新在就绪列表中寻找处于就绪态的最高优先级任务，保证系统正常运行，因为如果删除的任务是下一个即将要切换的任务，则删除之后系统将无法正常进行任务切换。

代码清单 4-3（7）：如果删除的任务是当前正在运行的任务，因为删除任务以后要调度新的任务运行，而调度的过程需要当前任务的参与，所以不能直接将当前任务彻底删除，只是将任务添加到系统的回收列表（g_stTskRecyleList）中，在创建任务的时候对回收列表中的任务进行回收，而当前任务需要继续执行，直到系统调度完成，这样才完成了当前任务的使命。

代码清单 4-3（8）：如果被删除的任务不是当前任务，则直接将任务状态变为未使用状态。

代码清单 4-3（9）：将任务控制块插入系统可用任务链表，为了以后可以再次创建任务，系统支持的任务个数是有限的，删除一个任务之后需要归还；否则，当系统可用任务链表中没有可用的任务控制块时，就无法创建任务了，因为任务控制块的内存控制在系统初始化的时候就已经分配了。

代码清单 4-3（10）：将任务控制块的内存释放，并进行回收利用。

代码清单 4-3（11）：将任务的栈顶指针指向 NULL。

代码清单 4-3（12）、（13）：删除成功则返回 LOS_OK，否则将返回错误代码。

4.2.3 任务延时函数 LOS_TaskDelay

延时函数是在使用操作系统的时候经常用到的函数，作用是使调用延时函数的任务进入阻塞态而放弃 CPU 的使用权，这样系统中其他任务优先级较低的任务就能获得 CPU 的使用权；否则，高优先级任务会一直占用 CPU，导致系统无法进行任务切换，即比它优先级低的任务将永远得不到运行，延时的基本单位为 Tick，配置 LOSCFG_BASE_CORE_TICK_PER_SECOND 宏定义即可改变系统节拍，如果 LOSCFG_BASE_CORE_TICK_PER_SECOND 配置为 1000，那么一个 Tick 为 1ms。任务延时函数 LOS_Task Delay 源码如代码清单 4-4 所示。

代码清单 4-4　任务延时函数 LOS_TaskDelay()源码

```
 1 LITE_OS_SEC_TEXT UINT32 LOS_TaskDelay(UINT32 uwTick)
 2 {
 3     UINTPTR uvIntSave;
 4
 5     if (OS_INT_ACTIVE) {                                                    (1)
 6         return LOS_ERRNO_TSK_DELAY_IN_INT;
 7     }
 8
 9     if (g_usLosTaskLock != 0) {                                             (2)
10         return LOS_ERRNO_TSK_DELAY_IN_LOCK;
11     }
12
13     if (uwTick == 0) {                                                      (3)
14       return LOS_TaskYield();
15     } else {
16       uvIntSave = LOS_IntLock();
17       osPriqueueDequeue(&(g_stLosTask.pstRunTask->stPendList));             (4)
18       g_stLosTask.pstRunTask->usTaskStatus &= (~OS_TASK_STATUS_READY);
19       osTaskAdd2TimerList((LOS_TASK_CB *)g_stLosTask.pstRunTask,uwTick);
20       g_stLosTask.pstRunTask->usTaskStatus |= OS_TASK_STATUS_DELAY;
21       (VOID)LOS_IntRestore(uvIntSave);
22       LOS_Schedule();                                                       (5)
23     }
24
25     return LOS_OK;
26 }
```

代码清单 4-4（1）：如果在中断中进行延时，则是非法的，LiteOS 会返回错误代码，因为 LiteOS 不允许在中断中调用延时操作。

代码清单 4-4（2）：如果在调度器被锁定时进行延时，则也是非法的，因为延时操作需要依赖调度器的调度，LiteOS 会返回错误代码。

代码清单 4-4（3）：如果要进行 0 个 Tick 的延时，那么当前任务将主动放弃 CPU 的使用权，并进行一次强制切换任务操作。

代码清单 4-4（4）、（5）：如果任务可以进行延时，则 LiteOS 将调用延时函数的任务从就绪列表中删除，并将该任务的任务状态从就绪态中解除；再将该任务添加到延时链表中，并将任务的状态变为阻塞态，当延时的时间到达时，任务将从阻塞态直接变为就绪态；最后，LiteOS 进行一次任务的切换，返回 LOS_OK 表示延时成功。

注意

每个任务的循环中必须要有阻塞的出现，否则比该任务优先级低的任务是永远无法获得 CPU 的使用权的。

4.2.4　任务挂起函数 LOS_TaskSuspend

LiteOS 支持挂起指定任务，而不管任务具有什么优先级，被挂起的任务都不会得到 CPU 的使用权。

调用 LOS_TaskSuspend 函数挂起任务的次数是不会累计的，即使多次调用 LOS_TaskSuspend 函数将一个任务挂起，也只需调用一次任务恢复函数 LOS_TaskResume 即可使挂起的任务解除挂起状态。任务挂起函数是经常使用的一个函数，如果读者想要使某个任务长时间不执行，则可以使用 LOS_TaskSuspend 函数将该任务挂起。任务挂起函数 LOS_TaskSuspend 源码如代码清单 4-5 所示。

代码清单 4-5　任务挂起函数 LOS_TaskSuspend 源码

```
 1 LITE_OS_SEC_TEXT_INIT UINT32 LOS_TaskSuspend(UINT32 uwTaskID)
 2 {
 3     UINTPTR uvIntSave;
 4     LOS_TASK_CB *pstTaskCB;
 5     UINT16 usTempStatus;
 6     UINT32 uwErrRet = OS_ERROR;
 7
 8     CHECK_TASKID(uwTaskID);
 9     pstTaskCB = OS_TCB_FROM_TID(uwTaskID);                          (1)
10     uvIntSave = LOS_IntLock();
11     usTempStatus = pstTaskCB->usTaskStatus;
12     if (OS_TASK_STATUS_UNUSED & usTempStatus) {                     (2)
13         uwErrRet = LOS_ERRNO_TSK_NOT_CREATED;
14         OS_GOTO_ERREND();
15     }
16
17     if (OS_TASK_STATUS_SUSPEND & usTempStatus) {                    (3)
18         uwErrRet = LOS_ERRNO_TSK_ALREADY_SUSPENDED;
19         OS_GOTO_ERREND();
20     }
21
22     if((OS_TASK_STATUS_RUNNING & usTempStatus)&&(g_usLosTaskLock != 0)) {
23         uwErrRet = LOS_ERRNO_TSK_SUSPEND_LOCKED;                    (4)
24         OS_GOTO_ERREND();
25     }
26
27     if (OS_TASK_STATUS_READY & usTempStatus) {                      (5)
28         osPriqueueDequeue(&pstTaskCB->stPendList);                  (6)
29         pstTaskCB->usTaskStatus &= (~OS_TASK_STATUS_READY);         (7)
30     }
31
32     pstTaskCB->usTaskStatus |= OS_TASK_STATUS_SUSPEND;              (8)
```

```
33      if (uwTaskID == g_stLosTask.pstRunTask->uwTaskID) {
34          (VOID)LOS_IntRestore(uvIntSave);
35          LOS_Schedule();                                              (9)
36          return LOS_OK;
37      }
38
39      (VOID)LOS_IntRestore(uvIntSave);
40      return LOS_OK;
41
42 LOS_ERREND:
43      (VOID)LOS_IntRestore(uvIntSave);
44      return uwErrRet;
45 }
```

代码清单 4-5（1）：根据任务 ID 获取对应的任务控制块。

代码清单 4-5（2）：判断要挂起任务的状态，如果是未使用状态，则返回错误代码。

代码清单 4-5（3）：判断要挂起任务的状态，如果该任务已经被挂起了，则会返回错误代码，用户可以在恢复任务后再次挂起。

代码清单 4-5（4）：如果任务正在运行中并且调度器已经被闭锁了，则无法进行挂起任务操作，并返回错误代码。

代码清单 4-5（5）：如果任务处于就绪态，则可以进行挂起任务操作。

代码清单 4-5（6）：将任务从就绪列表中删除。

代码清单 4-5（7）：将任务从就绪态中解除。

代码清单 4-5（8）：将任务的状态变为挂起态。

代码清单 4-5（9）：进行一次任务调度。

4.2.5 任务恢复函数 LOS_TaskResume

任务恢复就是让挂起的任务重新进入就绪态，恢复的任务会保留挂起前的状态信息，并在恢复的时候继续运行。如果被恢复任务在所有就绪态任务中是最高优先级的任务，则系统将进行一次任务切换操作。任务恢复函数 LOS_TaskResume 源码如代码清单 4-6 所示。

代码清单 4-6 任务恢复函数 LOS_TaskResume 源码

```
1 LITE_OS_SEC_TEXT_INIT UINT32 LOS_TaskResume(UINT32 uwTaskID)
2 {
3     UINTPTR uvIntSave;
4     LOS_TASK_CB *pstTaskCB;
5     UINT16 usTempStatus;
6     UINT32 uwErrRet = OS_ERROR;
7
8     if (uwTaskID > LOSCFG_BASE_CORE_TSK_LIMIT) {                     (1)
9         return LOS_ERRNO_TSK_ID_INVALID;
10    }
11
12    pstTaskCB = OS_TCB_FROM_TID(uwTaskID);                           (2)
13    uvIntSave = LOS_IntLock();
14    usTempStatus = pstTaskCB->usTaskStatus;
15
16    if (OS_TASK_STATUS_UNUSED & usTempStatus) {                      (3)
17        uwErrRet = LOS_ERRNO_TSK_NOT_CREATED;
18        OS_GOTO_ERREND();
19    } else if (!(OS_TASK_STATUS_SUSPEND & usTempStatus)) {           (4)
20        uwErrRet = LOS_ERRNO_TSK_NOT_SUSPENDED;
21        OS_GOTO_ERREND();
```

```
22      }
23
24      pstTaskCB->usTaskStatus &= (~OS_TASK_STATUS_SUSPEND);          (5)
25      if (!(OS_CHECK_TASK_BLOCK & pstTaskCB->usTaskStatus) ) {
26          pstTaskCB->usTaskStatus |= OS_TASK_STATUS_READY;           (6)
27          osPriqueueEnqueue(&pstTaskCB->stPendList, pstTaskCB->usPriority);
28          if (g_bTaskScheduled) {                                    (7)
29              (VOID)LOS_IntRestore(uvIntSave);
30              LOS_Schedule();                                        (8)
31              return LOS_OK;
32          }
33          g_stLosTask.pstNewTask = LOS_DL_LIST_ENTRY(osPriqueueTop(),
34                                            LOS_TASK_CB, stPendList);
35 }
36      (VOID)LOS_IntRestore(uvIntSave);
37      return LOS_OK;
38
39 LOS_ERREND:
40      (VOID)LOS_IntRestore(uvIntSave);
41      return uwErrRet;
42 }
```

代码清单 4-6（1）：判断任务 ID 是否有效，如果无效，则返回错误代码。

代码清单 4-6（2）：根据任务 ID 获取任务控制块。

代码清单 4-6（3）：判断要恢复任务的状态，如果是未使用状态，则返回错误代码。

代码清单 4-6（4）：判断要恢复任务的状态，如果是未挂起状态，则无须恢复，也会返回错误代码。

代码清单 4-6（5）：经过前面代码的判断，可以确认任务是挂起的，可以恢复任务，并将任务状态从阻塞态解除。

代码清单 4-6（6）：将任务状态变成就绪态。

代码清单 4-6（7）：将任务按照本身的优先级数值添加到就绪列表中。

代码清单 4-6（8）：如果调度器已经运行了，则发起一次任务调度，寻找处于就绪态的最高优先级任务，如果被恢复的任务刚好是就绪态任务中的最高优先级的，则系统会立即运行该任务。

4.3 常用 Task 错误代码说明

在 LiteOS 中，与任务相关的函数大多数有返回值，其返回值是一些错误代码，可以方便用户进行调试。常用 Task 函数返回的错误代码、说明及参考解决方案如表 4-1 所示。

表 4-1　常用 Task 函数返回的错误代码、说明及参考解决方案

序号	错误代码	说明	参考解决方案
1	LOS_ERRNO_TSK_NO_MEMORY	内存空间不足	分配更大的内存
2	LOS_ERRNO_TSK_PTR_NULL	任务参数为空	检查任务参数
3	LOS_ERRNO_TSK_STKSZ_NOT_ALIGN	任务栈未对齐	对齐任务栈
4	LOS_ERRNO_TSK_PRIOR_ERROR	不正确的任务优先级	检查任务优先级
5	LOS_ERRNO_TSK_ENTRY_NULL	任务入口函数为空	定义任务入口函数
6	LOS_ERRNO_TSK_NAME_EMPTY	任务名为空	设置任务名
7	LOS_ERRNO_TSK_STKSZ_TOO_SMALL	任务栈太小	扩大任务栈
8	LOS_ERRNO_TSK_ID_INVALID	无效的任务 ID	检查任务 ID

续表

序号	错误代码	说明	参考解决方案
9	LOS_ERRNO_TSK_ALREADY_SUSPENDED	任务已经被挂起	等待任务被恢复后，再去尝试挂起这个任务
10	LOS_ERRNO_TSK_NOT_SUSPENDED	任务未被挂起	挂起这个任务
11	LOS_ERRNO_TSK_NOT_CREATED	任务未被创建	创建这个任务
12	LOS_ERRNO_TSK_DELETE_LOCKED	删除任务时，任务处于被锁状态	解锁任务之后再进行删除操作
13	LOS_ERRNO_TSK_MSG_NONZERO	任务信息非零	暂不使用该错误代码
14	LOS_ERRNO_TSK_DELAY_IN_INT	中断期间，进行任务延时	退出中断后再进行延时操作
15	LOS_ERRNO_TSK_DELAY_IN_LOCK	在任务被锁的状态下进行延时	解锁任务之后再进行延时操作
16	LOS_ERRNO_TSK_YIELD_INVALID_TASK	将被排入行程的任务是无效的	检查这个任务
17	LOS_ERRNO_TSK_YIELD_NOT_ENOUGH_TASK	没有或者仅有一个可用任务能进行行程安排	增加任务数
18	LOS_ERRNO_TSK_TCB_UNAVAILABLE	没有空闲的任务控制块可用	增加任务控制块数量
19	LOS_ERRNO_TSK_HOOK_NOT_MATCH	任务的钩子函数不匹配	暂不使用该错误代码
20	LOS_ERRNO_TSK_HOOK_IS_FULL	任务的钩子函数数量超过界限	暂不使用该错误代码
21	LOS_ERRNO_TSK_OPERATE_IDLE	这是一个 IDLE（空闲）任务	检查任务 ID，不要试图操作 IDLE 任务
22	LOS_ERRNO_TSK_SUSPEND_LOCKED	将被挂起的任务处于被锁状态	解锁任务后再尝试挂起任务
23	LOS_ERRNO_TSK_FREE_STACK_FAILED	任务栈释放失败	该错误代码暂不使用
24	LOS_ERRNO_TSK_STKAREA_TOO_SMALL	任务栈区域太小	该错误代码暂不使用
25	LOS_ERRNO_TSK_ACTIVE_FAILED	任务触发失败	创建一个 IDLE 任务后执行任务转换
26	LOS_ERRNO_TSK_CONFIG_TOO_MANY	过多的任务配置项	该错误代码暂不使用
27	LOS_ERRNO_TSK_STKSZ_TOO_LARGE	任务栈大小设置过大	减小任务栈大小
28	LOS_ERRNO_TSK_SUSPEND_SWTMR_NOT_ALLOWED	不允许挂起软件定时器任务	检查任务 ID，不要试图挂起软件定时器任务

4.4 常用任务函数的使用方法

本节将讲解 LiteOS 中一些与任务相关的常用函数的使用方法。

4.4.1 任务创建函数 LOS_TaskCreate

LOS_TaskCreate 函数原型如代码清单 4-7 所示。创建任务函数是创建每个独立任务的时候必须使用的，在使用函数的时候，需要提前定义任务 ID 变量，并要自定义实现任务创建的 pstInitParam，如代码清单 4-8 中加粗部分所示。如果任务创建成功，则返回 LOS_OK，否则返回对应的错误代码。

代码清单 4-7 LOS_TaskCreate 函数原型

```
1 UINT32 LOS_TaskCreate(UINT32 *puwTaskID, TSK_INIT_PARAM_S *pstInitParam);
```

代码清单 4-8 自定义实现任务的相关配置

```
1 UINT32 Test1_Task_Handle;                     /* 定义任务 ID 变量 */
2 TSK_INIT_PARAM_S task_init_param;         /* 自定义任务配置的相关参数 */
3
4 task_init_param.usTaskPrio = 5;           /* 优先级，数值越小，优先级越高 */
5 task_init_param.pcName = "Test1_Task";    /* 任务名，字符串形式，方便调试 */
6 task_init_param.pfnTaskEntry = (TSK_ENTRY_FUNC)Test1_Task; /* 任务函数名 */
7 task_init_param.uwStackSize = 0x1000;     /* 栈大小，单位为字节，即 4 个字节 */
8
9 uwRet = LOS_TaskCreate(&Test1_Task_Handle, &task_init_param);/* 创建任务 */
```

自定义任务配置的 TSK_INIT_PARAM_S 结构体在 los_task.h 中，其内部配置参数的具体作用如代码清单 4-9 所示，读者可以根据自己的任务需要来进行配置，重要的任务优先级可以设置得高一点，任务栈可以设置得大一点，以防止溢出导致系统崩溃，若指定的任务栈大小为 0，则系统会使用配置项 LOSCFG_BASE_CORE_TSK_DEFAULT_STACK_SIZE 指定默认的任务栈大小，任务栈按 8 字节大小对齐。

代码清单 4-9 TSK_INIT_PARAM_S 结构体

```
1 typedef struct tagTskInitParam {
2       TSK_ENTRY_FUNC        pfnTaskEntry;        /**< 任务入口函数    */
3       UINT16                usTaskPrio;          /**< 任务优先级       */
4       UINT32                uwArg;               /**< 任务参数（未使用） */
5       UINT32                uwStackSize;         /**< 任务栈大小     */
6       CHAR                 *pcName;              /**< 任务名称       */
7       UINT32                uwResved;            /**< LiteOS 保留未使用     */
8 } TSK_INIT_PARAM_S;
```

4.4.2 任务删除函数 LOS_TaskDelete

任务删除函数会根据任务 ID 直接删除任务，任务的任务控制块与任务栈将被系统回收，所有保存的信息都会被清空。uwTaskID 是 LOS_TaskDelete 传入的任务 ID，表示要删除哪个任务，其原型如代码清单 4-10 所示。

代码清单 4-10 任务删除函数 LOS_TaskDelete 原型

```
1 /***********************************************************************
2 功能：LOS_TaskDelete
3 描述：删除任务
4 输入：uwTaskID ——任务 ID
5 输出：无
6 返回：成功时返回 LOS_OK，失败时出现错误代码
7  **********************************************************************/
8 LITE_OS_SEC_TEXT_INIT UINT32 LOS_TaskDelete(UINT32 uwTaskID)
```

任务删除函数的实例如代码清单 4-11 加粗部分所示，如果任务删除成功，则返回 LOS_OK，否则返回其他错误代码。

代码清单 4-11 任务删除函数的实例

```
1 UINT32 uwRet = LOS_OK;/* 定义一个任务的返回类型，初始化为 LOS_OK */
2
```

```
3 uwRet = LOS_TaskDelete(Test_Task_Handle)
4     if (uwRet != LOS_OK)
5     {
6         printf("任务删除失败\n");
7     }
```

4.4.3 任务延时函数 LOS_TaskDelay

任务延时函数只有一个传入的参数 uwTick，它的延时单位是 Tick，支持传入 0 个 Tick。读者根据实际情况对任务进行延时即可，其函数原型如代码清单 4-12 所示。

代码清单 4-12 任务延时函数原型

```
1 extern UINT32 LOS_TaskDelay(UINT32 uwTick);
```

任务延时函数有几点需要注意的地方：任务延时函数不允许在中断中使用；任务延时函数不允许在任务调度被锁定的时候使用；如果传入 0 并且未锁定任务调度，则执行具有与当前任务相同优先级的任务队列中的下一个任务，如果没有当前任务优先级的就绪任务可用，则不会发生任务调度，并继续执行当前任务；不允许在系统初始化之前使用该函数；任务延时函数也是有返回值的，如果使用时发生错误，则可以根据返回的错误代码来进行调整，这种延时并不精确。任务延时函数的使用实例如代码清单 4-13 加粗部分所示。

代码清单 4-13 任务延时函数的使用方法

```
1 static void Test1_Task(void)
2 {
3     /* 每个任务都是无限循环 */
4     while (1) {
5         LED2_TOGGLE;                  //LED2 翻转
6         LOS_TaskDelay(1000);          //1000 个 Tick 延时
7     }
8 }
```

4.4.4 任务挂起与恢复函数

任务的挂起与恢复函数在很多时候是很有用的，例如，想长时间暂停运行某个任务，但是又需要在其恢复的时候继续工作，那么此时是不可能删除任务的，因为如果删除了任务，任务的所有信息都是不可恢复的。但是可以使用任务挂起函数，即仅使任务进入阻塞态，其内部的资源都会保留在任务栈中，且不会参与任务的调度，当调用任务恢复函数的时候，整个任务立即从阻塞态进入就绪态，参与任务的调度，如果该任务的优先级是当前就绪态任务中优先级最高的，那么系统会立即进行一次任务切换，而恢复的任务将按照挂起前的任务状态继续运行，从而达到需要的效果。

注意

这里说的是继续运行，也就是说，挂起任务之前的任务状态信息都会被系统保留下来，并在恢复的瞬间继续运行。

任务挂起与恢复函数的原型如代码清单 4-14 所示。

代码清单 4-14 任务挂起与恢复函数的原型

```
1 /*
2  * 暂停任务
3  * 此 API 用于挂起指定的任务，该任务将从就绪列表中删除
4  * 无法暂停正在运行和锁定的任务
5  * 无法暂停 IDLE Task 和 swtmr 任务
```

```
 6 */
 7 extern UINT32 LOS_TaskSuspend(UINT32 uwTaskID);
 8
 9 /*
10  * 恢复任务
11  * 此 API 用于恢复暂停的任务
12  * 如果任务被延迟或阻止，则应恢复任务，而不将其添加到准备任务的队列中
13  * 如果在系统初始化后任务的优先级高于当前任务并且任务计划未锁定，则运行计划
14  */
15 extern UINT32 LOS_TaskResume(UINT32 uwTaskID);
```

任务挂起/恢复函数的作用是根据传入的任务 ID 来挂起/恢复对应的任务，任务 ID 是每个任务的唯一标识，本书提供的例程将通过按键来挂起与恢复 LED 灯任务，如代码清单 4-15 加粗部分所示。

代码清单 4-15　任务挂起与恢复函数的使用实例

```
 1 static void Key_Task(void)
 2 {
 3     UINT32 uwRet = LOS_OK;/* 定义一个任务的返回类型，初始化为成功的返回值 */
 4     /* 每个任务都是一个无限循环，不能返回 */
 5     while (1) {/* KEY1 被按下 */
 6         if ( Key_Scan(KEY1_GPIO_PORT,KEY1_GPIO_PIN) == KEY_ON ) {
 7             printf("挂起 LED1 任务! \n");
 8             uwRet = LOS_TaskSuspend(LED_Task_Handle);/* 挂起 LED1 任务 */
 9             if (LOS_OK == uwRet) {
10                 printf("挂起 LED1 任务成功! \n");
11             }/* KEY2 被按下 */
12         } else if ( Key_Scan(KEY2_GPIO_PORT,KEY2_GPIO_PIN) == KEY_ON ) {
13             printf("恢复 LED1 任务!\n");
14             uwRet = LOS_TaskResume(LED_Task_Handle); /* 恢复 LED1 任务 */
15             if (LOS_OK == uwRet) {
16                 printf("恢复 LED1 任务成功! \n");
17             }
18         }
19         LOS_TaskDelay(20);                /* 20Ticks 扫描一次 */
20     }
21 }
```

4.5　任务的设计要点

作为嵌入式开发人员，要对自己设计的嵌入式系统了如指掌，如任务的优先级信息、任务的中断处理、任务的运行时间、逻辑、状态等，然后才能设计出好的系统。因此，在设计任务的时候需要根据需求制定框架，并且应该考虑中断服务程序、普通任务、空闲任务及任务的执行时间几个因素。

1. 中断服务程序

中断服务程序是一种需要特别注意的上下文环境，它运行在非任务的执行环境（一般为芯片的一种特殊运行模式）中，在这个上下文环境中不能使用挂起当前任务的操作，不能有任何阻塞的操作，因为在中断中不允许调用带有阻塞机制的 API 函数。另外需要注意的是，中断服务程序最好精简短小、快进快出，一般在中断服务程序中只标记事件的发生，并通知任务，让对应的处理任务执行相关处理，因为中断的优先级高于系统中的任何任务。中断处理时间过长，可能会导致整个系统任务无法正常运行。所以，在设计的时候必须考虑中断的频率、中断的处理时间等重要因素，以便

配合对应中断处理任务的工作。

2. 普通任务

普通任务看似没有限制程序执行的因素，似乎所有的操作都可以执行，但是作为一个优先级明确的实时系统，如果一个任务中的程序出现了死循环（此处的死循环是指没有阻塞机制的任务循环体）操作，那么比该任务优先级低的任务都将无法执行，也包括了空闲任务。因为没有阻塞的任务不会主动让出 CPU，而低优先级的任务是不允许抢占高优先级任务的 CPU 使用权的，而高优先级的任务可以抢占低优先级的 CPU，这样低优先级的任务将无法运行，这种情况在实时操作系统中是必须要注意的，所以在任务中不允许出现死循环。如果一个任务只有就绪态而无阻塞态，则势必会影响到其他低优先级任务的运行，所以在进行任务设计时，就应该保证在不活跃的时候，任务可以进入阻塞态以让出 CPU 使用权，这就需要设计者明确知道什么情况下让任务进入阻塞态，保证低优先级任务可以正常运行。在实际设计中，一般会将紧急的处理事件的任务优先级设置得高一些。

3. 空闲任务

空闲任务是 LiteOS 中没有其他工作进行时自动进入的系统任务。开发人员可以通过宏定义 LOSCFG_KERNEL_TICKLESS 与 LOSCFG_KERNEL_RUNSTOP 选择自己需要的特殊功能设计为空闲任务，如低功耗模式、睡眠模式等。需要注意的是，空闲任务是不允许阻塞也不允许被挂起的，空闲任务是唯一一个不允许出现阻塞情况的任务，因为 LiteOS 需要保证系统永远都有一个可运行的任务。

4. 任务的执行时间

任务的执行时间一般包括两部分内容，一部分是任务从开始到结束的时间，另一部分是任务的周期。

在系统设计的时候，这两个时间都需要用户去考虑，一般来说，处理时间更短的任务优先级应设置得更高。例如，对于事件 A 对应的服务任务 Ta，系统要求的实时响应指标是 10ms，而 Ta 的最大运行时间是 1ms，那么 10ms 就是任务 Ta 的周期，1ms 是任务的运行时间，简单来说，任务 Ta 在 10ms 内完成对事件 A 的响应即可。此时，系统中还存在着以 50ms 为周期的另一任务 Tb，它每次运行的最大时间长度是 100μs。在这种情况下，即使把任务 Tb 的优先级设置得比 Ta 更高，对系统的实时性指标也没有什么影响，因为在 Ta 的运行过程中，即使 Tb 抢占了 Ta 的资源，等到 Tb 执行完毕，消耗的时间也只不过是 100μs，仍在事件 A 规定的响应时间（10ms）内，Ta 能够安全完成对事件 A 的响应。但是假如系统中还存在任务 Tc，其运行时间为 20ms，如果将 Tc 的优先级设置得比 Ta 更高，那么 Ta 运行的时候突然被 Tc 打断，等到 Tc 执行完毕，Ta 已经错过对事件 A（10ms）的响应了，这是不允许的。所以，在设计的时候必须考虑任务的执行时间。

4.6 任务管理实验

任务管理实验是使用任务的常用函数进行一次实验，本书将在野火 STM32 开发板上进行该实验，实验将创建两个任务，一个是 LED 任务，另一个是按键任务。LED 任务的功能是显示任务运行的状态，而按键任务则通过检测按键的按下情况来将 LED 任务挂起或恢复。任务管理实验源码如代码清单 4-16 加粗部分所示。

代码清单 4-16 任务管理实验源码

```
1 /*********************************************************************
2   * @file    main.c
3   * @author  fire
4   * @version V1.0
5   * @date    2018-xx-xx
6   * @brief   STM32 全系列开发板-LiteOS!
```

```
7   ******************************************************************
8    * @attention
9    *
10   * 实验平台:野火 F103-霸道 STM32 开发板
11   * 论坛    :http://www.firebbs.cn
12   * 淘宝    :http://firestm32.taobao.com
13   *
14   ******************************************************************
15   */
16 /* LiteOS 头文件 */
17 #include "los_sys.h"
18 #include "los_task.ph"
19 /* 板级外设头文件 */
20 #include "bsp_usart.h"
21 #include "bsp_led.h"
22 #include "bsp_key.h"
23
24 /********************************** 任务 ID ******************************/
25 /*
26  * 任务 ID 是一个从 0 开始的数字，用于索引任务，当任务创建完成之后，其就具有了一个任务 ID，
27  * 以后的操作都需要通过任务 ID 进行
28  *
29  */
30
31 /* 定义任务 ID 变量 */
32 UINT32 LED_Task_Handle;
33 UINT32 Key_Task_Handle;
34
35 /* 函数声明 */
36 static UINT32 AppTaskCreate(void);
37 static UINT32 Creat_LED_Task(void);
38 static UINT32 Creat_Key_Task(void);
39
40 static void LED_Task(void);
41 static void Key_Task(void);
42 static void BSP_Init(void);
43
44
45 /******************************************************************
46   * @brief  主函数
47   * @param  无
48   * @retval 无
49   * @note   第一步：开发板硬件初始化
50             第二步：创建 App 应用任务
51             第三步：启动 LiteOS，开始多任务调度，启动失败时输出错误信息
52   ******************************************************************/
53 int main(void)
54 {
55     UINT32 uwRet = LOS_OK;  //定义一个任务创建函数的返回值，默认为创建成功
56
57     /* 板级硬件初始化 */
58     BSP_Init();
```

```
59
60     printf("这是一个[野火]-STM32 全系列开发板-LiteOS 任务管理实验！\n\n");
61     printf("按下 KEY1 挂起任务，按下 KEY2 恢复任务\n");
62
63     /* LiteOS 内核初始化 */
64     uwRet = LOS_KernelInit();
65
66     if (uwRet != LOS_OK) {
67         printf("LiteOS 核心初始化失败！失败代码 0x%X\n",uwRet);
68         return LOS_NOK;
69     }
70
71     uwRet = AppTaskCreate();
72     if (uwRet != LOS_OK) {
73         printf("AppTaskCreate 创建任务失败！失败代码 0x%X\n",uwRet);
74         return LOS_NOK;
75     }
76
77     /* 开启 LiteOS 任务调度 */
78     LOS_Start();
79
80     //正常情况下不会执行到这里
81     while (1);
82 }
83
84
85 /*******************************************************************
86   * @ 函数名  ：  AppTaskCreate
87   * @ 功能说明：  任务创建，为了方便管理，所有的任务创建函数都可以放在这个函数中
88   * @ 参数    ：  无
89   * @ 返回值  ：  无
90   *******************************************************************/
91 static UINT32 AppTaskCreate(void)
92 {
93     /* 定义一个返回类型变量，初始化为 LOS_OK */
94     UINT32 uwRet = LOS_OK;
95
96     uwRet = Creat_LED_Task();
97     if (uwRet != LOS_OK) {
98         printf("LED_Task 任务创建失败！失败代码 0x%X\n",uwRet);
99         return uwRet;
100     }
101
102     uwRet = Creat_Key_Task();
103     if (uwRet != LOS_OK) {
104         printf("Key_Task 任务创建失败！失败代码 0x%X\n",uwRet);
105         return uwRet;
106     }
107     return LOS_OK;
108 }
109
110
111 /*******************************************************************
```

```
112   * @ 函数名  :  Creat_LED_Task
113   * @ 功能说明:  创建 LED_Task 任务
114   * @ 参数    :
115   * @ 返回值  :  无
116   ****************************************************************/
117 static UINT32 Creat_LED_Task()
118 {
119     //定义一个创建任务的返回类型，初始化为创建成功的返回值
120     UINT32 uwRet = LOS_OK;
121
122     //定义一个用于创建任务的参数结构体
123     TSK_INIT_PARAM_S task_init_param;
124
125     task_init_param.usTaskPrio = 5; /* 任务优先级，数值越小，优先级越高 */
126     task_init_param.pcName = "LED_Task";/* 任务名 */
127     task_init_param.pfnTaskEntry = (TSK_ENTRY_FUNC)LED_Task;
128     task_init_param.uwStackSize = 1024;       /* 栈大小 */
129
130     uwRet=LOS_TaskCreate(&LED_Task_Handle,&task_init_param);/*创建任务 */
131     return uwRet;
132 }
133 /****************************************************************
134   * @ 函数名  :  Creat_Key_Task
135   * @ 功能说明:  创建 Key_Task 任务
136   * @ 参数    :
137   * @ 返回值  :  无
138   ****************************************************************/
139 static UINT32 Creat_Key_Task()
140 {
141     // 定义一个创建任务的返回类型，初始化为创建成功的返回值
142     UINT32 uwRet = LOS_OK;
143     TSK_INIT_PARAM_S task_init_param;
144
145     task_init_param.usTaskPrio = 4; /* 任务优先级，数值越小，优先级越高 */
146     task_init_param.pcName = "Key_Task";     /* 任务名*/
147     task_init_param.pfnTaskEntry = (TSK_ENTRY_FUNC)Key_Task;
148     task_init_param.uwStackSize = 1024; /* 栈大小 */
149
150     uwRet = LOS_TaskCreate(&Key_Task_Handle,&task_init_param);/*创建任务 */
151
152     return uwRet;
153 }
154
155 /****************************************************************
156   * @ 函数名  :  LED_Task
157   * @ 功能说明:  LED_Task 任务实现
158   * @ 参数    :  NULL
159   * @ 返回值  :  NULL
160   ****************************************************************/
161 static void LED_Task(void)
```

```
162 {
163     /* 每个任务都是一个无限循环，不能返回 */
164     while (1) {
165         LED2_TOGGLE;      //LED2 翻转
166         printf("LED 任务正在运行！\n");
167         LOS_TaskDelay(1000);
168     }
169 }
170 /***************************************************************
171   * @ 函数名  :  Key_Task
172   * @ 功能说明:  Key_Task 任务实现
173   * @ 参数    :  NULL
174   * @ 返回值  :  NULL
175   ***************************************************************/
176 static void Key_Task(void)
177 {
178     UINT32 uwRet = LOS_OK;
179
180     /* 每个任务都是一个无限循环，不能返回 */
181     while (1) {
182         /* Key1 被按下 */
183         if ( Key_Scan(KEY1_GPIO_PORT,KEY1_GPIO_PIN) == KEY_ON ) {
184             printf("挂起 LED 任务！\n");
185             uwRet = LOS_TaskSuspend(LED_Task_Handle);/* 挂起 LED1 任务 */
186             if (LOS_OK == uwRet) {
187                 printf("挂起 LED 任务成功！\n");
188             }
189         }
190         /* Key2 被按下 */
191         else if ( Key_Scan(KEY2_GPIO_PORT,KEY2_GPIO_PIN) == KEY_ON ) {
192             printf("恢复 LED 任务！\n");
193             uwRet = LOS_TaskResume(LED_Task_Handle); /* 恢复 LED1 任务 */
194             if (LOS_OK == uwRet) {
195                 printf("恢复 LED 任务成功！\n");
196             }
197
198         }
199         LOS_TaskDelay(20);   /* 20ms 扫描一次 */
200     }
201 }
202
203
204 /***************************************************************
205   * @ 函数名  :  BSP_Init
206   * @ 功能说明:  板级外设初始化，所有开发板的初始化代码均可放在这个函数中
207   * @ 参数    :
208   * @ 返回值  :  无
209   ***************************************************************/
210 static void BSP_Init(void)
211 {
212     /*
```

```
213       * STM32 中断优先级分组为 4，即 4bit 都用来表示抢占优先级，范围为 0 ~ 15
214      * 优先级分组只需要分组一次，以后如果有其他任务需要用到中断，
215      * 则统一使用这个优先级分组，不要再分组，切记
216      */
217     NVIC_PriorityGroupConfig( NVIC_PriorityGroup_4 );
218
219     /* LED 初始化 */
220     LED_GPIO_Config();
221
222     /* 串口初始化 */
223     USART_Config();
224
225     /* 按键初始化 */
226     Key_GPIO_Config();
227 }
228
229 /********************END OF FILE**********************/
```

4.7　实验现象

将程序编译好，使用 USB 线缆连接计算机和开发板的 USB 接口（对应印制电路板上的 USB 转串口），使用 DAP 仿真器把配套程序下载到野火 STM32 开发板（具体型号根据读者使用的开发板而定，每个型号的开发板都配套有对应的程序）中，在计算机上打开串口调试助手，复位开发板后就可以在调试助手中看到串口的输出信息，在开发板上可以看到 LED 灯在闪烁，按下 KEY1 后可以看到开发板上的灯不闪烁了，同时在串口调试助手中输出了相应的信息，提示任务已经被挂起；按下 KEY2 后可以看到开发板上的灯恢复了闪烁，同时在串口调试助手中输出了相应的信息，提示任务已经被恢复，如图 4-3 所示。

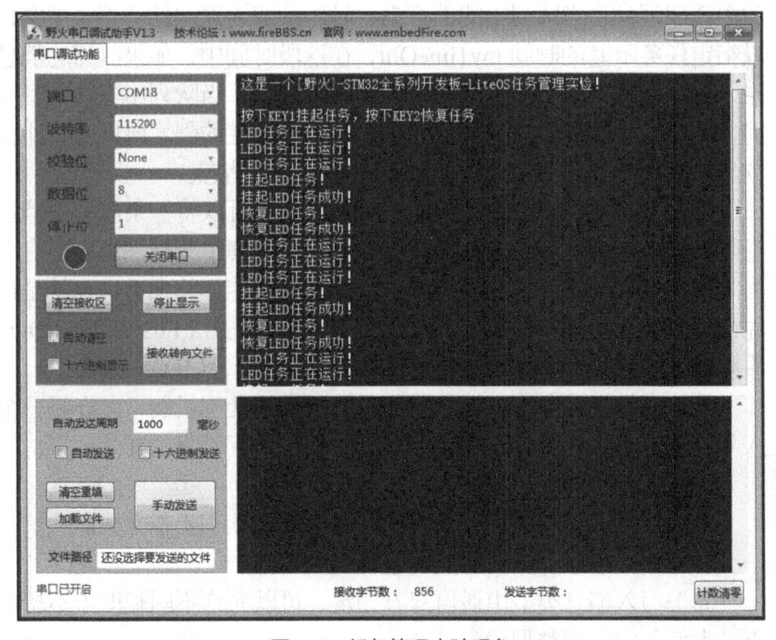

图 4-3　任务管理实验现象

05

第5章　消息队列

不知读者是否在裸机编程中使用过数组？数组用于存储数据，在需要的时候再从中读取数据。类似于数组，消息队列是 LiteOS 中提供的数据结构，并且其功能更加完善，通常用于传输数据。

【学习目标】

- 了解 LiteOS 消息队列的基本概念。
- 了解 LiteOS 消息队列的运行机制。
- 掌握 LiteOS 消息队列的函数及其使用方法。

5.1　消息队列的基本概念

消息队列又称队列，是一种数据结构，可以在任务与任务间、中断和任务间传送信息，接收来自任务或中断的不固定长度的消息，并根据 LiteOS 提供的不同函数接口选择传递消息是否存放在自己的空间中。任务能够从队列中读取消息，当队列中的消息为空时，读取消息的任务将被阻塞，用户可以指定任务阻塞的时间 uwTimeOut，在这段时间中，如果队列的消息一直为空，则该任务将保持阻塞状态以等待消息到来；当队列中有新消息时，阻塞的任务会被唤醒；当任务等待的时间超过了指定的阻塞时间时，即使队列中依然没有消息，任务也会自动从阻塞态转为就绪态。

通过消息队列服务，任务或中断服务例程可以将一条或多条消息放入消息队列。同样，一个或多个任务可以从消息队列中获得消息。当有多个消息写入到消息队列中时，通常是先进入的消息先传递给任务，也就是说，任务先得到的是最先进入队列的消息，即满足先进先出（First In First Out，FIFO）原则，但是其也支持后进先出（Last In First Out，LIFO）原则。

用户在处理业务时，消息队列提供了异步处理机制，允许将一个消息放入队列，但并不立即处理它，这样就起到了缓存消息的作用。

消息队列具有如下特性。

（1）消息以先进先出方式排队，支持异步读写工作方式。

（2）读队列和写队列都支持超时机制。

（3）写入消息类型由通信双方约定，可以允许不同长度（不超过消息节点最大值）的任意类型消息。

（4）消息支持后进先出方式排队。

（5）一个任务能够从任意一个消息队列中读取和写入消息。

（6）多个任务能够从同一个消息队列中读取和写入消息。

5.2 消息队列的运行机制

创建队列时，根据传入的队列长度和消息节点大小来开辟相应的内存空间以供该队列使用，并初始化消息队列的相关信息，创建成功后返回队列 ID。

在消息队列控制块中，会维护一个消息头节点位置 usQueueHead 和一个消息尾节点位置 usQueueTail 变量，其用于记录当前队列中消息存储的情况。usQueueHead 表示队列中被占用消息节点的起始位置，usQueueTail 表示占用消息节点的结束位置（或者理解为队列中空闲消息的起始位置），在消息队列刚创建时，usQueueHead 和 usQueueTail 均指向队列起始位置。

写队列前，根据 usReadWriteableCnt[OS_QUEUE_WRITE]判断队列是否可以写入，只有当队列未满时才可以将消息写入队列中。写队列时，根据 usQueueTail 找到消息节点末尾的空闲节点作为消息写入区域。如果 usQueueTail 已经指向队列尾，则采用回卷方式（可以将 LiteOS 的消息队列看作一个环形队列，这样操作很方便，也能避免溢出，达到缓冲效果）进行操作。

读队列前，根据 usReadWriteableCnt[OS_QUEUE_READ]判断队列是否有消息读取，当队列为空的时候（队列中没有消息），不能对队列进行读操作，只有当队列不为空时（队列中存在消息），才可以从队列中读取消息，否则将引起任务挂起（假设用户指定阻塞时间）。读队列时，根据 usQueueHead 找到最先写入队列中的消息节点进行读取。如果 usQueueHead 已经指向队列尾，则采用回卷方式进行操作。

删除队列时，根据传入的队列 ID 寻找到对应的队列，将队列状态置为未使用，释放原队列所占的空间，将对应的队列头置为初始状态。

LiteOS 的消息队列采用两个双向链表来维护，一个链表指向消息队列的头部，另一个链表指向消息队列的尾部，通过访问这两个链表就能直接访问对应的消息空间（消息空间中的每个节点都称为消息节点），并且通过消息队列控制块中的读写类型来操作消息队列。消息队列的运行过程如图 5-1 所示。

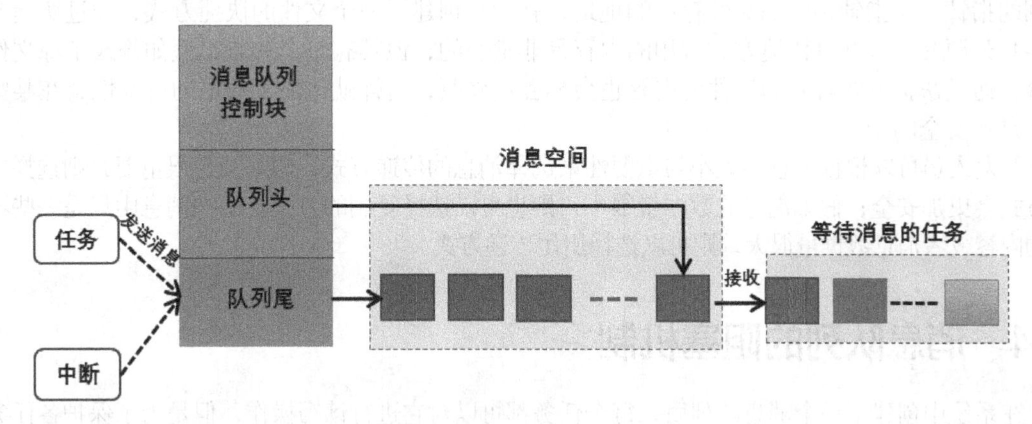

图 5-1 消息队列的运行过程

消息队列的读写操作示意图如图 5-2 所示。

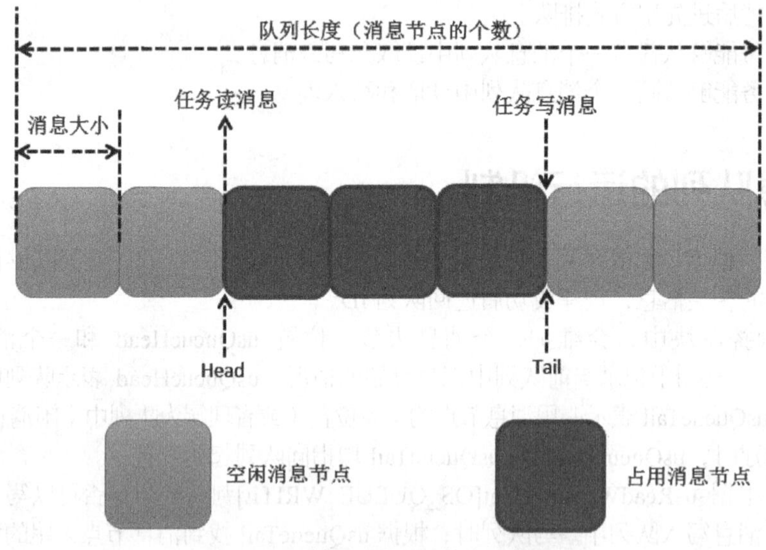

图 5-2　消息队列的读写操作示意图

5.3　消息队列的传输机制

既然队列是任务间通信的数据结构，那么它必然是可以存储消息数据的，消息存储在消息节点中，而消息节点的大小在创建队列的时候由用户指定。LiteOS 提供的队列是一种先进先出线性表，只允许在一端插入，在另一端进行读取（出队），支持异步读写工作方式，就像来买车票的人一样，先到的人先买票，后到的人后买票，不允许插队。除此之外，LiteOS 还提供了一种后进先出的队列操作方式，这种方式支持优先传输紧急的消息，在某些场合下比较常用，就像插队一样，后来买票的人能先买票。

一般来说，数据的传递有复制与引用传递两种方式。所谓复制，就是将某个数据直接复制到另一个存储数据的地方，就像在计算机中将某个文件复制为另一个文件，这两个文件是一模一样的，修改源文件并不会影响已经复制的文件，但是文件占用的内存是同样的。而引用传递是传递数据的指针，该指针指向源文件存储的地址，就像是创建了一个文件的快捷方式，通过快捷方式也能打开源文件，并且快捷方式占用的内存是非常小的，但其有一个缺点，假如修改了源文件的内容，通过快捷方式打开的文件的内容也会相应被修改，这样就造成了数据的可变性，在某些场合下是不安全的。

开发人员可以根据消息的大小与重要性来选择消息的传递方式，假如消息很重要，则选择复制的方式会更加安全；假如消息的数据量很小，则也可以选择复制的方式。假如消息中只是一些不重要的内容或者消息数据量很大，则可以选择引用传递方式。

5.4　消息队列的阻塞机制

在系统中创建了一个消息队列后，每个任务都可以对它进行读写操作，但是为了保护各任务对消息队列进行读写操作的过程，必须要有阻塞机制，在某个任务对消息队列进行读写操作的时候，必须保证该任务正常完成读写操作，而不受后来任务的干扰。除此之外，当队列已满的时候，其他任务会因不能将消息写入而导致消息的覆盖；当队列为空的时候，读取消息的任务也无法运行，这种机制可以称为阻塞机制。

5.4.1 出队阻塞

假设有一个任务A对某个队列进行读操作（即出队）的时候，发现队列中没有消息，那么此时任务A有3个选择：第一个选择，任务A不进行等待，既然队列中没有消息，任务A就不必阻塞等待消息的到来，这样任务A不会进入阻塞态；第二个选择，任务A阻塞等待，其等待时间由用户定义，例如，可以是1000个Tick，在超时时间到来之前，假如队列中有消息了，则任务A恢复就绪态，读取队列的消息，此时如果任务A刚好是最高优先级任务，则系统将进行一次任务调度，假如已经超出等待的时间，队列中还没有消息可以读取，则任务A将恢复为就绪态并继续运行；第三个选择，任务A进入阻塞态，一直等待消息的到来，直到完成读取队列的操作。

5.4.2 入队阻塞

对某个队列的写操作（写操作就是将消息写入队列，即入队）也是一样的。例如，当任务A向某个队列中写入一个消息时，如果这个队列已经满了，LiteOS出于对队列中消息的保护，将使这个队列无法被写入消息，这样，任务的写操作就会被阻塞。在消息入队的时候，当且仅当队列允许入队时，任务才能成功写入消息；队列中无可用消息节点时，说明消息队列已满，此时，系统会根据用户指定的阻塞超时时间将任务阻塞，在指定的超时时间内如果还不能完成入队操作，则写入消息的任务会收到一个错误代码LOS_ERRNO_QUEUE_ISFULL，并解除阻塞状态。当然，只有在任务中写入消息时才允许进入阻塞态，而在中断中写入消息时不允许带有阻塞机制，必须将阻塞时间设置为0，否则会直接返回错误代码LOS_ERRNO_QUEUE_READ_IN_INTERRUPT，因为写入消息的上下文环境是在中断服务程序中，其不允许出现阻塞的情况。

假如有多个任务阻塞在一个消息队列中，那么这些阻塞的任务将按照任务优先级进行排序，优先级高的任务将优先获得队列的访问权。

5.5 常见队列错误代码说明

在LiteOS中，与队列相关的函数大多数有返回值，其返回值是一些错误代码，以方便使用者进行调试。常见的队列错误代码、说明和参考解决方案如表5-1所示。

表5-1 常见的队列错误代码、说明及参考解决方案

序号	错误代码	说明	参考解决方案
1	LOS_ERRNO_QUEUE_MAXNUM_ZERO	队列资源的最大数目配置为0	要配置大于0的队列资源的最大数量。如果不使用队列模块，则将队列资源的最大数量的裁剪设置为NO
2	LOS_ERRNO_QUEUE_NO_MEMORY	队列块内存无法初始化	为队列块分配更大的内存分区，或减少队列资源的最大数量
3	LOS_ERRNO_QUEUE_CREATE_NO_MEMORY	队列创建的内存未能被请求	为队列分配更多的内存，或减少要创建的队列中的队列长度及节点的数目
4	LOS_ERRNO_QUEUE_SIZE_TOO_BIG	队列创建时，消息长度超过上限	更改创建队列中最大消息的大小至不超过上限
5	LOS_ERRNO_TSK_ENTRY_NULL	已超过创建的队列的数量的上限	增加队列的配置资源数量
6	LOS_ERRNO_QUEUE_NOT_FOUND	无效的队列	确保队列ID是有效的

续表

序号	错误代码	说明	参考解决方案
7	LOS_ERRNO_QUEUE_PEND_IN_LOCK	当任务被锁定时，禁止在队列中被阻塞	使用队列前解锁任务
8	LOS_ERRNO_QUEUE_TIMEOUT	等待处理队列的时间超时	检查设置的超时时间是否合适
9	LOS_ERRNO_QUEUE_IN_TSKUSE	阻塞任务的队列不能被删除	使任务能够获得资源而不是在队列中被阻塞
10	LOS_ERRNO_QUEUE_WRITE_IN_INTERRUPT	在中断处理程序中不能写队列	将写队列设为非阻塞模式
11	LOS_ERRNO_QUEUE_NOT_CREATE	队列未创建	检查队列中传递的 ID 是否有效
12	LOS_ERRNO_QUEUE_IN_TSKWRITE	队列读写不同步	同步队列的读写
13	LOS_ERRNO_QUEUE_CREAT_PTR_NULL	队列创建过程中传递的参数为空指针	确保传递的参数不为空指针
14	LOS_ERRNO_QUEUE_PARA_ISZERO	队列创建过程中传递的队列长度或消息节点大小为 0	传入正确的队列长度和消息节点大小
15	LOS_ERRNO_QUEUE_READ_INVALID	读取的队列的 Handle 无效	检查队列中传递的 Handle 是否有效
16	LOS_ERRNO_QUEUE_READ_PTR_NULL	队列读取过程中传递的指针为空	检查指针中传递的值是否为空
17	LOS_ERRNO_QUEUE_READSIZE_ISZERO	队列读取过程中传递的缓冲区大小为 0	设置一个正确的缓冲区大小
18	LOS_ERRNO_QUEUE_WRITE_INVALID	队列写入过程中传递的队列 Handle 无效	检查队列中传递的 Handle 是否有效
19	LOS_ERRNO_QUEUE_WRITE_PTR_NULL	队列写入过程中传递的指针为空	检查指针中传递的值是否为空
20	LOS_ERRNO_QUEUE_WRITESIZE_ISZERO	队列写入过程中传递的缓冲区大小为 0	设置一个正确的缓冲区大小
21	LOS_ERRNO_QUEUE_WRITE_NOT_CREATE	写入消息的队列未创建	传入有效队列 ID
22	LOS_ERRNO_QUEUE_WRITE_SIZE_TOO_BIG	队列写入过程中传递的缓冲区大小大于队列的大小	减少缓冲区大小，或增大队列节点
23	LOS_ERRNO_QUEUE_ISFULL	在队列写入过程中没有可用的空闲节点	确保在队列写入之前，可以使用空闲的节点
24	LOS_ERRNO_QUEUE_PTR_NULL	正在获取队列信息时传递的指针为空	检查指针中传递的值是否为空
25	LOS_ERRNO_QUEUE_READ_IN_INTERRUPT	在中断处理程序中不能读队列	将读队列设为非阻塞模式
26	LOS_ERRNO_QUEUE_MAIL_HANDLE_INVALID	正在释放队列的内存时传递的队列的 Handle 无效	检查队列中传递的 Handle 是否有效
27	LOS_ERRNO_QUEUE_MAIL_PTR_INVALID	传入的消息内存池指针为空	检查指针是否为空
28	LOS_ERRNO_QUEUE_MAIL_FREE_ERROR	membox 内存释放失败	传入非空 membox 内存指针
29	LOS_ERRNO_QUEUE_READ_NOT_CREATE	待读取的队列未创建	传入有效队列 ID
30	LOS_ERRNO_QUEUE_ISEMPTY	队列已空	确保在读取队列时包含消息
31	LOS_ERRNO_QUEUE_READ_SIZE_TOO_SMALL	读缓冲区的大小小于队列的大小	增加缓冲区大小，或减小队列节点大小

5.6 常用消息队列的函数

本节将具体分析 LiteOS 中与消息队列相关的常用函数的原理及源码实现过程。

使用消息队列的典型流程如下。

（1）创建消息队列。

（2）创建成功后，可以得到消息队列的 ID。

（3）写消息队列。

（4）读消息队列。

（5）删除消息队列。

5.6.1 消息队列创建函数 LOS_QueueCreate

消息队列创建函数 LOS_QueueCreate 用于创建一个队列，开发人员可以根据自己的需要创建队列，例如，可以指定队列的长度以及消息节点的大小等信息，消息队列创建函数的原型如代码清单 5-1 所示。

创建消息队列时，系统会先给消息队列分配一块内存空间（这块内存的大小等于单个消息节点大小加 4 字节所得大小与消息队列长度的乘积），再初始化消息队列，此时消息队列为空。LiteOS 的消息队列控制块由多个元素组成，初始化时，系统会为控制块分配对应的内存空间，用于保存消息队列的基本信息，如消息的存储位置、头指针 usQueueHead、尾指针 usQueueTail、消息大小 usQueueSize 及队列长度 usQueueLen 等。在消息队列创建成功的时候，这些内存就被占用了，只有删除消息队列后，这段内存才会被释放。创建成功的队列已经确定队列的长度与消息节点的大小，且无法再次更改，每个消息节点可以存放不大于消息大小 usQueueSize 的任意类型的消息，消息节点个数的总和就是队列的长度，开发人员可以在消息队列创建时直接指定。

代码清单 5-1 消息队列创建函数 LOS_QueueCreate 函数原型

```
1 extern UINT32 LOS_QueueCreate(CHAR *pcQueueName,                (1)
2                               UINT16 usLen,                     (2)
3                               UINT32 *puwQueueID,               (3)
4                               UINT32 uwFlags,                   (4)
5                               UINT16 usMaxMsgSize);             (5)
```

代码清单 5-1（1）：pcQueueName 是消息队列的名称保留参数，暂时未使用。

代码清单 5-1（2）：usLen 是队列长度，值为 1～0xFFFF。

代码清单 5-1（3）：puwQueueID 是消息队列 ID 变量的指针，该变量用于保存创建队列成功时返回的消息队列 ID，由开发人员定义，对消息队列的读写都是通过消息队列 ID 来操作的。

代码清单 5-1（4）：uwFlags 是队列模式，保留参数，暂不使用。

代码清单 5-1（5）：usMaxMsgSize 是消息节点大小（单位为字节），其取值为 1～(0xFFFF−4)。

队列控制块与任务控制类似，每一个队列都由对应的队列控制块维护，队列控制块中包含了队列的所有信息，如队列的一些状态信息、使用情况等，相关定义如代码清单 5-2 所示。

代码清单 5-2 队列控制块

```
1 typedef struct tagQueueCB {
2     UINT8       *pucQueue;        /**< 队列指针 */
3     UINT16      usQueueState;     /**< 队列状态 */
4     UINT16      usQueueLen;       /**< 队列中消息的个数 */
5     UINT16      usQueueSize;      /**< 消息节点大小 */
6     UINT16      usQueueID;        /**< 队列 ID */
```

```
 7     UINT16     usQueueHead;        /**< 消息头节点位置(数组下标)*/
 8     UINT16     usQueueTail;        /**< 消息尾节点位置(数组下标)*/
 9     UINT16      usReadWriteableCnt[2]; /**< 可读或可写资源的计数, 0 表示可读, 1 表示可写* /
10     LOS_DL_LIST  stReadWriteList[2]; /**< 指向要读取或写入的链表的指针, 0 表示读列表, 1 表示写列表/
11      LOS_DL_LIST stMemList;       / ** <指向内存链表的指针* /
12 } QUEUE_CB_S;
```

创建队列时必须调用 LOS_QueueCreate 函数，在创建成功后会返回一个队列 ID。在创建队列时，是会返回创建的情况的，如果返回 LOS_OK，则表明队列创建成功；若返回其他错误代码，则读者可以根据表 5-1 所列代码定位错误并解决。创建消息队列的应用实例如代码清单 5-3 加粗部分所示，函数源码如代码清单 5-4 所示。

代码清单 5-3　创建消息队列的应用实例

```
 1 UINT32 uwRet = LOS_OK;/* 定义一个创建队列的返回类型，初始化为创建成功的返回值 */
 2
 3 /* 创建一个测试队列*/
 4 uwRet = LOS_QueueCreate("Test_Queue",           /* 队列的名称，保留，未使用*/
 5                        128,                     /* 队列的长度 */
 6                        &Test_Queue_Handle,      /* 队列的 ID(句柄) */
 7                        0,                       /* 队列模式，官方暂时未使用 */
 8                        16);                     /* 最大消息大小(字节)*/
 9 if (uwRet != LOS_OK)
10 {
11     printf("Test_Queue 队列创建失败! \n");
12 }
```

代码清单 5-4　创建消息队列函数 LOS_QueueCreate 源码

```
 1 /*****************************************************************
 2  Function     : LOS_QueueCreate
 3  Description : 创建一个队列
 4  Input        : pcQueueName  —— 队列名称，官方保留，未用
 5                 usLen        —— 队列长度
 6                 uwFlags      —— 队列模式，FIFO 或 PRIO，官方保留，未用
 7                 usMaxMsgSize —— 最大消息大小(字节)
 8  Output       : puwQueueID   —— 队列 ID
 9  Return       : 成功时返回 LOS_OK，失败时返回其他错误代码
10  *****************************************************************/
11 LITE_OS_SEC_TEXT_INIT UINT32 LOS_QueueCreate(CHAR *pcQueueName,
12                                             UINT16 usLen,
13                                             UINT32 *puwQueueID,
14                                             UINT32 uwFlags,
15                                             UINT16 usMaxMsgSize )
16 {
17     QUEUE_CB_S       *pstQueueCB;
18     UINTPTR          uvIntSave;
19     LOS_DL_LIST      *pstUnusedQueue;
20     UINT8            *pucQueue;
21     UINT16           usMsgSize = usMaxMsgSize + sizeof(UINT32);
22
23     (VOID)pcQueueName;                                              (1)
24     (VOID)uwFlags;
25
```

```
26      if (NULL == puwQueueID) {                                          (2)
27          return LOS_ERRNO_QUEUE_CREAT_PTR_NULL;
28      }
29
30      if (usMaxMsgSize > OS_NULL_SHORT -4) {
31          return LOS_ERRNO_QUEUE_SIZE_TOO_BIG;
32      }
33
34      if ((0 == usLen) || (0 == usMaxMsgSize)) {                         (3)
35          return LOS_ERRNO_QUEUE_PARA_ISZERO;
36      }
37
38
39
40      pucQueue = (UINT8 *)LOS_MemAlloc(m_aucSysMem0, usLen * usMsgSize); (4)
41      if (NULL == pucQueue) {
42          return LOS_ERRNO_QUEUE_CREATE_NO_MEMORY;
43      }
44
45      uvIntSave = LOS_IntLock();
46      if (LOS_ListEmpty(&g_stFreeQueueList)) {                           (5)
47          LOS_IntRestore(uvIntSave);
48          (VOID)LOS_MemFree(m_aucSysMem0, pucQueue);
49          return LOS_ERRNO_QUEUE_CB_UNAVAILABLE;
50      }
51
52      pstUnusedQueue = LOS_DL_LIST_FIRST(&(g_stFreeQueueList));          (6)
53      LOS_ListDelete(pstUnusedQueue);
54      pstQueueCB = (GET_QUEUE_LIST(pstUnusedQueue));
55      pstQueueCB->usQueueLen = usLen;                                    (7)
56      pstQueueCB->usQueueSize = usMsgSize;                               (8)
57      pstQueueCB->pucQueue = pucQueue;                                   (9)
58      pstQueueCB->usQueueState = OS_QUEUE_INUSED;
59      pstQueueCB->usReadWriteableCnt[OS_QUEUE_READ]  = 0;                (10)
60      pstQueueCB->usReadWriteableCnt[OS_QUEUE_WRITE] = usLen;            (11)
61      pstQueueCB->usQueueHead = 0;                                       (12)
62      pstQueueCB->usQueueTail = 0;
63      LOS_ListInit(&pstQueueCB->stReadWriteList[OS_QUEUE_READ]);         (13)
64      LOS_ListInit(&pstQueueCB->stReadWriteList[OS_QUEUE_WRITE]);
65      LOS_ListInit(&pstQueueCB->stMemList);
66      LOS_IntRestore(uvIntSave);
67
68      *puwQueueID = pstQueueCB->usQueueID;                               (14)
69
70      return LOS_OK;
71 }
```

代码清单 5-4（1）：由于 LiteOS 对队列的名称、队列模式等进行了保留，未使用，所以传进来的队列名称与队列模式参数会强制被转换为空类型。

代码清单 5-4（2）：如果传递进来的队列 ID 指针 puwQueueID 为 NULL，则返回错误代码。

代码清单 5-4（3）：如果传递进来的 usMaxMsgSize 过大或者为 0，则返回错误代码。

代码清单 5-4（4）：使用 LOS_MemAlloc 为队列分配内存，分配的大小根据传递进来的 usLen（队列长度）与 usMaxMsgSize（消息节点大小）进行动态分配。

代码清单 5-4（5）：判断系统当前是否可以创建消息队列。因为在系统配置中已经定义了最大可创建的消息队列个数，并且在系统核心初始化的时候对可以创建的消息队列进行了初始化，所以采用空闲消息队列控制块列表进行管理，此时如果 g_stFreeQueueList 为空，则表示系统当前的消息队列个数已经达到支持的最大值，无法进行创建，刚刚申请的内存需要调用 LOS_MemFree 函数进行释放，并返回一个错误代码 LOS_ERRNO_QUEUE_CB_UNAVAILABLE。开发人员可以在 target_config.h 文件中修改宏定义 LOSCFG_BASE_IPC_QUEUE_LIMIT，以增加系统支持的消息队列个数。

代码清单 5-4（6）：从系统管理的空闲消息队列控制块列表中取下一个消息队列控制块，表示消息队列已经被创建。

代码清单 5-4（7）：创建一个队列的具体过程，根据传进来的参数配置队列的长度 usLen。

代码清单 5-4（8）：配置消息队列的每个消息节点的大小 usMsgSize。

代码清单 5-4（9）：配置消息队列存放消息的起始地址 pucQueue，即消息空间的内存地址，并且将消息队列的状态设置为 OS_QUEUE_INUSED（表示队列已使用）。

代码清单 5-4（10）：初始化消息队列可读的消息个数为 0。

代码清单 5-4（11）：初始化消息队列可写的消息个数为 usLen。

代码清单 5-4（12）：创建消息队列时，usQueueHead 和 usQueueTail 都是 0，即指向初始位置，随着消息队列的读写，这两个指针位置会改变。

代码清单 5-4（13）：初始化读写操作的消息空间的链表。

代码清单 5-4（14）：将队列 ID 通过 puwQueueID 指针返回给用户，以后用户使用这个队列 ID 即可对队列进行操作，创建完成之后返回 LOS_OK。

5.6.2 消息队列删除函数 LOS_QueueDelete

该函数根据队列 ID 直接删除消息队列，删除之后这个队列的所有信息都会被系统回收清空，且不能再次使用这个队列。但是需要注意的是，队列在使用或者阻塞态中时是不能被删除的；如果某个队列没有被创建，则也是无法被删除的。uwQueueID 是 LOS_QueueDelete 函数传入的参数，是队列 ID，标识要删除哪个队列，其函数原型如代码清单 5-5 所示。

代码清单 5-5　LOS_TaskDelete 函数原型

```
1 /**
2  * 此 API 用于删除队列。
3  * 此 API 不能用于删除未创建的队列。
4  * 如果同步队列被阻塞，或正在读取或写入某些队列，则同步队列将无法删除
5  */
6 extern UINT32 LOS_QueueDelete(UINT32 uwQueueID);
```

消息队列删除函数的实例如代码清单 5-6 加粗部分所示，如果队列删除成功，则返回 LOS_OK，否则返回其他错误代码。

代码清单 5-6　LOS_TaskDelete 函数实例

```
 1 UINT32 uwRet = LOS_OK;/* 定义一个删除队列的返回类型，初始化为删除成功的返回值 */
 2
 3 uwRet = LOS_QueueDelete(Test_Queue_Handle); /* 删除队列 */
 4 if (uwRet != LOS_OK)    /* 删除队列失败，返回其他错误代码 */
 5 {
 6     printf("删除队列失败! \n");
 7 } else                  /* 删除队列成功，返回 LOS_OK */
 8 {
 9     printf("删除队列成功! \n");
10 }
```

LOS_TaskDelete 函数的源码如代码清单 5-7 所示。

代码清单 5-7 LOS_TaskDelete 函数源码

```
1 /**********************************************************************
2  Function    : LOS_QueueDelete
3  Description : 删除一个队列
4  Input       : puwQueueID ——队列 ID
5  Output      : None
6  Return      : 成功时返回 LOS_OK，失败时返回其他错误代码
7  **********************************************************************/
8 LITE_OS_SEC_TEXT_INIT UINT32 LOS_QueueDelete(UINT32 uwQueueID)
9 {
10     QUEUE_CB_S *pstQueueCB;
11     UINT8 *pucQueue = NULL;
12     UINTPTR  uvIntSave;
13     UINT32 uwRet;
14
15     if (uwQueueID >= LOSCFG_BASE_IPC_QUEUE_LIMIT) {                    (1)
16         return LOS_ERRNO_QUEUE_NOT_FOUND;
17     }
18
19     uvIntSave = LOS_IntLock();
20     pstQueueCB = (QUEUE_CB_S *)GET_QUEUE_HANDLE(uwQueueID);            (2)
21     if (OS_QUEUE_UNUSED == pstQueueCB->usQueueState) {
22         uwRet = LOS_ERRNO_QUEUE_NOT_CREATE;
23         goto QUEUE_END;
24     }
25
26     if (!LOS_ListEmpty(&pstQueueCB->stReadWriteList[OS_QUEUE_READ]))  {   (3)
27         uwRet = LOS_ERRNO_QUEUE_IN_TSKUSE;
28         goto QUEUE_END;
29     }
30
31     if (!LOS_ListEmpty(&pstQueueCB->stReadWriteList[OS_QUEUE_WRITE])) {   (4)
32        uwRet = LOS_ERRNO_QUEUE_IN_TSKUSE;
33        goto QUEUE_END;
34     }
35
36     if (!LOS_ListEmpty(&pstQueueCB->stMemList)) {                      (5)
37         uwRet = LOS_ERRNO_QUEUE_IN_TSKUSE;
38         goto QUEUE_END;
39     }
40
41     if ((pstQueueCB->usReadWriteableCnt[OS_QUEUE_WRITE] + pstQueueCB->
42          usReadWriteableCnt[OS_QUEUE_READ]) != pstQueueCB->usQueueLen) {
43         uwRet = LOS_ERRNO_QUEUE_IN_TSKWRITE;                           (6)
44         goto QUEUE_END;
45     }
46
47     pucQueue = pstQueueCB->pucQueue;
48     pstQueueCB->pucQueue = (UINT8 *)NULL;
49     pstQueueCB->usQueueState = OS_QUEUE_UNUSED;                        (7)
50     LOS_ListAdd(&g_stFreeQueueList, &pstQueueCB->stReadWriteList[OS_QUEUE_WRITE]);
51     LOS_IntRestore(uvIntSave);
52
53     uwRet = LOS_MemFree(m_aucSysMem0, (VOID *)pucQueue);               (8)
54     return uwRet;
55
56 QUEUE_END:
```

```
57      LOS_IntRestore(uvIntSave);
58      return uwRet;
59 }
```

代码清单 5-7（1）：判断队列 ID 是否有效，如果是无效的队列，则返回错误代码。

代码清单 5-7（2）：根据队列 ID 获取对应的队列控制块，并且获取队列当前状态，如果队列是未使用状态，则返回错误代码。

代码清单 5-7（3）：如果当前系统中有任务在等待队列中的消息，则这个队列是无法被删除的，返回错误代码。

代码清单 5-7（4）：如果当前系统有任务等待写入消息到队列中，则这个队列是无法被删除的，返回错误代码。

代码清单 5-7（5）：如果当前队列非空，则系统为了保证任务获得资源，此时的队列是无法被删除的，返回错误代码。

代码清单 5-7（6）：如果队列的读写是不同步的，则返回错误代码。

代码清单 5-7（7）：将要删除的队列变为未使用状态，并且添加到消息队列控制块空闲列表中归还给系统，以便系统创建新的消息队列。

代码清单 5-7（8）：对队列的内存进行释放。

5.6.3 消息队列写消息函数

1. 不带复制方式写入函数 LOS_QueueWrite

任务或者中断服务程序都可以给消息队列写入消息，当写入消息时，如果队列未满，则 LiteOS 会将消息复制到消息队列末尾，否则会根据用户指定的阻塞超时时间进行阻塞，在这段时间中，如果队列还是满的，则该任务将保持阻塞态以等待队列有空闲的消息节点。如果系统中有任务从其等待的队列中读取了消息（队列未满），则该任务将自动由阻塞态转为就绪态。当任务等待的时间超过了指定的阻塞时间时，即使队列中还是满的，任务也会自动从阻塞态变为就绪态，此时写入消息的任务或者中断服务程序会收到错误代码 LOS_ERRNO_QUEUE_ISFULL。

同时，LiteOS 支持后进先出方式写入消息，即支持写入紧急消息。写入紧急消息的过程与写入普通消息的过程几乎一样，唯一的不同是，当写入紧急消息时，写入的位置是消息队列队头，而非队尾，这样读取任务时就能够优先读取到紧急消息，从而及时进行消息处理。

LiteOS 消息队列的写入方式有两种，一种是不带复制方式，另一种是带复制方式。不带复制方式写入函数 LOS_Queue Write 的原型如代码清单 5-8 所示，其实例如代码清单 5-9 加粗部分所示。

代码清单 5-8　LOS_QueueWrite 函数原型

```
1 extern UINT32 LOS_QueueWrite(UINT32 uwQueueID,                    (1)
2                              VOID *pBufferAddr,                   (2)
3                              UINT32 uwBufferSize,                 (3)
4                              UINT32 uwTimeOut);                   (4)
```

代码清单 5-8（1）：uwQueueID 是队列 ID，由 LOS_QueueCreate 函数返回，其值为 1～LOSCFG_BASE_IPC_QUEUE_LIMIT。

代码清单 5-8（2）：pBufferAddr 是消息的起始地址。

代码清单 5-8（3）：uwBufferSize 是写入消息的大小。

代码清单 5-8（4）：uwTimeOut 是等待时间，其值为 0～LOS_WAIT_FOREVER，单位为 Tick，当 uwTimeOut 为 0 时表示不等待，当其为 LOS_WAIT_FOREVER 时表示一直等待，在中断服务程序中使用该函数时，uwTimeOut 的值必须为 0。

代码清单 5-9　LOS_QueueWrite 函数实例

```
1 /************************************************************************
2   * @ 函数名  :  Send_Task
```

```
 3   * @ 功能说明： 通过按键进行对队列的写操作
 4   * @ 参数     ：
 5   * @ 返回值  ： 无
 6   ******************************************************************/
 7 UINT32 send_data1 = 1;  /* 写入队列的第一个消息 */
 8 UINT32 send_data2 = 2;  /* 写入队列的第二个消息 */
 9 static void Send_Task(void)
10 {
11     UINT32 uwRet = LOS_OK;  /* 定义一个返回类型，初始化为成功的返回值 */
12     /* 每个任务都是一个无限循环，不能返回 */
13     while (1) { /* Key1 被按下 */
14         if ( Key_Scan(KEY1_GPIO_PORT,KEY1_GPIO_PIN) == KEY_ON ) {
15             /* 将消息写入队列，等待时间为 0  */
16             uwRet = LOS_QueueWrite(Test_Queue_Handle, /* 写入的队列 ID */
17                                    &send_data1, /* 写入的消息 */
18                                   sizeof(send_data1),/* 消息的大小 */
19                                    0);             /* 等待时间为 0  */
20             if (LOS_OK != uwRet) {
21                 printf("消息不能写入到消息队列！错误代码 0x%x \n",uwRet);
22              }/* Key2 被按下 */
23         } else if ( Key_Scan(KEY2_GPIO_PORT,KEY2_GPIO_PIN) == KEY_ON ) {
24             /* 将消息写入队列，等待时间为 0  */
25             uwRet = LOS_QueueWrite(Test_Queue_Handle, /* 写入的队列 ID */
26                                    &send_data2,    /* 写入的消息 */
27                                    sizeof(send_data2), /* 消息的长度 */
28                                    0);             /* 等待时间为 0  */
29             if (LOS_OK != uwRet) {
30                 printf("消息不能写入到消息队列！错误代码 0x%x \n",uwRet);
31             }
32 
33         }
34         /* 20Ticks 扫描一次 */
35         LOS_TaskDelay(20);
36     }
37 }
```

写入队列按照 LiteOS 的 API 进行操作即可，但是有以下 5 点需要注意。

（1）在使用写入队列的操作前应先创建要写入的队列。

（2）在中断服务程序上下文环境中，必须使用非阻塞模式写入，即等待时间为 0 个 Tick。

（3）在初始化 LiteOS 之前无法调用此 API。

（4）将写入由 uwBufferSize 指定大小的消息，该值不能大于消息节点的大小。

（5）写入队列节点中的是消息的地址。

LOS_QueueWrite 函数的源码如代码清单 5-10 所示。

代码清单 5-10　LOS_QueueWrite 函数源码

```
1 LITE_OS_SEC_TEXT UINT32 LOS_QueueWrite(UINT32 uwQueueID,
2                                        VOID *pBufferAddr,
3                                        UINT32 uwBufferSize,
4                                        UINT32 uwTimeOut)
5 {
```

```
6       if (pBufferAddr == NULL) {
7           return LOS_ERRNO_QUEUE_WRITE_PTR_NULL;
8       }
9       uwBufferSize = sizeof(UINT32*);
10      return LOS_QueueWriteCopy(uwQueueID,
11                                &pBufferAddr,
12                                uwBufferSize,
13                                uwTimeOut);
14 }
```

其实代码很简单，LiteOS 实际上是对 LOS_QueueWriteCopy 函数进行了封装，该函数会在下文中进行讲解。但 LOS_QueueWrite 函数中复制的是消息的地址，而非内容。

2. 带复制写入函数 LOS_QueueWriteCopy

LOS_QueueWriteCopy 是带复制写入函数的接口，函数原型如代码清单 5-11 所示，函数实例如代码清单 5-12 加粗部分所示。

代码清单 5-11　LOS_QueueWriteCopy 函数原型

```
1 extern UINT32 LOS_QueueWriteCopy(UINT32 uwQueueID,                    (1)
2                                   VOID *pBufferAddr,                  (2)
3                                   UINT32 uwBufferSize,                (3)
4                                   UINT32 uwTimeOut);                  (4)
```

代码清单 5-11（1）：uwQueueID 是由 LOS_QueueCreate 创建的队列 ID，其值为 1～LOSCFG_BASE_IPC_QUEUE_LIMIT。

代码清单 5-11（2）：pBufferAddr 存储要写入的消息的起始地址，起始地址不能为空。

代码清单 5-11（3）：uwBufferSize 指定写入消息的大小，其值不能大于消息节点的大小。

代码清单 5-11（4）：uwTimeOut 是等待时间，其值为 0～LOS_WAIT_FOREVER，单位为 Tick，当 uwTimeOut 为 0 时表示不等待，当其值为 LOS_WAIT_FOREVER 时表示一直等待。

代码清单 5-12　LOS_QueueWriteCopy 函数实例

```
1 /**********************************************************************
2   * @ 函数名  ： Send_Task
3   * @ 功能说明： 通过按键进行对队列的写操作
4   * @ 参数    ：
5   * @ 返回值  ： 无
6   *********************************************************************/
7 UINT32 send_data1 = 1;  /* 写入队列的第一个消息 */
8 UINT32 send_data2 = 2;  /* 写入队列的第二个消息 */
9 static void Send_Task(void)
10 {
11     UINT32 uwRet = LOS_OK;  /* 定义一个返回类型，初始化为成功的返回值 */
12     /* 每个任务都是一个无限循环，不能返回 */
13     while (1) { /* KEY1 被按下 */
14         if ( Key_Scan(KEY1_GPIO_PORT,KEY1_GPIO_PIN) == KEY_ON ) {
15             /* 将消息写入队列，等待时间为 0  */
16             uwRet = LOS_QueueWriteCopy (Test_Queue_Handle,/*写入的队列 ID */
17                                         &send_data1,  /* 写入的消息 */
18                                         sizeof(send_data1),/* 消息的长度 */
19                                         0);           /* 等待时间为 0  */
20             if (LOS_OK != uwRet) {
21                 printf("消息不能写入到消息队列！错误代码 0x%x\n",uwRet);
```

```
22              }/* KEY2 被按下 */
23          } else if ( Key_Scan(KEY2_GPIO_PORT,KEY2_GPIO_PIN) == KEY_ON ) {
24              /* 将消息写入队列，等待时间为 0  */
25              uwRet = LOS_QueueWriteCopy (Test_Queue_Handle,/*写入的队列 ID */
26                                          &send_data2,   /* 写入的消息 */
27                                          sizeof(send_data2),/* 消息的长度 */
28                                          0);            /* 等待时间为 0  */
29              if (LOS_OK != uwRet) {
30                  printf("消息不能写入到消息队列！错误代码 0x%x\n",uwRet);
31               }
32
33          }
34          /* 20Ticks 扫描一次 */
35          LOS_TaskDelay(20);
36      }
37 }
```

带复制写入操作有以下 5 点需要注意。

（1）使用写入队列的操作前应先创建要写入的队列。

（2）在中断上下文环境中，必须使用非阻塞模式写入，即等待时间为 0 个 Tick。

（3）在初始化 LiteOS 之前无法调用此 API。

（4）将写入由 uwBufferSize 指定大小的消息，不能大于消息节点的大小。

（5）写入队列节点中的是存储在 BufferAddr 中的消息。

LOS_QueueWriteCopy 函数源码如代码清单 5-13 所示。

代码清单 5-13　LOS_QueueWriteCopy 函数源码

```
 1 LITE_OS_SEC_TEXT UINT32 LOS_QueueWriteCopy( UINT32 uwQueueID,
 2          VOID * pBufferAddr,
 3          UINT32 uwBufferSize,
 4          UINT32 uwTimeOut )
 5 {
 6     UINT32 uwRet;
 7     UINT32 uwOperateType;
 8
 9     uwRet = osQueueWriteParameterCheck(uwQueueID,
10                                        pBufferAddr,
11                                        &uwBufferSize,
12                                        uwTimeOut);                 (1)
13     if (uwRet != LOS_OK) {
14         return uwRet;
15     }
16
17     uwOperateType = OS_QUEUE_OPERATE_TYPE(OS_QUEUE_WRITE, OS_QUEUE_TAIL);  (2)
18     return osQueueOperate(uwQueueID,
19                           uwOperateType,
20                           pBufferAddr,
21                           &uwBufferSize,
22                           uwTimeOut);                                (3)
23 }
```

代码清单 5-13（1）：对传递进来的参数进行检查，如果参数非法，则返回错误代码，并且消息不会写入队列。

代码清单 5-13（2）：保存处理的类型。LiteOS 采用一种通用的处理消息队列的方法进行消息处理，对于复制写入的消息，其操作方式是写入 OS_QUEUE_WRITE，位置是队列尾部 OS_QUEUE_TAIL。

代码清单 5-13（3）：osQueueOperate 函数源码如代码清单 5-14 所示。

5.6.4 通用的消息队列处理函数

osQueueOperate 函数是 LiteOS 的一个通用处理函数，根据处理类型 uwOperateType 进行处理。

代码清单 5-14 osQueueOperate 函数源码

```
1 LITE_OS_SEC_TEXT UINT32 osQueueOperate(UINT32 uwQueueID,
2                                 UINT32 uwOperateType,
3                                 VOID *pBufferAddr,
4                                 UINT32 *puwBufferSize,
5                                 UINT32 uwTimeOut)
6 {
7     QUEUE_CB_S *pstQueueCB;
8     LOS_TASK_CB  *pstRunTsk;
9     UINTPTR      uvIntSave;
10    LOS_TASK_CB  *pstResumedTask;
11    UINT32       uwRet = LOS_OK;
12    UINT32       uwReadWrite = OS_QUEUE_READ_WRITE_GET(uwOperateType);   (1)
13
14    uvIntSave = LOS_IntLock();                                           (2)
15
16    pstQueueCB = (QUEUE_CB_S *)GET_QUEUE_HANDLE(uwQueueID);              (3)
17    if (OS_QUEUE_UNUSED == pstQueueCB->usQueueState) {
18        uwRet = LOS_ERRNO_QUEUE_NOT_CREATE;
19        goto QUEUE_END;
20
21    }
22
23    if (OS_QUEUE_IS_READ(uwOperateType) &&
24       (*puwBufferSize < pstQueueCB->usQueueSize - sizeof(UINT32))){     (4)
25        uwRet = LOS_ERRNO_QUEUE_READ_SIZE_TOO_SMALL;
26        goto QUEUE_END;
27    } else if (OS_QUEUE_IS_WRITE(uwOperateType) &&
28       (*puwBufferSize > pstQueueCB->usQueueSize - sizeof(UINT32))) {    (5)
29       uwRet = LOS_ERRNO_QUEUE_WRITE_SIZE_TOO_BIG;
30       goto QUEUE_END;
31    }
32
33    if (0 == pstQueueCB->usReadWriteableCnt[uwReadWrite]) {              (6)
34        if (LOS_NO_WAIT == uwTimeOut) {
35            uwRet = OS_QUEUE_IS_READ(uwOperateType) ?
36                LOS_ERRNO_QUEUE_ISEMPTY : LOS_ERRNO_QUEUE_ISFULL;        (7)
37            goto QUEUE_END;
38        }
39
40        if (g_usLosTaskLock) {
41            uwRet = LOS_ERRNO_QUEUE_PEND_IN_LOCK;                        (8)
42            goto QUEUE_END;
43        }
44
45        pstRunTsk = (LOS_TASK_CB *)g_stLosTask.pstRunTask;               (9)
46        osTaskWait(&pstQueueCB->stReadWriteList[uwReadWrite],
47                   OS_TASK_STATUS_PEND_QUEUE, uwTimeOut);                (10)
```

```
48          LOS_IntRestore(uvIntSave);
49          LOS_Schedule();                                                    (11)
50
51          uvIntSave = LOS_IntLock();
52
53          if (pstRunTsk->usTaskStatus & OS_TASK_STATUS_TIMEOUT) {            (12)
54              pstRunTsk->usTaskStatus &= (~OS_TASK_STATUS_TIMEOUT);
55              uwRet = LOS_ERRNO_QUEUE_TIMEOUT;
56              goto QUEUE_END;
57          }
58      } else {
59          pstQueueCB->usReadWriteableCnt[uwReadWrite]--;                     (13)
60      }
61
62      osQueueBufferOperate(pstQueueCB,
63                           uwOperateType,
64                           pBufferAddr,
65                           puwBufferSize);                                   (14)
66
67      if (!LOS_ListEmpty(&pstQueueCB->stReadWriteList[!uwReadWrite])) {     (15)
68          pstResumedTask = OS_TCB_FROM_PENDLIST(LOS_DL_LIST_FIRST(&
69                              pstQueueCB->stReadWriteList[!uwReadWrite]));
70
71          osTaskWake(pstResumedTask, OS_TASK_STATUS_PEND_QUEUE);             (16)
72
73          LOS_IntRestore(uvIntSave);
74
75          LOS_Schedule();                                                    (17)
76          return LOS_OK;
77      } else {
78          pstQueueCB->usReadWriteableCnt[!uwReadWrite]++;                    (18)
79      }
80
81 QUEUE_END:
82      LOS_IntRestore(uvIntSave);
83      return uwRet;
84 }
```

代码清单 5-14（1）：通过 OS_QUEUE_READ_WRITE_GET 得到即将处理的操作类型，如果值为 0，则表示为读；如果值为 1，则表示为写。

代码清单 5-14（2）：屏蔽中断，因为在后续的操作中系统不希望被打扰，以免影响对阻塞在消息队列中任务的操作。

代码清单 5-14（3）：通过消息队列 ID 获取对应的消息队列控制块，并判断消息队列是否已使用，如果是未使用的，则返回一个错误代码并退出操作。

代码清单 5-14（4）：如果要操作队列的方式是读取，则需要判断存放消息的地址空间大小是否足以放得下消息队列的消息，如果放不下，则会返回一个错误代码并退出操作。

代码清单 5-14（5）：如果要操作队列的方式是写入，则需要判断要写入消息队列中的消息大小、消息节点大小，即能否存储即将要写入的消息，如果无法存储，则返回一个错误代码并退出操作。

代码清单 5-14（6）：对于读取消息操作，如果当前消息队列中可读的消息个数是 0，则表明当前队列是空的，不能读取消息；对于写入消息操作，如果当前消息队列中可以写入的消息个数也是 0，则表明此时队列已满，不允许写入消息。反之，跳转执行 5-14（13）。

代码清单 5-14（7）：在不可读写消息的情况下，假设未设置阻塞超时，如果是读消息队列操作，则返回错误代码 LOS_ERRNO_QUEUE_ISEMPTY；如果是写消息队列操作，则返回错误代码 LOS_ERRNO_QUEUE_ISFULL。

代码清单 5-14（8）：如果任务被闭锁，则不允许操作消息队列，返回错误代码 LOS_ERRNO_QUEUE_PEND_IN_LOCK。

代码清单 5-14（9）：获取当前任务的任务控制块。

代码清单 5-14（10）：根据用户指定的阻塞超时时间 uwTimeOut 进行等待，把当前任务添加到对应操作队列的阻塞列表中。如果是写消息操作，则将任务添加到写操作阻塞列表中，当队列有空闲的消息节点时，任务就会恢复就绪态并执行写入操作。或者，当阻塞时间超时时，任务也会恢复为就绪态。如果是读消息操作，则任务添加到读操作阻塞列表中，等到其他任务/中断写入消息，当队列有可读消息时，任务恢复为就绪态并执行读消息操作；或者，当阻塞时间超时时，任务也会恢复为就绪态。

代码清单 5-14（11）：进行切换任务。

代码清单 5-14（12）：程序能运行到这一步，说明任务已经解除阻塞了，有可能是阻塞时间超时，也有可能是其他任务操作了消息队列，使得阻塞在消息队列中的任务解除了阻塞。系统需要进一步判断任务解除阻塞的原因，如果是阻塞时间超时，则直接返回错误代码 LOS_ERRNO_QUEUE_TIMEOUT 并退出操作。

代码清单 5-14（13）：如果任务不是因为超时恢复就绪态的，则说明消息队列可以进行读写操作，可读写的消息个数减 1。

代码清单 5-14（14）：调用 osQueueBufferOperate 函数进行对应的操作，函数源码实现如代码清单 5-15 所示。

代码清单 5-14（15）：如果与操作相反的阻塞列表中有任务阻塞，则在操作完成后需要恢复任务。LiteOS 直接采用 stReadWriteList[!uwReadWrite]表示操作相反的阻塞列表。例如，当前在进行读消息操作，在读取消息之后，队列中就有空闲的消息节点了，此时队列将允许写入消息，因此系统会判断写操作阻塞列表中是否有任务在等待写入，如果有，则将任务恢复为就绪态。写消息的操作也是如此。

代码清单 5-14（16）：调用 osTaskWake 函数唤醒任务。

代码清单 5-14（17）：进行一次任务调度。

代码清单 5-14（18）：如果没有任务阻塞在与当前操作相反的阻塞列表中，则与当前操作相反的可用消息个数加 1。例如，当前是读消息操作，则读取完消息之后，可写消息的操作个数要加 1；如果当前是写消息操作，写完成后，则可读消息的个数要加 1。

代码清单 5-15　osQueueBufferOperate 源码

```
 1 LITE_OS_SEC_TEXT static VOID osQueueBufferOperate(QUEUE_CB_S *pstQueueCB,
 2                                                    UINT32 uwOperateType,
 3                                                    VOID *pBufferAddr,
 4                                                    UINT32 *puwBufferSize)
 5 {
 6     UINT8       *pucQueueNode;
 7     UINT32       uwMsgDataSize = 0;
 8     UINT16      usQueuePosion = 0;
 9
10     /* 获取消息队列操作类型 */
11     switch (OS_QUEUE_OPERATE_GET(uwOperateType)) {
12     case OS_QUEUE_READ_HEAD:
13         usQueuePosion = pstQueueCB->usQueueHead;
14         (pstQueueCB->usQueueHead + 1 == pstQueueCB->usQueueLen) ?
15         (pstQueueCB->usQueueHead = 0) : (pstQueueCB->usQueueHead++);      (1)
```

```
16          break;
17
18      case OS_QUEUE_WRITE_HEAD:
19          (0 == pstQueueCB->usQueueHead) ?
20          (pstQueueCB->usQueueHead = pstQueueCB->usQueueLen - 1)
21          : (--pstQueueCB->usQueueHead);
22          usQueuePosion = pstQueueCB->usQueueHead;                    (2)
23          break;
24
25      case OS_QUEUE_WRITE_TAIL :
26          usQueuePosion = pstQueueCB->usQueueTail;
27          (pstQueueCB->usQueueTail + 1 == pstQueueCB->usQueueLen) ?
28          (pstQueueCB->usQueueTail = 0) : (pstQueueCB->usQueueTail++);  (3)
29          break;
30
31      default:
32          PRINT_ERR("invalid queue operate type!\n");
33          return;
34      }
35
36      pucQueueNode = &(pstQueueCB->pucQueue[(usQueuePosion *
37                                      (pstQueueCB->usQueueSize))]);
38
39      if (OS_QUEUE_IS_READ(uwOperateType)) {
40          memcpy((VOID *)&uwMsgDataSize,
41          (VOID *)(pucQueueNode + pstQueueCB->usQueueSize - sizeof(UINT32)),
42                  sizeof(UINT32));
43          memcpy((VOID *)pBufferAddr,
44                  (VOID *)pucQueueNode, uwMsgDataSize);
45          *puwBufferSize = uwMsgDataSize;
46      } else {
47          memcpy((VOID *)pucQueueNode,
48                  (VOID *)pBufferAddr, *puwBufferSize);
49          memcpy((VOID *)(pucQueueNode +
50                      pstQueueCB->usQueueSize - sizeof(UINT32)),
51                puwBufferSize, sizeof(UINT32));
52      }
53 }
```

代码清单 5-15（1）、（3）：LiteOS 的消息队列支持回卷方式操作，即当可读或者可写指针到达消息队列的末尾时，将重置指针从 0 开始，可以把队列看作一个环形队列。

代码清单 5-15（2）：LiteOS 的消息队列支持 LIFO，以处理紧急消息，从消息队列头部写入消息。

5.6.5　消息队列读消息函数

1. 不带复制方式读取函数 LOS_QueueRead

不带复制方式读取函数 LOS_QueueRead 原型如代码清单 5-16 所示，用于读取指定队列中的消息，并将获取的消息存储到 pBufferAddr 指定的地址。开发人员需要指定读取消息的存储地址与大小，其实例如代码清单 5-17 加粗部分所示。

代码清单 5-16　LOS_QueueRead 函数原型

```
1 extern UINT32 LOS_QueueRead(UINT32 uwQueueID,                (1)
2                             VOID *pBufferAddr,               (2)
3                             UINT32 uwBufferSize,             (3)
4                             UINT32 uwTimeOut);               (4)
```

代码清单 5-16（1）：uwQueueID 是由 LOS_QueueCreate 创建的队列 ID，其值为 1~LOSCFG_BASE_IPC_QUEUE_LIMIT。

代码清单 5-16（2）：pBufferAddr 存储获取消息的起始地址。

代码清单 5-16（3）：uwBufferSize 读取消息缓冲区的大小，该值不能小于消息节点的大小。

代码清单 5-16（4）：uwTimeOut 是等待时间，其值为 0~LOS_WAIT_FOREVER，单位为 Tick，当 uwTimeOut 为 0 时表示不等待，当其值为 LOS_WAIT_FOREVER 时表示一直等待。

代码清单 5-17　LOS_QueueRead()实例

```
 1 /***********************************************************************
 2   * @ 函数名  :  Receive_Task
 3   * @ 功能说明:  读取队列的消息
 4   * @ 参数    :
 5   * @ 返回值  :  无
 6   **********************************************************************/
 7 static void Receive_Task(void)
 8 {
 9     UINT32 uwRet = LOS_OK;
10     UINT32 r_queue; /* r_queue 地址作为队列读取的存放地址的变量 */
11     UINT32 buffsize = 10;
12     while (1) {
13          /* 队列读取，等待时间为一直等待 */
14          uwRet = LOS_QueueRead(Test_Queue_Handle,/* 读取队列的 ID(句柄) */
15                                &r_queue,  /* 读取的消息保存位置 */
16                                buffsize,/* 读取消息的长度 */
17                                LOS_WAIT_FOREVER); /* 等待时间：一直等待*/
18          if (LOS_OK == uwRet) {
19              printf("本次读取到的消息是%d\n", *(UINT32 *)r_queue );
20          } else {
21              printf("消息读取出错\n");
22          }
23          LOS_TaskDelay(20);
24     }
25 }
```

读取消息的时候需要注意以下几点。

（1）使用 LOS_QueueRead 函数之前应先创建需要读取消息的队列，并根据队列 ID 进行消息读取。

（2）队列读取采用的是先进先出模式，即先读取存储在队列头部的消息。

（3）用户必须定义一个存储地址的变量，假设为 r_queue，并把存储消息的地址传递给 LOS_QueueRead 函数，否则将发生地址非法错误。

（4）在中断服务程序上下文环境中必须使用非阻塞模式写入，即等待时间为 0 个 Tick。

（5）在初始化 LiteOS 之前无法调用此 API。

（6）r_queue 变量中存储的是队列节点的地址。

（7）LOS_QueueReadCopy 和 LOS_QueueWriteCopy 是一组接口，LOS_QueueRead 和 LOS_QueueWrite 是一组接口，两组接口需要配套使用。

LOS_QueueRead 函数的源码如代码清单 5-18 所示，实际上，LOS_QueueRead 是 LiteOS 对 LOS_QueueReadCopy 函数的封装，只不过读取的消息是地址而非内容。

代码清单 5-18　LOS_QueueRead 函数源码

```
1 LITE_OS_SEC_TEXT UINT32 LOS_QueueRead(UINT32  uwQueueID,
2                                       VOID *pBufferAddr,
3                                       UINT32 uwBufferSize,
4                                       UINT32 uwTimeOut)
5 {
6     return LOS_QueueReadCopy(uwQueueID,
7                              pBufferAddr,
8                              &uwBufferSize,
9                              uwTimeOut);
10 }
```

2. 带复制方式读取函数 LOS_QueueReadCopy

LOS_QueueReadCopy 是带复制读取消息函数，原型如代码清单 5-19 所示，实例如代码清单 5-20 加粗部分所示。

代码清单 5-19　LOS_QueueReadCopy()函数原型

```
1 extern UINT32 LOS_QueueReadCopy(UINT32 uwQueueID,              (1)
2                                 VOID *pBufferAddr,             (2)
3                                 UINT32 *puwBufferSize,         (3)
4                                 UINT32 uwTimeOut);             (4)
```

代码清单 5-19（1）：uwQueueID 是由 LOS_QueueCreate 创建的队列 ID，其值为 1～LOSCFG_BASE_IPC_QUEUE_LIMIT。

代码清单 5-19（2）：pBufferAddr 是存储获取消息的起始地址。

代码清单 5-19（3）：uwBufferSize 是读取消息缓冲区的大小，该值不能小于消息节点的大小。

代码清单 5-19（4）：uwTimeOut 是等待时间，其值为 0～LOS_WAIT_FOREVER，单位为 Tick，当 uwTimeOut 为 0 时表示不等待，当其值为 LOS_WAIT_FOREVER 时表示一直等待。

代码清单 5-20　LOS_QueueReadCopy 函数实例

```
1 /*****************************************************************
2   * @ 函数名  ： Receive_Task
3   * @ 功能说明： Receive_Task 任务实现
4   * @ 参数    ： NULL
5   * @ 返回值  ： NULL
6   *****************************************************************/
7 static void Receive_Task(void)
8 {
9     /* 每个定义一个返回类型变量，初始化为 LOS_OK */
10    UINT32 uwRet = LOS_OK;
11    UINT32 r_queue;
12    UINT32 buffsize = 10;
13    /* 每个任务都是一个无限循环，不能返回 */
14    while (1)
15    {
16        buffsize = 10;        //更新传递进来的 buffsize 大小
17        /* 队列读取，等待时间为一直等待 */
18        uwRet = LOS_QueueReadCopy(Test_Queue_Handle,
19                                  &r_queue,  /* 读取消息保存位置 */
20                                  &buffsize, /* 读取消息的大小 */
21                                  LOS_WAIT_FOREVER); /* 等待时间：一直等待*/
22
23        if (LOS_OK == uwRet)
```

```
24          {
25              printf("本次读取到的消息是%d\n",r_queue);
26          }
27          else
28          {
29              printf("消息读取出错,错误代码 0x%X\n",uwRet);
30          }
31      }
32 }
```

使用 LOS_QueueReadCopy 函数时需要注意以下几点。

（1）使用 LOS_QueueReadCopy 函数之前应先创建需要读取消息的队列，并根据队列 ID 进行读取消息。

（2）队列读取采用的是先进先出模式，即先读取存储在队列头部的消息。

（3）用户必须自己定义一个存储空间，如 r_queue，并把存储消息的起始地址传递给 LOS_QueueReadCopy 函数，否则将发生地址非法错误。

（4）不要在非阻塞状态下读取或写入队列，例如，发生中断时，如果非要在中断中读取消息（一般中断时是不读取消息的，但是也有例外，如在某个定时器中断中读取信息进行判断时），则应将队列设为非阻塞状态，即等待时间为 0 个 Tick。

（5）在初始化 LiteOS 之前无法调用此 API。

（6）r_queue 中存放的是队列节点中的消息而非地址，因此该空间必须足够大。

（7）用户必须在读取消息时指定读取消息的大小，其值不能小于消息节点的大小。例如，buffsize 变量既作为输入，又作为输出，作为输入时表示指定读取缓冲区的大小，作为输出时用于保存读取到消息的大小。读取到的消息大小写在 buffsize 变量中，故在调用 LOS_QueueWriteCopy 函数前应该注意更新 buffsize 的值。

LOS_QueueReadCopy 函数的源码如代码清单 5-21 所示，其实际上是通过调用消息队列通用处理函数 osQueueOperate 进行处理，处理的方式是读操作 OS_QUEUE_READ，位置是队列头部 OS_QUEUE_HEAD。

代码清单 5-21　LOS_QueueReadCopy 源码

```
 1 LITE_OS_SEC_TEXT UINT32 LOS_QueueReadCopy(UINT32  uwQueueID,
 2          VOID *  pBufferAddr,
 3          UINT32 * puwBufferSize,
 4          UINT32  uwTimeOut)
 5 {
 6     UINT32 uwRet;
 7     UINT32 uwOperateType;
 8
 9     uwRet = osQueueReadParameterCheck(uwQueueID,
10                                       pBufferAddr,
11                                       puwBufferSize,
12                                       uwTimeOut);
13     if (uwRet != LOS_OK) {
14         return uwRet;
15     }
16
17     uwOperateType = OS_QUEUE_OPERATE_TYPE(OS_QUEUE_READ, OS_QUEUE_HEAD);
18     return osQueueOperate(uwQueueID,
19                           uwOperateType,
20                           pBufferAddr,
21                           puwBufferSize,
22                           uwTimeOut);
23 }
```

5.7 消息队列实验

消息队列实验是要在 LiteOS 中创建两个任务，一个是写消息任务，另一个是读消息任务。两个任务独立运行，写消息任务通过检测按键的按下情况来写入消息；而读消息任务一直等待消息的到来，当读取消息成功时，通过串口把消息输出到串口调试助手中。消息队列实验源码如代码清单 5-22 加粗部分所示。

代码清单 5-22 消息队列实验源码

```
1 /**************************************************************
2   * @file    main.c
3   * @author  fire
4   * @version V1.0
5   * @date    2018-xx-xx
6   * @brief   STM32 全系列开发板-LiteOS!
7   **************************************************************
8   * @attention
9   *
10  * 实验平台:野火 F103-霸道 STM32 开发板
11  * 论坛    :http://www.firebbs.cn
12  * 淘宝    :http://firestm32.taobao.com
13  *
14  ***************************************************************
15  */
16 /* LiteOS 头文件 */
17 #include "los_sys.h"
18 #include "los_task.ph"
19 #include "los_queue.h"
20 /* 板级外设头文件 */
21 #include "bsp_usart.h"
22 #include "bsp_led.h"
23 #include "bsp_key.h"
24
25 /****************************** 任务 ID ********************************/
26 /*
27  * 任务 ID 是一个从 0 开始的数字，用于索引任务，当任务创建完成之后，其就具有了一个任务 ID，
28  * 以后的任务操作都需要通过任务 ID 实现
29  *
30  */
31
32 /* 定义任务 ID 变量 */
33 UINT32 Receive_Task_Handle;
34 UINT32 Send_Task_Handle;
35
36 /****************************** 内核对象 ID **************************/
37 /*
38  * 信号量、消息队列、事件标志组、软件定时器都属于内核的对象，要想使用这些内核
39  * 对象，必须先创建，创建成功之后会返回一个相应的 ID。这里的 ID 实际上就是一个整数，后续
40  * 可以通过这个 ID 操作这些内核对象
41  *
42  *
43  * 内核对象就是一种全局的数据结构，通过这些数据结构可以实现任务间的通信、任务间的事件同步等功能。这
```

```
些功能的实现是通过调用内核对象的函数来完成的
44  *
45  *
46  *
47  */
48 /* 定义消息队列 ID 变量 */
49 UINT32 Test_Queue_Handle;
50 /* 定义消息队列长度 */
51 #define  TEST_QUEUE_LEN     16
52 #define  TEST_QUEUE_SIZE    16
53
54 /*************************** 全局变量声明 *******************************/
55 /*
56  * 在写应用程序的时候，可能需要用到一些全局变量
57  */
58 UINT32 send_data1 = 1;
59 UINT32 send_data2 = 2;
60 /* 函数声明 */
61 static UINT32 AppTaskCreate(void);
62 static UINT32 Creat_Receive_Task(void);
63 static UINT32 Creat_Send_Task(void);
64
65 static void Receive_Task(void);
66 static void Send_Task(void);
67 static void BSP_Init(void);
68
69
70 /*****************************************************************
71   * @brief  主函数
72   * @param  无
73   * @retval 无
74   * @note   第一步：开发板硬件初始化
75             第二步：创建 App 应用任务
76             第三步：启动 LiteOS，开始多任务调度，启动失败时输出错误信息
77   *****************************************************************/
78 int main(void)
79 {
80     //定义一个返回类型变量，初始化为 LOS_OK
81     UINT32 uwRet = LOS_OK;
82
83     /* 板级硬件初始化 */
84     BSP_Init();
85
86     printf("这是一个[野火]-STM32 全系列开发板-LiteOS 消息队列实验！\n\n");
87     printf("按下 KEY1 或者 KEY2 写入队列消息\n");
88     printf("Receive_Task 任务读取到消息在串口回显\n\n");
89
90     /* LiteOS 内核初始化 */
91     uwRet = LOS_KernelInit();
92
93     if (uwRet != LOS_OK) {
```

```
94          printf("LiteOS 核心初始化失败！失败代码 0x%X\n",uwRet);
95          return LOS_NOK;
96      }
97
98      uwRet = AppTaskCreate();
99      if (uwRet != LOS_OK) {
100         printf("AppTaskCreate 创建任务失败！失败代码 0x%X\n",uwRet);
101         return LOS_NOK;
102     }
103
104     /* 开启 LiteOS 任务调度 */
105     LOS_Start();
106
107     //正常情况下不会执行到这里
108     while (1);
109 }
110
111
112 /*********************************************************************
113   * @ 函数名  :  AppTaskCreate
114   * @ 功能说明： 任务创建，为了方便管理，所有的任务创建函数都可以放在这个函数中
115   * @ 参数    :  无
116   * @ 返回值  :  无
117   *******************************************************************/
118 static UINT32 AppTaskCreate(void)
119 {
120     /* 定义一个返回类型变量，初始化为 LOS_OK */
121     UINT32 uwRet = LOS_OK;
122
123     /* 创建一个测试队列*/
124     uwRet = LOS_QueueCreate("Test_Queue",         /* 队列的名称 */
125                             TEST_QUEUE_LEN,       /* 队列的长度 */
126                             &Test_Queue_Handle, /* 队列的 ID(句柄) */
127                             0,            /* 队列模式，官方暂时未使用 */
128                             TEST_QUEUE_SIZE);   /* 节点大小，单位为字节 */
129     if (uwRet != LOS_OK) {
130         printf("Test_Queue 队列创建失败！失败代码 0x%X\n",uwRet);
131         return uwRet;
132     }
133
134     uwRet = Creat_Receive_Task();
135     if (uwRet != LOS_OK) {
136         printf("Receive_Task 任务创建失败！失败代码 0x%X\n",uwRet);
137         return uwRet;
138     }
139
140     uwRet = Creat_Send_Task();
141     if (uwRet != LOS_OK) {
142         printf("Send_Task 任务创建失败！失败代码 0x%X\n",uwRet);
143         return uwRet;
144     }
145     return LOS_OK;
```

```
146 }
147
148 /**********************************************************************
149   * @ 函数名  :  Creat_Receive_Task
150   * @ 功能说明:  创建 Receive_Task 任务
151   * @ 参数    :
152   * @ 返回值  :  无
153   ********************************************************************/
154 static UINT32 Creat_Receive_Task()
155 {
156     //定义一个返回类型变量，初始化为 LOS_OK
157     UINT32 uwRet = LOS_OK;
158
159     //定义一个用于创建任务的参数结构体
160     TSK_INIT_PARAM_S task_init_param;
161
162     task_init_param.usTaskPrio = 5; /* 任务优先级，数值越小，优先级越高 */
163     task_init_param.pcName = "Receive_Task";/* 任务名 */
164     task_init_param.pfnTaskEntry = (TSK_ENTRY_FUNC)Receive_Task;
165     task_init_param.uwStackSize = 1024;      /* 栈大小 */
166
167     uwRet = LOS_TaskCreate(&Receive_Task_Handle, &task_init_param);
168     return uwRet;
169 }
170
171
172 /**********************************************************************
173   * @ 函数名  :  Creat_Send_Task
174   * @ 功能说明:  创建 Send_Task 任务
175   * @ 参数    :
176   * @ 返回值  :  无
177   ********************************************************************/
178 static UINT32 Creat_Send_Task()
179 {
180     //定义一个返回类型变量，初始化为 LOS_OK
181     UINT32 uwRet = LOS_OK;
182     TSK_INIT_PARAM_S task_init_param;
183
184     task_init_param.usTaskPrio = 4; /* 任务优先级，数值越小，优先级越高 */
185     task_init_param.pcName = "Send_Task";    /* 任务名*/
186     task_init_param.pfnTaskEntry = (TSK_ENTRY_FUNC)Send_Task;
187     task_init_param.uwStackSize = 1024; /* 栈大小 */
188
189     uwRet = LOS_TaskCreate(&Send_Task_Handle, &task_init_param);
190
191     return uwRet;
192 }
193
194
195 /**********************************************************************
196   * @ 函数名  :  Receive_Task
```

```
197  * @ 功能说明： Receive_Task 任务实现
198  * @ 参数    ： NULL
199  * @ 返回值  ： NULL
200  *****************************************************************/
201 static void Receive_Task(void)
202 {
203     /* 定义一个返回类型变量，初始化为 LOS_OK */
204     UINT32 uwRet = LOS_OK;
205     UINT32 r_queue;
206     UINT32 buffsize = 10;
207     /* 每个任务都是一个无限循环，不能返回 */
208     while (1) {
209         /* 队列读取，等待时间为一直等待 */
210         uwRet = LOS_QueueRead(Test_Queue_Handle, /* 读取队列的 ID(句柄) */
211                               &r_queue, /* 读取的消息的保存位置 */
212                               buffsize, /* 读取的消息的长度 */
213                               LOS_WAIT_FOREVER); /* 等待时间：一直等待 */
214          if (LOS_OK == uwRet) {
215              printf("本次读取到的消息是%d\n",*(UINT32 *)r_queue);
216          } else {
217              printf("消息读取出错,错误代码 0x%X\n",uwRet);
218          }
219     }
220 }
221
222
223 /*****************************************************************
224  * @ 函数名  ： Send_Task
225  * @ 功能说明： Send_Task 任务实现
226  * @ 参数    ： NULL
227  * @ 返回值  ： NULL
228  *****************************************************************/
229 static void Send_Task(void)
230 {
231     /* 定义一个返回类型变量，初始化为 LOS_OK */
232     UINT32 uwRet = LOS_OK;
233
234
235     /* 每个任务都是一个无限循环，不能返回 */
236
237    while (1)
238    {
239
240        /* Key1 被按下 */
241        if ( Key_Scan(KEY1_GPIO_PORT,KEY1_GPIO_PIN) == KEY_ON ) {
242            /* 将消息写入到队列中，等待时间为 0  */
243            uwRet = LOS_QueueWrite(Test_Queue_Handle, /* 写入队列的 ID(句柄) */
244                                   &send_data1, /* 写入的消息 */
245                                   sizeof(send_data1), /* 消息的长度 */
246                                   0);               /* 等待时间为 0  */
```

```
247             if (LOS_OK != uwRet) {
248                 printf("消息不能写入到消息队列！错误代码 0x%X\n",uwRet);
249             }
250         }
251
252         /* Key2 被按下 */
253         if ( Key_Scan(KEY2_GPIO_PORT,KEY2_GPIO_PIN) == KEY_ON ) {
254             /* 将消息写入到队列中，等待时间为 0  */
255             uwRet = LOS_QueueWrite( Test_Queue_Handle,
256                                     &send_data2, /* 写入的消息 */
257                                     sizeof(send_data2),   /* 消息的长度 */
258                                     0);                    /* 等待时间为 0  */
259             if (LOS_OK != uwRet) {
260                 printf("消息不能写入到消息队列！错误代码 0x%X\n",uwRet);
261             }
262         }
263         /* 20ms 扫描一次 */
264         LOS_TaskDelay(20);
265     }
266 }
267
268 /*******************************************************************
269   * @ 函数名  :  BSP_Init
270   * @ 功能说明： 板级外设初始化，所有开发板的初始化代码均可放在这个函数中
271   * @ 参数    :
272   * @ 返回值  :  无
273   *******************************************************************/
274 static void BSP_Init(void)
275 {
276     /*
277      * STM32 中断优先级分组为 4，即 4bit 都用来表示抢占优先级，范围为 0 ~ 15
278      * 优先级分组只需要分组一次，以后如果有其他任务需要用到中断，
279      * 则统一使用这个优先级分组，不要再分组，切记
280      */
281     NVIC_PriorityGroupConfig( NVIC_PriorityGroup_4 );
282
283     /* LED 初始化 */
284     LED_GPIO_Config();
285
286     /* 串口初始化 */
287     USART_Config();
288
289     /* 按键初始化 */
290     Key_GPIO_Config();
291 }
292
293 /******************** END OF FILE ***************************/
```

5.8 实验现象

将程序编译好，使用 USB 线缆连接计算机和开发板的 USB 接口（对应印制电路板上的 USB 转

串口），使用 DAP 仿真器把配套程序下载到野火 STM32 开发板（具体型号根据读者使用的开发板而定，每个型号的开发板都配套有对应的程序）中，在计算机上打开串口调试助手，并复位开发板，即可在调试助手中看到串口的输出信息，按下开发板的 KEY1 写入消息 1，按下 KEY2 写入消息 2；按下 KEY1 后在串口调试助手中可以看到读取的消息 1，按下 KEY2 后在串口调试助手中可以看到读取的消息 2，如图 5-3 所示。

图 5-3 消息队列实验现象

06 第6章 信号量

在裸机编程中可以使用这样一个变量：它用于标识某个事件是否发生，或者标记某个资源是否正在被使用，此后系统轮询检测这个变量的状态，如果该资源被占用了或者某个事件还未发生，则系统不对它进行处理，否则可以进行处理，使用这个变量实现同步处理的功能。这种变量就是信号量（Semaphore）。

【学习目标】

- 了解信号量的基本概念。
- 掌握二值信号量与计数信号量的应用场景。
- 了解信号量的运行机制。
- 掌握 LiteOS 信号量的函数使用方式。

6.1 信号量的基本概念

信号量是一种实现任务间通信的机制，其可实现任务之间同步或临界资源的互斥访问，常用于协助一组相互竞争的任务来访问临界资源。在多任务系统中，各任务之间需要同步或互斥实现临界资源的保护，信号量可以为用户提供这方面的支持。

抽象来说，信号量是一个非负整数，所有获取它的任务都会将该整数减 1，当该整数值为零时将无法被获取，所有试图获取它的任务都将进入阻塞态。通常，一个信号量的计数值对应有效的资源数，表示剩下的可被占用的互斥资源数，其值的含义分为以下两种情况。

（1）0：表示没有积累下来的 post 信号量操作，且可能有任务阻塞在此信号量上。

（2）正值：表示有一个或多个 post 信号量操作。

信号量分为二值信号量与计数信号量，什么是二值信号量呢？当信号量被获取时其值为 0，当信号量被释放其值为 1，这种只有 0 和 1 两种取值情况的信号量被称为二值信号量。

多任务系统中经常会使用二值信号量，例如，某个任务需要等待某个中断发生了再去执行对应的处理，那么任务可以处于阻塞态等待信号量，直到中断发生释放信号量后，该任务才被唤醒去执行对应的处理。当任务获取信号量时，若此时尚未发生特定事件，信号量为空，任务会进入阻塞态；当事件的条件满足后，任务/中断便会释放信号量，告知任务这个事件发生了，任务取得信号量便被唤醒去执行对应的操作。任务执行完毕并不需要归还信号量，这样 CPU 的效率可以大大提高，且实时响应是最快的。

6.1.1　二值信号量

二值信号量既可以用于实现同步功能，又可以用于对临界资源的访问保护。

二值信号量和互斥信号量（以下使用互斥锁表示互斥信号量）非常相似，但是有一些细微差别，例如，互斥锁有优先级继承机制，而二值信号量没有这个机制。这使得二值信号量更偏向应用于同步功能（任务与任务间的同步或任务和中断间的同步），而互斥锁更偏向应用于临界资源的访问。除此之外，互斥锁有所有者属性，只有持有锁的任务才能 give/post，而非持有者、中断不可以 post；信号量则是任何任务（包括中断）都可以 post；互斥锁的闭锁、解锁必须配对，而信号量则更适合类似生产者与消费者间交互的场景，生产者为特定的任务、中断，消费者为其他任务，一般不会配对，生产者只能 post，消费者只能 pend。而且，互斥锁因为有所有者属性，所以可以进行嵌套，持有锁的任务在获取同一把锁时不会被阻塞；而信号量如果用来做互斥保护，出现嵌套情况时会产生死锁。

中断服务程序中应该快进快出，处理的时间不能过长，在裸机编程中常用的做法是在中断中做一个标记，并在主程序中轮询判断，当标记发生时再做对应的处理。这种轮询的处理方式是没办法实现实时处理的，例如，当一个事件发生时，主程序的循环中还有很多函数尚未处理，那么 CPU 必须等处理完所有的函数后才能去处理触发的事件，这就是裸机编程中的“实时响应，轮询处理”。而信号量则不同，在释放信号量的时候能立即将任务转变为就绪态，如果任务的优先级在就绪任务中是最高的，则任务能立即被运行，这就是操作系统中的“实时响应，实时处理”。在 LiteOS 中，信号量用于同步，如任务与任务的同步、中断与任务的同步，可以大大提高效率。

以同步为目的的信号量和以互斥为目的的信号量在使用上有如下不同。

（1）用作互斥时，信号量创建后，可用信号量个数是 1，在需要使用临界资源时，先取信号量，使其变空，这样其他任务需要使用临界资源时就会因为无法取到信号量而阻塞，从而保证了临界资源的安全，当任务使用完临界资源时必须释放信号量。实际应用中一般不会将信号量用作互斥，因为操作系统专门提供了互斥访问的机制——互斥锁。

（2）用作同步时，信号量在创建后应被置为空，如任务 1 获取信号量而进入阻塞态，任务 2 在满足某种条件后释放信号量，于是任务 1 获得信号量从而恢复为就绪态，并参与系统的调度，从而达到了两个任务间的同步。同样，信号量允许在中断服务程序中释放，这样任务 1 也会得到信号量，从而实现任务与中断间的同步。

6.1.2　计数信号量

顾名思义，计数信号量是用于计数的，在实际的使用中，计数信号量常用于事件计数与资源管理。每当某个事件发生时，任务/中断释放一个信号量（信号量计数值加 1），当处理事件时（一般在任务中处理），处理任务会取走该信号量（信号量计数值减 1），信号量的计数值则表示还剩余多少个事件未被处理。此外，系统中还有很多资源也可以使用计数信号量进行管理，信号量的计数值表示系统中可用的资源数目，任务必须先获取到信号量才能访问资源，当信号量的计数值为 0 时表示系统没有可用的资源，但是要注意，在使用完资源的时候必须归还信号量，否则当计数值为 0 的时候，任务就无法访问该资源了。

计数信号量允许多个任务对其进行操作，但限制了任务的数量。例如，有一个停车场，里面只有 100 个车位，那么只能停 100 辆车，这相当于有 100 个信号量，假如一开始停车场的车位有 100 个，那么每进入一辆车就要消耗一个停车位，车位的数量就要减 1，对应的，信号量在获取之后也需要减 1；当停车场停满了 100 辆车的时候，停车位为 0，其他车就不能停入了，否则将造成冲突，同理，当信号量的值为 0 时，其他任务就无法获取到信号量了；当有车从停车场离开的时候，车位会空余出来，其他车就能停在停车场了，信号量的操作也是一样的，当释放了某个资源后，其他任务才能对这个资源进行访问。

6.2　二值信号量的运行机制

在系统初始化时会进行信号量初始化，为配置的 LOSCFG_BASE_IPC_SEM_LIMIT 个信号量申请内存（该宏定义的值由用户指定），将所有信号量初始化为未使用，并加入信号量未使用链表 g_stUnusedSemList 中供系统使用。

1. 信号量创建

从未使用的信号量链表中获取一个信号量资源，该信号量的最大计数值为 1（OS_SEM_BINARY_MAX_COUNT），即其为二值信号量。

2. 二值信号量获取

任何任务都可以从已创建的二值信号量资源中获取一个二值信号量，若当前信号量有效，则获取成功并返回 LOS_OK，否则任务会根据用户指定的阻塞时间等待其他任务/中断释放信号量，在这段时间中，系统将使任务处于阻塞态，被挂到该信号量的阻塞等待列表中，即信号量无效，如图 6-1 所示。

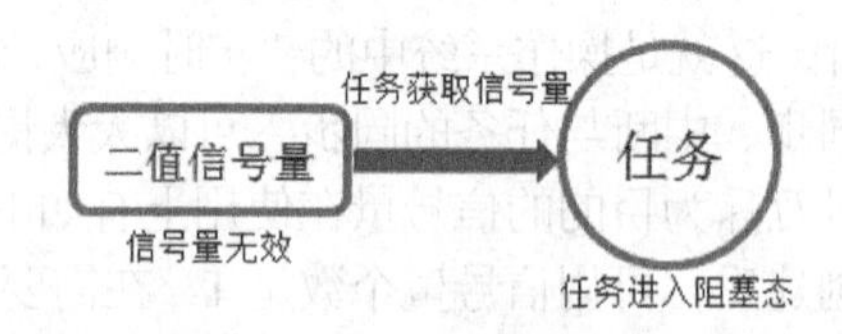

图 6-1　信号量无效

假如中断或者另一个中断/任务释放了一个二值信号量，其过程如图 6-2 所示，那么处于阻塞态的任务将恢复为就绪态，故二值信号量运行机制示意图如图 6-3 所示。

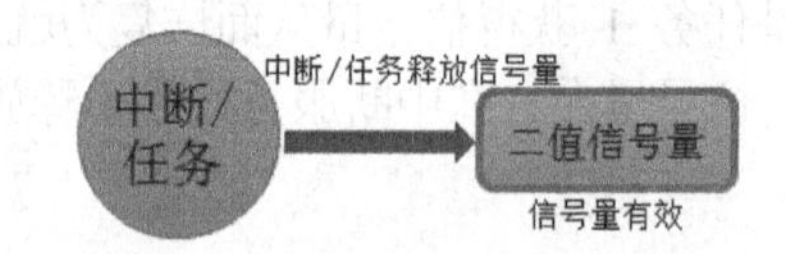

图 6-2　中断/任务释放信号量

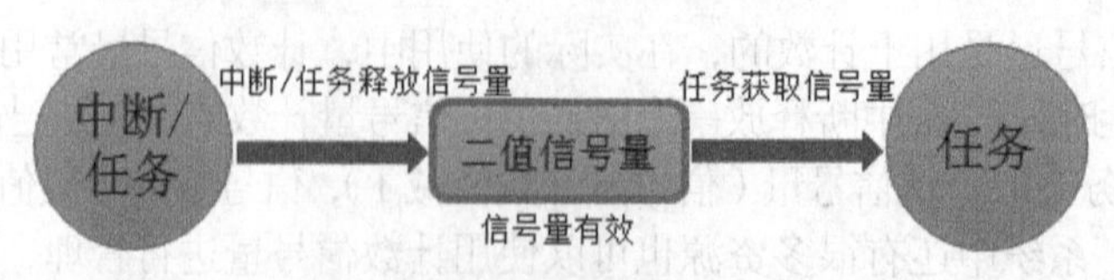

图 6-3　二值信号量运行机制示意图

6.3　二值信号量的应用场景

在嵌入式操作系统中，二值信号量是任务与任务间、中断与任务间同步的重要手段。

二值信号量在任务与任务中同步的应用场景：假设有一个温湿度的传感器，假设 1s 采集一次数据，并且在液晶屏中显示数据，如果液晶屏刷新的周期是100ms，那么液晶屏只需要在1s后温湿度数据更新的时候刷新一次即可，在温湿度传感器采集完数据后，使用信号量进行一次同步，告诉液晶屏任务可以更新数据了，这样在每次数据变化的时候都能及时更新，实现任务与任务间的同步，且不会造成CPU资源的浪费。

二值信号量在任务与中断同步的应用场景：在串口接收中，CPU并不知道何时会接收到数据，假设系统中存在一个任务负责接收这些数据并进行处理，如果任务每时每刻都查询是否接收到了数据，就会浪费CPU资源，因此，在还未接收到数据的时候，任务进入阻塞态，不参与任务的调度，当中断接收到数据时，释放一个二值信号量，任务就立即从阻塞态中解除，进入就绪态，并进行相应的处理。

6.4 计数信号量的运行机制

计数信号量允许多个任务获取信号量访问共享资源，但会限制任务的最大数目，访问的任务数达到可支持的最大数目时，会阻塞其他试图获取该信号量的任务，直到有任务释放了信号量为止，这就是计数信号量的运行机制。例如，某个资源限定只能有3个任务访问，那么任务4访问的时候，会因为获取不到信号量而进入阻塞态，只有当某个任务（如任务1）释放该资源时，任务4才能获取到信号量从而进行资源的访问。计数信号量运行机制如图6-4所示。

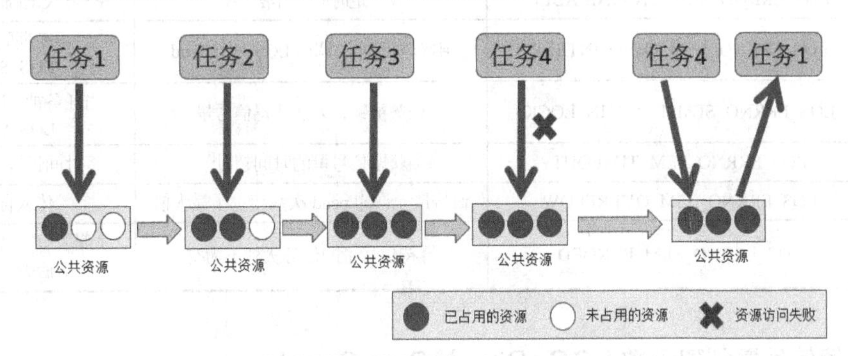

图6-4 计数信号量运行机制示意图

6.5 信号量的使用

本节将具体分析LiteOS中一些与信号量相关的常用函数的原理及源码实现过程。

6.5.1 信号量控制块

信号量控制块与任务控制块类似，系统中每个信号量都有对应的信号量控制块，信号量控制块中包含了信号量的所有信息，如信号量的状态信息、使用情况及信号量阻塞列表等，如代码清单6-1所示。

代码清单6-1 信号量控制块

```
1 typedef struct {
2       UINT16              usSemStat;                       (1)
3       UINT16              usSemCount;                      (2)
4       UINT16              usMaxSemCount;                   (3)
5       UINT16              usSemID;                         (4)
6       LOS_DL_LIST         stSemList;                       (5)
7 } SEM_CB_S;
```

代码清单6-1（1）：usSemStat表示信号量状态，标识信号量是否被使用。

代码清单 6-1（2）：usSemCount 表示可用信号量的个数。

代码清单 6-1（3）：usMaxSemCount 表示可用信号量的最大容量，在二值信号量中，其值为 OS_SEM_BINARY_MAX_COUNT，即 1；而在计数信号量中，它的最大值是 OS_SEM_COUNTING_MAX_COUNT，即 0xFFFF。

代码清单 6-1（4）：usSemID 表示信号量 ID。

代码清单 6-1（5）：stSemList 表示信号量阻塞列表，用于记录正在等待信号量的任务。

6.5.2 常见信号量错误代码

在 LiteOS 中，与信号量相关的函数大多数有返回值，其返回值包括一些错误代码，常见的信号量错误代码、说明和参考解决方案如表 6-1 所示。

表 6-1　常见的信号量错误代码说明

序号	错误代码	说明	参考解决方案
1	LOS_ERRNO_SEM_NO_MEMORY	内存空间不足	分配更大的内存分区
2	LOS_ERRNO_SEM_INVALID	非法传送参数	改变参数为合法值
3	LOS_ERRNO_SEM_PTR_NULL	传入空指针	传入合法指针
4	LOS_ERRNO_SEM_ALL_BUSY	信号量控制块不可用	释放资源信号量资源
5	LOS_ERRNO_SEM_UNAVAILABLE	定时时间非法	传入正确的定时时间
6	LOS_ERRNO_SEM_PEND_INTERR	中断期间非法调用 LOS_SemPend	中断期间禁止调用 LOS_SemPend
7	LOS_ERRNO_SEM_PEND_IN_LOCK	任务被锁，无法获得信号量	当任务被锁时，不能调用 LOS_SemPend
8	LOS_ERRNO_SEM_TIMEOUT	获取信号量的时间超时	将时间设置在合理范围内
9	LOS_ERRNO_SEM_OVERFLOW	信号量允许的 pend 次数超过了最大值	传入合法的值
10	LOS_ERRNO_SEM_PENDED	等待信号量的任务队列不为空	唤醒所有等待该信号量的任务后删除该信号量

6.5.3 二值信号量创建函数 LOS_BinarySemCreate

LiteOS 提供的二值信号量创建函数是 LOS_BinarySemCreate，因为创建的是二值信号量，所以该信号量的容量只有一个，要么是满，要么是空。在创建的时候，开发人员可以自定义其初始可用信号量的个数，值为 0～1。LOS_BinarySemCreate 函数原型如代码清单 6-2 所示。

代码清单 6-2　LOS_BinarySemCreate 函数原型

```
1 /*
2  *@param usCount         可用信号量的初始数量，值为[0,1]
3  *@param puwSemHandle    初始化的信号量控制结构的 ID
4  */
5 extern UINT32 LOS_BinarySemCreate (UINT16 usCount, UINT32 *puwSemHandle);
```

LOS_BinarySemCreate 函数的源码如代码清单 6-3 所示，从源码中可以看到该函数实际上是调用 osSemCreate 函数创建信号量，信号量的最大容量为 OS_SEM_BINARY_MAX_COUNT，osSemCreate 函数的源码如代码清单 6-4 所示。

代码清单 6-3　LOS_BinarySemCreate 函数源码

```
1 /*************************************************************************
2  Function     : LOS_BinarySemCreate
3  Description  : 创建一个二值信号量
```

```
 4 Input         : uwCount——信号量可用个数
 5 Output        : puwSemHandle——信号量 ID
 6 Return        : 返回 LOS_OK 表示创建成功，返回其他错误代码表示失败
 7 ***********************************************************************/
 8 LITE_OS_SEC_TEXT_INIT UINT32 LOS_BinarySemCreate (UINT16 usCount, UINT32 *puwSem
Handle)
 9 {
10     return osSemCreate(usCount, OS_SEM_BINARY_MAX_COUNT, puwSemHandle);
11 }
```

代码清单 6-4 osSemCreate 函数源码

```
 1 /**********************************************************************
 2 Function      : osSemCreate
 3 Description   : 创建一个信号量
 4 Input         : None
 5 Output        : None
 6 Return        : 返回 LOS_OK 表示创建成功，返回其他错误代码表示失败
 7 *********************************************************************/
 8 LITE_OS_SEC_TEXT_INIT UINT32 osSemCreate (UINT16 usCount, UINT16
 9                                usMaxCount, UINT32 *puwSemHandle){
10     UINT32      uwIntSave;
11     SEM_CB_S    *pstSemCreated;
12     LOS_DL_LIST *pstUnusedSem;
13     UINT32      uwErrNo;
14     UINT32      uwErrLine;
15 
16     if (NULL == puwSemHandle) {                                   (1)
17         return LOS_ERRNO_SEM_PTR_NULL;
18     }
19 
20     if (usCount > usMaxCount) {                                   (2)
21         OS_GOTO_ERR_HANDLER(LOS_ERRNO_SEM_OVERFLOW);
22     }
23 
24     uwIntSave = LOS_IntLock();
25 
26     if (LOS_ListEmpty(&g_stUnusedSemList)) {                      (3)
27         LOS_IntRestore(uwIntSave);
28         OS_GOTO_ERR_HANDLER(LOS_ERRNO_SEM_ALL_BUSY);
29     }
30 
31     pstUnusedSem = LOS_DL_LIST_FIRST(&(g_stUnusedSemList));       (4)
32     LOS_ListDelete(pstUnusedSem);
33     pstSemCreated = (GET_SEM_LIST(pstUnusedSem));
34     pstSemCreated->usSemCount = usCount;                          (5)
35     pstSemCreated->usSemStat = OS_SEM_USED;                       (6)
36     pstSemCreated->usMaxSemCount = usMaxCount;                    (7)
37     LOS_ListInit(&pstSemCreated->stSemList);                      (8)
38     *puwSemHandle = (UINT32)pstSemCreated->usSemID;               (9)
39     LOS_IntRestore(uwIntSave);
40     return LOS_OK;                                                (10)
41 
42 ErrHandler:
43     OS_RETURN_ERROR_P2(uwErrLine, uwErrNo);
44 }
```

代码清单 6-4（1）：在信号量创建的时候，需要由用户定义信号量 ID 变量，并将其地址传递到信号量创建函数中，假如信号量 ID 变量地址为 NULL，则系统将返回一个错误代码 LOS_ERRNO_SEM_PTR_NULL。

代码清单 6-4（2）：系统不允许可用信号量的个数大于信号量的最大容量，二值信号量的最大容量为 1，其可用的信号量个数的范围是 0～1。

代码清单 6-4（3）：通过判断未使用信号量列表来判断系统支持的信号量个数是否达到了最大，如果列表为空，则表示已经创建的信号量个数达到了系统支持的最大值，无法继续创建信号量。

代码清单 6-4（4）：从系统的未使用信号量列表中取出下一个信号量控制块，如果系统已经创建的信号量达到了可支持的最大值，则无法继续创建，开发人员可以修改配置文件中的 LOSCFG_BASE_IPC_SEM_LIMIT 宏定义，以支持更多的信号量个数。

代码清单 6-4（5）：初始化信号量的可用个数为用户自定义的个数 usCount。

代码清单 6-4（6）：信号量状态设置为已使用状态。

代码清单 6-4（7）：根据用户指定的 usMaxCount 配置信号量中可用信号量的最大容量。

代码清单 6-4（8）：初始化信号量阻塞列表，该列表用于记录阻塞在此信号量上的任务。

代码清单 6-4（9）：将信号量 ID 通过 puwSemHandle 指针返回给用户，以后通过信号量 ID 即可访问此信号量。

代码清单 6-4（10）：创建成功返回 LOS_OK。

在创建信号量的时候，只需要传入二值信号量 ID 变量的地址与初始化可用信号量个数的值即可，且可以指定初始信号量的有效个数，二值信号量可以为 1 或 0。如果指定信号量有效个数为 1，则表明这个信号量是有效的，任务可以立即获取信号量；而在不需要立即获取信号量的情况下，可以将信号量可用个数的值初始化为 0。LOS_BinarySemCreate 函数实例如代码清单 6-5 加粗部分所示。

代码清单 6-5　LOS_BinarySemCreate 函数实例

```
1 UINT32 uwRet = LOS_OK;/* 定义一个创建的返回类型，初始化为创建成功的返回值 */
2
3 /* 创建一个二值信号量*/
4 uwRet = LOS_BinarySemCreate(1,&BinarySem_Handle);
5 if (uwRet != LOS_OK)
6 {
7     printf("BinarySem_Handle 二值信号量创建失败! \n");
8 }
```

6.5.4 计数信号量创建函数 LOS_SemCreate

计数信号量的创建与二值信号量的创建是一样的，都是通过调用 osSemCreate 函数进行创建，但是其有一个区别：二值信号量的最大容量是 OS_SEM_BINARY_MAX_COUNT，该宏定义的值为 1；而计数信号量的最大容量为 OS_SEM_COUNTING_MAX_COUNT，该宏定义的值为 0xFFFF。计数信号量创建函数 LOS_SemCreate 的源码如代码清单 6-6 所示。

代码清单 6-6　计数信号量创建函数 LOS_SemCreate 源码

```
1 /*****************************************************************************
2  Function     : LOS_SemCreate
3  Description : 创建一个计数信号量
4  Input        : uwCount——初始化可用信号量个数
5  Output       : puwSemHandle——信号量 ID
6  Return       : 返回 LOS_OK 表示创建成功，返回其他错误代码表示失败
```

```
 7 ****************************************************************************/
 8 LITE_OS_SEC_TEXT_INIT UINT32 LOS_SemCreate (UINT16 usCount, UINT32 *puwSemHandle)
 9 {
10     return osSemCreate(usCount, OS_SEM_COUNTING_MAX_COUNT, puwSemHandle);
11 }
```

6.5.5 信号量删除函数 LOS_SemDelete

该函数根据信号量 ID 删除信号量，删除之后信号量的所有信息都会被系统回收，且不能再次使用这个信号量。但是需要注意，信号量在使用中或者有任务在阻塞中等待该信号量的时候是不能被删除的；如果某个信号量没有被创建，则其也是无法被删除的。uwSemHandle 是信号量 ID，标识要删除的信号量。信号量删除函数 LOS_SemDelete 源码如代码清单 6-7 所示。

代码清单 6-7　信号量删除函数 LOS_SemDelete 源码

```
 1 /*****************************************************************************
 2 Function     : LOS_SemDelete
 3 Description  : 删除一个信号量
 4 Input        : uwSemHandle——信号量 ID
 5 Output       : None
 6 Return       : 返回 LOS_OK 表示删除成功，返回其他错误代码表示失败
 7 ****************************************************************************/
 8 LITE_OS_SEC_TEXT_INIT UINT32 LOS_SemDelete(UINT32 uwSemHandle)
 9 {
10     UINT32      uwIntSave;
11     SEM_CB_S    *pstSemDeleted;
12     UINT32      uwErrNo;
13     UINT32      uwErrLine;
14
15     if (uwSemHandle >= (UINT32)LOSCFG_BASE_IPC_SEM_LIMIT) {                  (1)
16         OS_GOTO_ERR_HANDLER(LOS_ERRNO_SEM_INVALID);
17     }
18
19     pstSemDeleted = GET_SEM(uwSemHandle);                                    (2)
20     uwIntSave = LOS_IntLock();
21     if (OS_SEM_UNUSED == pstSemDeleted->usSemStat) {                         (3)
22         LOS_IntRestore(uwIntSave);
23         OS_GOTO_ERR_HANDLER(LOS_ERRNO_SEM_INVALID);
24     }
25
26     if (!LOS_ListEmpty(&pstSemDeleted->stSemList)) {                         (4)
27         LOS_IntRestore(uwIntSave);
28         OS_GOTO_ERR_HANDLER(LOS_ERRNO_SEM_PENDED);
29     }
30
31     LOS_ListAdd(&g_stUnusedSemList, &pstSemDeleted->stSemList);              (5)
32     pstSemDeleted->usSemStat = OS_SEM_UNUSED;                                (6)
33     LOS_IntRestore(uwIntSave);
34     return LOS_OK;
35 ErrHandler:
36     OS_RETURN_ERROR_P2(uwErrLine, uwErrNo);
37 }
```

代码清单 6-7（1）：判断信号量 ID 是否有效，如果信号量 ID 是无效的，则返回错误代码。

代码清单 6-7（2）：根据信号量 ID 获取要删除的信号量控制块，后续操作会对信号量的链表进行处理，系统不希望被打扰，此时需要屏蔽中断。

代码清单 6-7（3）：如果信号量的状态是未使用状态，表明该信号量没有被创建，则返回错误代码 LOS_ERRNO_SEM_INVALID。

代码清单 6-7（4）：如果该信号量的阻塞列表不为空，即表示当前有任务阻塞在该信号量上，则不允许删除该信号量。

代码清单 6-7（5）：将要删除的信号量控制块添加到未使用信号量列表中，归还给系统，以便下次创建新的信号量。

代码清单 6-7（6）：将要删除的信号量状态变为未使用，标识该信号量被删除了。

信号量删除函数的实例如代码清单 6-8 加粗部分所示。

代码清单 6-8　信号量删除函数 LOS_SemDelete 实例

```
1 UINT32 uwRet = LOS_OK;/* 定义一个返回类型，初始化为删除成功的返回值 */
2 uwRet = LOS_SemDelete(BinarySem_Handle); /* 删除信号量 BinarySem_Handle */
3 if (LOS_OK == uwRet)
4 {
5     printf("BinarySem_Handle 二值信号量删除成功! \n");
6 }
```

6.5.6　信号量释放函数 LOS_SemPost

信号量的释放可以用在任务、中断中实现。

在前面的讲解中，读者已经了解到只有当信号量有效的时候，任务才能获取信号量，那么怎样使信号量变得有效呢？这里给出一种方式，即在创建的时候进行初始化，指定可用的信号量个数为一个初始值。例如，在二值信号量中，该初始值为 0～1，假如某个信号量中可用信号量个数为 1，那么在信号量被获取一次后就成为无效状态，需要在外部释放有效的信号量，即调用信号量释放函数 LOS_SemPost 将信号量有效化，每调用一次该函数就释放一个信号量。但无论是二值信号量还是计数信号量都不能一直释放信号量，需要注意可用信号量的范围。对于二值信号量，必须确保其可用值为 0～1（OS_SEM_BINARY_MAX_COUNT）；而对于计数信号量，其可用值为 0～OS_SEM_COUNTING_MAX_COUNT。

信号量释放函数 LOS_SemPost 的源码如代码清单 6-9 所示。

代码清单 6-9　信号量释放函数 LOS_SemPost 源码

```
1 /*******************************************************************
2  Function     : LOS_SemPost
3  Description  : 向指定的信号量 ID 进行释放信号量操作
4  Input        : uwSemHandle——信号量 ID
5  Output       : None
6  Return       : 返回 LOS_OK 表示释放成功，返回其他错误代码表示失败
7  *******************************************************************/
8 LITE_OS_SEC_TEXT UINT32 LOS_SemPost(UINT32 uwSemHandle)
9 {
10     UINT32      uwIntSave;
11     SEM_CB_S    *pstSemPosted = GET_SEM(uwSemHandle);               (1)
12     LOS_TASK_CB *pstResumedTask;
13
14     if (uwSemHandle >= LOSCFG_BASE_IPC_SEM_LIMIT) {                  (2)
15         return LOS_ERRNO_SEM_INVALID;
16     }
17
18     uwIntSave = LOS_IntLock();
19
20     if (OS_SEM_UNUSED == pstSemPosted->usSemStat) {                  (3)
```

```
21          LOS_IntRestore(uwIntSave);
22          OS_RETURN_ERROR(LOS_ERRNO_SEM_INVALID);
23      }
24
25      if (pstSemPosted->usMaxSemCount == pstSemPosted->usSemCount) { (4)
26          (VOID)LOS_IntRestore(uwIntSave);
27          OS_RETURN_ERROR(LOS_ERRNO_SEM_OVERFLOW);
28      } if (!LOS_ListEmpty(&pstSemPosted->stSemList)) {
29        pstResumedTask = OS_TCB_FROM_PENDLIST(LOS_DL_LIST_FIRST(
30                            &(pstSemPosted->stSemList)));                (5)
31          pstResumedTask->pTaskSem = NULL;
32          osTaskWake(pstResumedTask, OS_TASK_STATUS_PEND);               (6)
33
34          (VOID)LOS_IntRestore(uwIntSave);
35          LOS_Schedule();                                                (7)
36      } else {
37          pstSemPosted->usSemCount++;                                    (8)
38          (VOID)LOS_IntRestore(uwIntSave);
39      }
40
41      return LOS_OK;
42 }
```

代码清单6-9（1）：根据信号量ID获取信号量控制块。

代码清单6-9（2）：判断信号量ID是否有效，如果无效，则返回错误代码LOS_ERRNO_SEM_INVALID。

代码清单6-9（3）：如果该信号量的状态是未使用，表示信号量被删除了或者未被创建，则返回错误代码LOS_ERRNO_SEM_INVALID。

代码清单6-9（4）：如果信号量的可用个数已经到达信号量的最大容量，则没有必要进行信号量的释放，会返回一个错误代码LOS_ERRNO_SEM_OVERFLOW，表示信号量已满。

代码清单6-9（5）：如果有任务因为获取不到信号量而进入阻塞态，则在释放信号量的时候，系统要将该任务从阻塞态解除并进行一次任务调度。

代码清单6-9（6）：将等待信号量的任务从阻塞态中解除，并且将该任务插入就绪列表中，表示任务可以参与系统的调度。

代码清单6-9（7）：进行一次任务调度。

代码清单6-9（8）：若没有任务阻塞在该信号量上，则每调用一次信号量释放函数，可用的信号量个数就会加1，直到可用信号量个数与信号量最大容量相等。

因为信号量释放时直接调用LOS_SemPost，是没有阻塞情况的，所以可以在中断中调用LOS_SemPost函数。信号量释放函数LOS_SemPost实例如代码清单6-10加粗部分所示。

代码清单6-10 信号量释放函数LOS_SemPost实例

```
1 static void Write_Task(void)
2 {
3       //获取二值信号量 BinarySem_Handle，未获取到就一直等待
4       LOS_SemPend( BinarySem_Handle , LOS_WAIT_FOREVER );
5       ucValue [ 0 ] ++;
6       LOS_TaskDelay ( 100 );  /* 延时100Ticks */
7       ucValue [ 1 ] ++;
8       LOS_SemPost( BinarySem_Handle );     //释放二值信号量 BinarySem_Handle
9       LOS_TaskYield();            //放弃剩余时间片，进行一次任务切换
10 }
```

6.5.7 信号量获取函数 LOS_SemPend

与释放信号量对应的是获取信号量，当信号量有效的时候，任务才能获取信号量。任务获取了某个信号量时，该信号量的可用个数减 1，当其值为 0 的时候，获取信号量的任务会进入阻塞态，阻塞时间由开发人员指定。每调用一次 LOS_SemPend 函数获取信号量，信号量的可用个数就减 1，直至为 0。LOS_SemPend 函数源码如代码清单 6-11 所示。

代码清单 6-11 信号量获取函数 LOS_SemPend 函数源码

```
 1 /*********************************************************************
 2  Function      : LOS_SemPend
 3  Description   : 获取一个信号量
 4  Input         : uwSemHandle——信号量 ID
 5                  uwTimeout——等待时间
 6  Output        : None
 7  Return        : 返回 LOS_OK 表示获取成功，返回其他错误代码表示失败
 8  *******************************************************************/
 9 LITE_OS_SEC_TEXT UINT32 LOS_SemPend(UINT32 uwSemHandle, UINT32 uwTimeout)
10 {
11     UINT32      uwIntSave;
12     SEM_CB_S    *pstSemPended;
13     UINT32      uwRetErr;
14     LOS_TASK_CB *pstRunTsk;
15 
16     if (uwSemHandle >= (UINT32)LOSCFG_BASE_IPC_SEM_LIMIT) {            (1)
17         OS_RETURN_ERROR(LOS_ERRNO_SEM_INVALID);
18     }
19 
20     pstSemPended = GET_SEM(uwSemHandle);
21     uwIntSave = LOS_IntLock();
22     if (OS_SEM_UNUSED == pstSemPended->usSemStat) {                    (2)
23         LOS_IntRestore(uwIntSave);
24         OS_RETURN_ERROR(LOS_ERRNO_SEM_INVALID);
25     }
26 
27     if (pstSemPended->usSemCount > 0) {                                (3)
28         pstSemPended->usSemCount--;
29         LOS_IntRestore(uwIntSave);
30         return LOS_OK;
31     }
32 
33     if (!uwTimeout) {                                                  (4)
34         uwRetErr = LOS_ERRNO_SEM_UNAVAILABLE;
35         goto errre_uniSemPend;
36     }
37 
38     if (OS_INT_ACTIVE) {                                               (5)
39         uwRetErr = LOS_ERRNO_SEM_PEND_INTERR;
40         PRINT_ERR("!!!LOS_ERRNO_SEM_PEND_INTERR!!!\n");
41 #if (LOSCFG_PLATFORM_EXC == YES)
42         osBackTrace();
43 #endif
44         goto errre_uniSemPend;
45     }
46 
```

```
47      if (g_usLosTaskLock) {                                          (6)
48          uwRetErr = LOS_ERRNO_SEM_PEND_IN_LOCK;
49          PRINT_ERR("!!!LOS_ERRNO_SEM_PEND_IN_LOCK!!!\n");
50 #if (LOSCFG_PLATFORM_EXC == YES)
51          osBackTrace();
52 #endif
53          goto errre_uniSemPend;
54      }
55
56      pstRunTsk = (LOS_TASK_CB *)g_stLosTask.pstRunTask;              (7)
57      pstRunTsk->pTaskSem = (VOID *)pstSemPended;
58      osTaskWait(&pstSemPended->stSemList, OS_TASK_STATUS_PEND, uwTimeout);
59      (VOID)LOS_IntRestore(uwIntSave);
60      LOS_Schedule();                                                 (8)
61
62      if (pstRunTsk->usTaskStatus & OS_TASK_STATUS_TIMEOUT) {         (9)
63          uwIntSave = LOS_IntLock();
64          pstRunTsk->usTaskStatus &= (~OS_TASK_STATUS_TIMEOUT);
65          uwRetErr = LOS_ERRNO_SEM_TIMEOUT;
66          goto errre_uniSemPend;
67      }
68
69      return LOS_OK;
70
71 errre_uniSemPend:
72      (VOID)LOS_IntRestore(uwIntSave);
73      OS_RETURN_ERROR(uwRetErr);                                      (10)
74 }
```

代码清单 6-11（1）：检查信号量 ID 是否有效，如果无效，则返回错误代码。

代码清单 6-11（2）：根据信号量 ID 获取对应的信号量控制块，并检测该信号量的状态，如果是未使用、未创建或者已删除的信号量，则返回错误代码。

代码清单 6-11（3）：如果此时的信号量中可用的信号量个数大于 0，则进行一次信号量的获取，信号量可用个数减 1，返回 LOS_OK 表示获取成功。

代码清单 6-11（4）：如果当前信号量中无可用信号量，则需要根据指定的阻塞时间进行等待。此时，系统会判断是否设置了阻塞时间，如果阻塞时间为 0，则跳转到执行 6-11（10），返回错误代码 LOS_ERRNO_SEM_UNAVAILABLE。

代码清单 6-11（5）：如果在中断中获取信号量，则被 LiteOS 视为非法获取，因为 LiteOS 禁止在中断服务程序的上下文环境中获取信号量，直接返回错误代码。

代码清单 6-11（6）：如果调度器已被闭锁，则任务无法获取信号量，返回错误代码。

代码清单 6-11（7）：如果当前信号量中无可用信号量且用户指定了阻塞的时间，则需要将任务阻塞，系统获取当前任务的控制块，并调用 osTaskWait 函数将任务按照用户指定的阻塞时间进行阻塞。

代码清单 6-11（8）：进行一次任务调度。若任务在阻塞中等到了信号量，那么 LiteOS 将会把任务从阻塞态中解除，并将该任务加入就绪列表中。（这部分操作在信号量释放的时候会处理。）

代码清单 6-11（9）：程序能运行到这里，说明有中断或者其他任务释放了信号量，也有可能是阻塞时间超时，系统会先判断解除阻塞的原因，如果是由于阻塞时间超时，则返回错误代码 LOS_ERRNO_SEM_TIMEOUT。

代码清单 6-11（10）：根据不同情况返回错误代码。

信号量获取函数 LOS_SemPend 的实例如代码清单 6-12 加粗部分所示。

代码清单 6-12　信号量获取函数 LOS_SemPend 实例

```
 1 static void Read_Task(void)
 2 {
 3     while (1) {
 4         //获取二值信号量 BinarySem_Handle，未获取到时会一直等待
 5         LOS_SemPend( BinarySem_Handle , LOS_WAIT_FOREVER );
 6         if ( ucValue [ 0 ] == ucValue [ 1 ] ) {
 7             printf ( "\r\nSuccessful\r\n" );
 8         } else {
 9             printf ( "\r\nFail\r\n" );
10         }
11         LOS_SemPost( BinarySem_Handle ); //释放二值信号量 BinarySem_Handle
12         LOS_TaskDelay ( 1000 );      //每 1s 读一次，延时 1000 Ticks
13     }
14 }
```

信号量获取模式有无阻塞模式、永久阻塞模式和指定阻塞时间模式 3 种。

（1）无阻塞模式：任务需要获取信号量，若当前信号量中可用信号量个数不为 0，则获取成功；否则，立即返回获取失败。

（2）永久阻塞模式：任务需要获取信号量，若当前信号量中可用信号量个数不为 0，则获取成功；否则，该任务进入阻塞态，直到有其他任务/中断释放该信号量为止。

（3）指定阻塞时间模式：任务需要获取信号量，若当前信号量中可用信号量个数不为 0，则获取成功；否则，该任务进入阻塞态，阻塞时间由用户指定，在这段时间中若有其他任务/中断释放该信号量，任务将恢复为就绪态，当阻塞时间超时，任务也会恢复为就绪态。

6.6 二值信号量同步实验

实验首先要在 LiteOS 中创建两个任务，一个是获取信号量任务，另一个是释放信号量任务。这两个任务独立运行，获取信号量任务一直等待另一个任务释放信号量，其等待时间是 LOS_WAIT_FOREVER，在获取信号量成功后执行对应的同步操作，一旦处理完成就立即释放信号量。

释放信号量任务利用延时模拟占用信号量，在延时的这段时间内，另一个任务无法获得信号量，延时结束后释放信号量。获取信号量任务开始运行，再形成两个任务间的同步，若两个任务间同步成功，则在串口输出信息。二值信号量同步实验源码如代码清单 6-13 加粗部分所示。

代码清单 6-13　二值信号量同步实验源码

```
 1 /*************************************************************
 2   * @file   main.c
 3   * @author  fire
 4   * @version V1.0
 5   * @date   2018-xx-xx
 6   * @brief   STM32 全系列开发板-LiteOS!
 7   *************************************************************
 8   * @attention
 9   *
10   * 实验平台:野火 F103-霸道 STM32 开发板
11   * 论坛    :http://www.firebbs.cn
12   * 淘宝    :http://firestm32.taobao.com
13   *
14   *************************************************************
15   */
```

```
16 /* LiteOS 头文件 */
17 #include "los_sys.h"
18 #include "los_task.ph"
19 #include "los_sem.h"
20 /* 板级外设头文件 */
21 #include "bsp_usart.h"
22 #include "bsp_led.h"
23 #include "bsp_key.h"
24
25 /******************************* 任务 ID **********************************/
26 /*
27  * 任务 ID 是一个从 0 开始的数字，用于索引任务，当任务创建完成之后，其就具有了一个任务 ID，
28  * 以后的操作都需要通过任务 ID 进行
29  *
30  */
31
32 /* 定义任务 ID 变量 */
33 UINT32 Read_Task_Handle;
34 UINT32 Write_Task_Handle;
35
36 /*************************** 内核对象 ID **********************************/
37 /*
38  * 信号量、消息队列、事件标志组、软件定时器都属于内核的对象，要想使用这些内核对象，必须先创建，
39  * 创建成功之后会返回一个相应的 ID。这里的 ID 实际上就是一个整数，后续可以通过这个 ID 操作这些
40  * 内核对象
41  *
42  *
43  * 内核对象就是一种全局的数据结构，通过这些数据结构可以实现任务间的通信、任务间的事件同步等功能。
44  * 这些功能的实现是通过调用内核对象的函数来完成的
45  *
46  *
47  */
48 /* 定义二值信号量的 ID 变量 */
49 UINT32 BinarySem_Handle;
50
51 /************************* 全局变量声明 *********************************/
52 /*
53  * 在写应用程序的时候，可能需要用到一些全局变量
54  */
55
56 uint8_t ucValue [ 2 ] = { 0x00, 0x00 };
57
58
59 /* 函数声明 */
60 static UINT32 AppTaskCreate(void);
61 static UINT32 Creat_Read_Task(void);
62 static UINT32 Creat_Write_Task(void);
63
64 static void Read_Task(void);
65 static void Write_Task(void);
66 static void BSP_Init(void);
```

```
67
68
69 /***************************************************************
70   * @brief  主函数
71   * @param  无
72   * @retval 无
73   * @note    第一步：开发板硬件初始化
74              第二步：创建 App 应用任务
75              第三步：启动 LiteOS，开始多任务调度，启动失败时输出错误信息
76   **************************************************************/
77 int main(void)
78 {
79     UINT32 uwRet = LOS_OK;  //定义一个任务创建的返回值，默认为创建成功
80
81     /* 板级硬件初始化 */
82     BSP_Init();
83
84     printf("这是一个[野火]-STM32 全系列开发板-LiteOS 二值信号量同步实验！\n\n");
85     printf("当串口打印出-Successful-表明实验成功！\n\n");
86
87     /* LiteOS 内核初始化 */
88     uwRet = LOS_KernelInit();
89
90     if (uwRet != LOS_OK) {
91         printf("LiteOS 核心初始化失败！失败代码 0x%X\n",uwRet);
92         return LOS_NOK;
93     }
94
95     /* 创建 App 应用任务，所有的应用任务都可以放在这个函数中 */
96     uwRet = AppTaskCreate();
97     if (uwRet != LOS_OK) {
98         printf("AppTaskCreate 创建任务失败！失败代码 0x%X\n",uwRet);
99         return LOS_NOK;
100     }
101
102     /* 开启 LiteOS 任务调度 */
103     LOS_Start();
104
105     //正常情况下不会执行到这里
106     while (1);
107 }
108
109
110 /*********************************************************************
111   * @ 函数名  :  AppTaskCreate
112   * @ 功能说明：  任务创建，为了方便管理，所有的任务创建函数都可以放在这个函数中
113   * @ 参数    :  无
114   * @ 返回值  :  无
115   ********************************************************************/
116 static UINT32 AppTaskCreate(void)
```

```
117 {
118     /* 定义一个返回类型变量，初始化为 LOS_OK */
119     UINT32 uwRet = LOS_OK;
120 
121     /* 创建一个二值信号*/
122     uwRet = LOS_BinarySemCreate(1,&BinarySem_Handle);
123     if (uwRet != LOS_OK) {
124         printf("BinarySem 创建失败！失败代码 0x%X\n",uwRet);
125     }
126 
127     uwRet = Creat_Read_Task();
128     if (uwRet != LOS_OK) {
129         printf("Read_Task 任务创建失败！失败代码 0x%X\n",uwRet);
130         return uwRet;
131     }
132 
133     uwRet = Creat_Write_Task();
134     if (uwRet != LOS_OK) {
135         printf("Write_Task 任务创建失败！失败代码 0x%X\n",uwRet);
136         return uwRet;
137     }
138     return LOS_OK;
139 }
140 
141 
142 /*******************************************************************
143   * @ 函数名  ： Creat_Read_Task
144   * @ 功能说明： 创建 Read_Task 任务
145   * @ 参数    ：
146   * @ 返回值  ： 无
147   *******************************************************************/
148 static UINT32 Creat_Read_Task()
149 {
150     //定义一个返回类型变量，初始化为 LOS_OK
151     UINT32 uwRet = LOS_OK;
152 
153     //定义一个用于创建任务的参数结构体
154     TSK_INIT_PARAM_S task_init_param;
155 
156     task_init_param.usTaskPrio = 5; /* 任务优先级，数值越小，优先级越高 */
157     task_init_param.pcName = "Read_Task";/* 任务名 */
158     task_init_param.pfnTaskEntry = (TSK_ENTRY_FUNC)Read_Task;
159     task_init_param.uwStackSize = 1024;      /* 栈大小 */
160 
161      uwRet = LOS_TaskCreate(&Read_Task_Handle, &task_init_param);
162     return uwRet;
163 }
164 /*******************************************************************
165   * @ 函数名  ： Creat_Write_Task
166   * @ 功能说明： 创建 Write_Task 任务
167   * @ 参数    ：
```

```
168   * @ 返回值  :  无
169   *******************************************************************/
170 static UINT32 Creat_Write_Task()
171 {
172     //定义一个返回类型变量，初始化为 LOS_OK
173     UINT32 uwRet = LOS_OK;
174     TSK_INIT_PARAM_S task_init_param;
175 
176     task_init_param.usTaskPrio = 4; /* 任务优先级，数值越小，优先级越高 */
177     task_init_param.pcName = "Write_Task";  /* 任务名*/
178     task_init_param.pfnTaskEntry = (TSK_ENTRY_FUNC)Write_Task;
179     task_init_param.uwStackSize = 1024; /* 栈大小 */
180 
181     uwRet = LOS_TaskCreate(&Write_Task_Handle, &task_init_param);
182 
183     return uwRet;
184 }
185 
186 /*******************************************************************
187   * @ 函数名  :  Read_Task
188   * @ 功能说明:  Read_Task 任务实现
189   * @ 参数     :  NULL
190   * @ 返回值  :  NULL
191   *******************************************************************/
192 static void Read_Task(void)
193 {
194     /* 每个任务都是一个无限循环，不能返回 */
195     while (1) {
196         LOS_SemPend( BinarySem_Handle , LOS_WAIT_FOREVER );
197         //获取二值信号量 BinarySem_Handle，未获取到时会一直等待
198 
199         if ( ucValue [ 0 ] == ucValue [ 1 ] ) {
200             printf ( "\r\nSuccessful\r\n" );
201         } else {
202             printf ( "\r\nFail\r\n" );
203         }
204 
205         LOS_SemPost( BinarySem_Handle );  //释放二值信号量 BinarySem_Handle
206 
207      }
208 }
209 /*******************************************************************
210   * @ 函数名  :  Write_Task
211   * @ 功能说明:  Write_Task 任务实现
212   * @ 参数     :  NULL
213   * @ 返回值  :  NULL
214   *******************************************************************/
215 static void Write_Task(void)
216 {
217     /* 定义一个创建任务的返回类型，初始化为创建成功的返回值 */
218     UINT32 uwRet = LOS_OK;
```

```
219
220     /* 每个任务都是一个无限循环，不能返回 */
221     while (1) {
222         LOS_SemPend( BinarySem_Handle , LOS_WAIT_FOREVER );
223       //获取二值信号量 BinarySem_Handle，未获取到时会一直等待
224         ucValue [ 0 ] ++;
225         LOS_TaskDelay ( 1000 );                /* 延时 1000Ticks */
226         ucValue [ 1 ] ++;
227         LOS_SemPost( BinarySem_Handle );    //释放二值信号量 BinarySem_Handle
228         LOS_TaskYield();   //放弃剩余时间片，进行一次任务切换
229     }
230 }
231
232
233 /*******************************************************************
234   * @ 函数名  ： BSP_Init
235   * @ 功能说明： 板级外设初始化，所有开发板上的初始化代码均可放在这个函数中
236   * @ 参数    ：
237   * @ 返回值  ： 无
238   *****************************************************************/
239 static void BSP_Init(void)
240 {
241     /*
242      * STM32 中断优先级分组为 4，即 4bit 都用来表示抢占优先级，范围为 0 ~ 15
243      * 优先级分组只需要分组一次，以后如果有其他任务需要用到中断，
244      * 则统一使用这个优先级分组，不要再分组，切记
245      */
246     NVIC_PriorityGroupConfig( NVIC_PriorityGroup_4 );
247
248     /* LED 初始化 */
249     LED_GPIO_Config();
250
251     /* 串口初始化 */
252     USART_Config();
253
254     /* 按键初始化 */
255     Key_GPIO_Config();
256 }
257
258
259 /********************************END OF FILE*******************/
```

6.7 二值信号量同步实验现象

将程序编译好，使用 USB 线缆连接计算机和开发板的 USB 接口（对应印制电路板上的 USB 转串口），使用 DAP 仿真器把配套程序下载到野火 STM32 开发板（具体型号根据读者使用的开发板而定，每个型号的开发板都配套有对应的程序）中，在计算机上打开串口调试助手，复位开发板，即可在调试助手中看到串口的输出信息，如图 6-5 所示，表明两个任务同步成功。

图 6-5　二值信号量同步实验现象

6.8　计数信号量实验

这里用计数信号量实验模拟停车场的运行。在创建信号量的时候初始化 5 个可用信号量，系统中创建了两个任务，一个是获取信号量任务，另一个是释放信号量任务。这两个任务独立运行，获取信号量任务通过按下 KEY1 进行信号量的获取，模拟停车场的停车操作，其等待时间是 0，在串口调试助手中输出相应信息；释放信号量任务通过按下 KEY2 进行信号量的释放，模拟停车场的取车操作，在串口调试助手中输出相应信息。

计数信号量实验源码如代码清单 6-14 加粗部分所示。

代码清单 6-14　计数信号量实验源码

```
1 /************************************************************************
2    * @file     main.c
3    * @author   fire
4    * @version  V1.0
5    * @date     2018-xx-xx
6    * @brief    STM32 全系列开发板-LiteOS!
7    ************************************************************************
8    * @attention
9    *
10   * 实验平台:野火 F103-霸道 STM32 开发板
11   * 论坛    :http://www.firebbs.cn
12   * 淘宝    :http://firestm32.taobao.com
13   *
14   ************************************************************************
15   */
```

```
16 /* LiteOS 头文件 */
17 #include "los_sys.h"
18 #include "los_task.ph"
19 #include "los_sem.h"
20 /* 板级外设头文件 */
21 #include "bsp_usart.h"
22 #include "bsp_led.h"
23 #include "bsp_key.h"
24
25 /****************************** 任务 ID *********************************/
26 /*
27  * 任务 ID 是一个从 0 开始的数字，用于索引任务，当任务创建完成之后，其就具有了一个任务 ID，
28  * 以后的操作都需要通过任务 ID 进行
29  *
30  */
31
32 /* 定义任务 ID 变量 */
33 UINT32 Pend_Task_Handle;
34 UINT32 Post_Task_Handle;
35
36 /******************************* 内核对象 ID *****************************/
37 /*
38  * 信号量、消息队列、事件标志组、软件定时器都属于内核的对象，要想使用这些内核
39  * 对象，必须先创建，创建成功之后会返回一个相应的 ID。这里的 ID 实际上就是一个整数，后续
40  * 可以通过这个 ID 操作这些内核对象
41  *
42  *
43  * 内核对象就是一种全局的数据结构，通过这些数据结构可以实现任务间的通信、任务间的事件同步等功能。这
44  * 些功能的实现是通过调用内核对象的函数
45  * 来完成的
46  *
47  */
48 /* 定义计数信号量的 ID 变量 */
49 UINT32 CountSem_Handle;
50
51 /**************************** 全局变量声明 ********************************/
52 /*
53  *在写应用程序的时候，可能需要用到一些全局变量
54  */
55
56
57
58 /* 函数声明 */
59 static UINT32 AppTaskCreate(void);
60 static UINT32 Creat_Pend_Task(void);
61 static UINT32 Creat_Post_Task(void);
62
63 static void Pend_Task(void);
64 static void Post_Task(void);
65 static void BSP_Init(void);
66
67
```

```
68 /*******************************************************************
69   * @brief  主函数
70   * @param  无
71   * @retval 无
72   * @note   第一步：开发板硬件初始化
73            第二步：创建 App 应用任务
74            第三步：启动 LiteOS，开始多任务调度，启动失败时输出错误信息
75   ******************************************************************/
76 int main(void)
77 {
78     UINT32 uwRet = LOS_OK;  //定义一个任务创建的返回值，默认为创建成功
79 
80     /* 板级硬件初始化 */
81     BSP_Init();
82 
83     printf("这是一个[野火]-STM32 全系列开发板-LiteOS 计数信号量实验！\n\n");
84     printf("车位默认值为 5 个，按下 KEY1 申请车位，按下 KEY2 释放车位！\n\n");
85 
86     /* LiteOS 内核初始化 */
87     uwRet = LOS_KernelInit();
88 
89     if (uwRet != LOS_OK) {
90         printf("LiteOS 核心初始化失败！失败代码 0x%X\n",uwRet);
91         return LOS_NOK;
92     }
93 
94     /* 创建 App 应用任务，所有的应用任务都可以放在这个函数中 */
95     uwRet = AppTaskCreate();
96     if (uwRet != LOS_OK) {
97         printf("AppTaskCreate 创建任务失败！失败代码 0x%X\n",uwRet);
98         return LOS_NOK;
99     }
100 
101     /* 开启 LiteOS 任务调度 */
102     LOS_Start();
103 
104     //正常情况下不会执行到这里
105     while (1);
106 }
107 
108 
109 /***********************************************************************
110   * @ 函数名  ： AppTaskCreate
111   * @ 功能说明： 任务创建，为了方便管理，所有的任务创建函数都可以放在这个函数中
112   * @ 参数    ： 无
113   * @ 返回值  ： 无
114   *********************************************************************/
115 static UINT32 AppTaskCreate(void)
116 {
117     /* 定义一个返回类型变量，初始化为 LOS_OK */
118     UINT32 uwRet = LOS_OK;
```

```
119
120     /* 创建一个计数信号量，初始化计数值为 5*/
121     uwRet = LOS_SemCreate (5,&CountSem_Handle);
122     if (uwRet != LOS_OK) {
123         printf("CountSem 创建失败！失败代码 0x%X\n",uwRet);
124     }
125
126     uwRet = Creat_Pend_Task();
127     if (uwRet != LOS_OK) {
128         printf("Pend_Task 任务创建失败！失败代码 0x%X\n",uwRet);
129         return uwRet;
130     }
131
132     uwRet = Creat_Post_Task();
133     if (uwRet != LOS_OK) {
134         printf("Post_Task 任务创建失败！失败代码 0x%X\n",uwRet);
135         return uwRet;
136     }
137     return LOS_OK;
138 }
139
140
141 /*******************************************************************
142   * @ 函数名  :  Creat_Pend_Task
143   * @ 功能说明:  创建 Pend_Task 任务
144   * @ 参数    :
145   * @ 返回值  :  无
146   ******************************************************************/
147 static UINT32 Creat_Pend_Task()
148 {
149     //定义一个创建任务的返回类型，初始化为创建成功的返回值
150     UINT32 uwRet = LOS_OK;
151
152     //定义一个用于创建任务的参数结构体
153     TSK_INIT_PARAM_S task_init_param;
154
155     task_init_param.usTaskPrio = 5; /* 任务优先级，数值越小，优先级越高 */
156     task_init_param.pcName = "Pend_Task";/* 任务名 */
157     task_init_param.pfnTaskEntry = (TSK_ENTRY_FUNC)Pend_Task;
158     task_init_param.uwStackSize = 1024;      /* 栈大小 */
159
160     uwRet = LOS_TaskCreate(&Pend_Task_Handle, &task_init_param);
161     return uwRet;
162 }
163 /*******************************************************************
164   * @ 函数名  :  Creat_Post_Task
165   * @ 功能说明:  创建 Post_Task 任务
166   * @ 参数    :
167   * @ 返回值  :  无
168   ******************************************************************/
169 static UINT32 Creat_Post_Task()
170 {
```

```
171     // 定义一个创建任务的返回类型，初始化为创建成功的返回值
172     UINT32 uwRet = LOS_OK;
173     TSK_INIT_PARAM_S task_init_param;
174
175     task_init_param.usTaskPrio = 4; /* 任务优先级，数值越小，优先级越高 */
176     task_init_param.pcName = "Post_Task";    /* 任务名*/
177     task_init_param.pfnTaskEntry = (TSK_ENTRY_FUNC)Post_Task;
178     task_init_param.uwStackSize = 1024; /* 栈大小 */
179
180     uwRet = LOS_TaskCreate(&Post_Task_Handle, &task_init_param);
181
182     return uwRet;
183 }
184
185 /*******************************************************************
186   * @ 函数名  :  Pend_Task
187   * @ 功能说明:  Pend_Task 任务实现
188   * @ 参数    :  NULL
189   * @ 返回值  :  NULL
190   ******************************************************************/
191 static void Pend_Task(void)
192 {
193     UINT32 uwRet = LOS_OK;
194
195     /* 每个任务都是一个无限循环，不能返回 */
196     while (1) {
197         //如果 KEY1 被按下
198         if ( Key_Scan(KEY1_GPIO_PORT,KEY1_GPIO_PIN) == KEY_ON ) {
199             /* 获取一个计数信号量，等待时间 0 */
200             uwRet = LOS_SemPend ( CountSem_Handle,0);
201
202             if (LOS_OK ==  uwRet)
203                 printf ( "\r\nKEY1 被按下，成功申请到停车位。\r\n" );
204             else
205                 printf ( "\r\nKEY1 被按下，不好意思，现在停车场已满！\r\n" );
206
207         }
208         LOS_TaskDelay(20);     //每 20ms 扫描一次
209     }
210 }
211 /*******************************************************************
212   * @ 函数名  :  Post_Task
213   * @ 功能说明:  Post_Task 任务实现
214   * @ 参数    :  NULL
215   * @ 返回值  :  NULL
216   ******************************************************************/
217 static void Post_Task(void)
218 {
219     UINT32 uwRet = LOS_OK;
220
221     while (1) {
```

```
222         //如果 KEY2 被按下
223         if ( Key_Scan(KEY2_GPIO_PORT,KEY2_GPIO_PIN) == KEY_ON ) {
224             /*
225           释放一个计数信号量，LiteOS 的计数信号量允许一直释放，在编程中需注意*/
226             uwRet = LOS_SemPost(CountSem_Handle);
227 
228             if ( LOS_OK == uwRet )
229                 printf ( "\r\nKEY2 被按下，释放 1 个停车位。\r\n" );
230             else
231                 printf ( "\r\nKEY2 被按下，但已无车位可以释放！\r\n" );
232 
233         }
234         LOS_TaskDelay(20);     //每 20ms 扫描一次
235     }
236 }
237 
238 
239 /*******************************************************************
240   * @ 函数名  :  BSP_Init
241   * @ 功能说明:  板级外设初始化，开发板上的所有初始化代码均可放在这个函数中
242   * @ 参数    :
243   * @ 返回值  :  无
244   *******************************************************************/
245 static void BSP_Init(void)
246 {
247     /*
248      * STM32 中断优先级分组为 4，即 4bit 都用来表示抢占优先级，范围为 0~15
249      * 优先级分组只需要分组一次，以后如果有其他任务需要用到中断，
250      * 则统一使用这个优先级分组，不要再分组，切记
251      */
252     NVIC_PriorityGroupConfig( NVIC_PriorityGroup_4 );
253 
254     /* LED 初始化 */
255     LED_GPIO_Config();
256 
257     /* 串口初始化 */
258     USART_Config();
259 
260     /* 按键初始化 */
261     Key_GPIO_Config();
262 }
263 
264 
265 /********************************END OF FILE*****************/
```

6.9 计数信号量实验现象

将程序编译好，使用 USB 线缆连接计算机和开发板的 USB 接口（对应印制电路板上的 USB 转串口），使用 DAP 仿真器把配套程序下载到野火 STM32 开发板（具体型号根据读者使用的开发板而定，每个型号的开发板都配套有对应的程序）中，在计算机上打开串口调试助手，复位开发板，即

可在调试助手中看到串口的输出信息，按下开发板的 KEY1 按键获取信号量模拟停车，按下 KEY2 按键释放信号量模拟取车，串口调试助手中可以看到运行结果如图 6-6 所示。

图 6-6　计数信号量实验现象

07 第7章　互斥锁

在操作系统中使用信号量做临界资源的互斥保护并不是最明智的选择，LiteOS 提供了另一种机制——互斥锁，专门用于临界资源的互斥保护。

【学习目标】

- 了解互斥锁的基本概念。
- 了解优先级翻转的概念及危害。
- 了解互斥锁的运行机制。
- 了解互斥锁的使用场景。
- 掌握优先级继承的基本概念及原理。
- 掌握 LiteOS 互斥锁的函数及其使用方式。

7.1　互斥锁的基本概念

互斥锁又称互斥信号量，是一种特殊的二值信号量。和信号量不同的是，它具有互斥锁所有权、递归访问及优先级继承等特性，常用于实现对临界资源的独占式处理。任意时刻互斥锁的状态只有开锁或闭锁两种。当互斥锁被任务持有时，该互斥锁处于闭锁状态，任务获得互斥锁的所有权。当该任务释放互斥锁时，该互斥锁处于开锁状态，任务失去该互斥锁的所有权。当一个任务持有互斥锁时，其他任务不能对该互斥锁进行开锁或持有。持有该互斥锁的任务能够再次获得这个锁而不被挂起，这就是互斥锁的递归访问，这个特性与一般的信号量有很大的不同，在信号量中，由于已经不存在可用的信号量，任务递归获取信号量时会发生主动挂起任务现象，最终形成死锁。

如果想要实现同步（任务与任务间或者任务与中断间同步）功能，二值信号量或许是更好的选择，虽然互斥锁也可以用于任务与任务间的同步，但互斥锁更多的是用于保护资源的互斥。

互斥锁可以充当保护资源的令牌，当一个任务希望访问某个资源时，它必须先获取令牌；当任务使用资源后，必须归还令牌，以便其他任务访问该资源。

虽然二值信号量也可以用于保护临界资源，但会导致另一个潜在问题，即可能发生任务优先级翻转（会在下文详细讲解）。而 LiteOS 提供的互斥锁可以通过优先级继承算法降低任务优先级翻转产生的危害，所以，在临界资源的保护中一般使用互斥锁。

7.2 互斥锁的优先级继承机制

任务的优先级在任务创建的时候就已经指定，高优先级的任务可以打断低优先级的任务，而抢占 CPU 的使用权。但是在很多场合中某些资源只有一个，LiteOS 为了降低任务优先级翻转产生的危害使用了优先级继承算法。优先级继承算法是指暂时提高占有某种临界资源的低优先级任务的优先级，使之与在所有等待该资源的任务中优先级最高的任务优先级相等（此处可以看作低优先级任务继承了高优先级任务的优先级），当低优先级任务执行完毕释放该资源时，优先级恢复初始设定值。因此，继承优先级的任务避免了系统资源被任何中间优先级的任务抢占。

互斥锁与二值信号量最大的区别是互斥锁具有优先级继承机制，而信号量没有。某个临界资源受到一个互斥锁保护时，任务访问该资源时需要获得互斥锁，如果这个资源正在被一个低优先级任务使用，那么此时的互斥锁是闭锁状态，其他任务无法获得该互斥锁，即使此时一个高优先级任务想要访问该资源，那么高优先级任务也会获取不到互斥锁而进入阻塞态，因为系统会将当前持有该互斥锁任务的优先级临时提升到与高优先级任务相同，这就是优先级继承机制，它确保高优先级任务进入阻塞态的时间尽可能短，以及将已经出现的优先级翻转危害降低到最小。

高优先级任务无法运行而低优先级任务可以运行的现象称为“优先级翻转”。为什么说优先级翻转在操作系统中危害很大？因为发生优先级翻转时，会导致系统的高优先级任务阻塞时间过长，得不到有效的处理，有可能对整个系统产生严重的危害，也违反了操作系统可抢占调度的原则。

举个例子，当前系统中存在 3 个任务，分别为 H 任务（High）、M 任务（Middle）、L 任务（Low），3 个任务的优先级顺序为 H 任务>M 任务>L 任务。正常运行的时候，H 任务可以打断 M 任务与 L 任务，M 任务可以打断 L 任务。假设系统中存在一个临界资源，此时该资源正在被 L 任务使用中，某一时刻，H 任务需要使用该资源，但此时 L 任务还未释放资源，H 任务会因为获取不到该资源使用权而进入阻塞态，L 任务继续使用该资源，此时已经出现了“优先级翻转”现象，高优先级任务在等待低优先级的任务执行，如果在 L 任务执行的时候刚好 M 任务被唤醒了，由于 M 任务优先级比 L 任务优先级高，因此会打断 L 任务，抢占 L 任务的 CPU 使用权，直到 M 任务执行完，再把 CPU 使用权归还给 L 任务，L 任务继续执行，等到执行完毕释放该资源之后 H 任务才能从阻塞态解除，使用该资源。这个过程中，本来是最高优先级的 H 任务等待了更低优先级的 L 任务与 M 任务执行，其阻塞的时间是 M 任务运行时间+L 任务运行时间，假如系统中有多个如 M 任务这样的中间优先级任务在这个过程中抢占了最低优先级任务 CPU 使用权，那么系统最高优先级的任务将持续阻塞，这是绝对不允许出现的。因此，在没有优先级继承的情况下，保护临界资源将有可能产生优先级翻转，其危害极大。优先级翻转过程示意图如图 7-1 所示。

图 7-1 ①：L 任务正在使用某临界资源，H 任务被唤醒，但 L 任务并未执行完毕，此时临界资源还未释放。

图 7-1 ②：此时 H 任务也要对该临界资源进行访问，但 L 任务还未释放资源，出于保护机制，H 任务进入阻塞态，L 任务得以继续运行，此时已经发生了优先级翻转现象。

图 7-1 ③：某个时刻 M 任务被唤醒，由于 M 任务的优先级高于 L 任务，因此 M 任务抢占了 CPU 的使用权，M 任务开始运行，此时 L 任务尚未执行完毕，临界资源还未被释放。

图 7-1 ④：M 任务运行结束，归还 CPU 使用权，L 任务继续运行。

图 7-1 ⑤：L 任务运行结束，释放临界资源，H 任务得以对资源进行访问，H 任务开始运行。

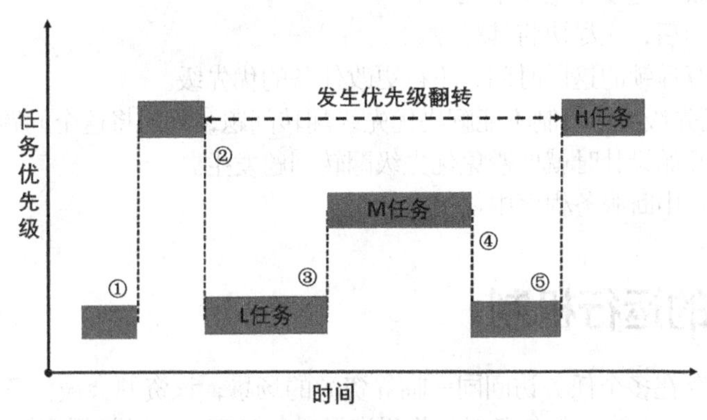

图 7-1 优先级翻转过程示意图

如果 H 任务的等待时间过长，对整个系统来说伤害可能是致命的，所以应尽可能降低高优先级任务的等待时间以降低优先级翻转的危害，而互斥锁就用于临界资源的保护，并且其特有的优先级继承机制可以降低优先级翻转产生的危害。

假如系统使用互斥锁保护临界资源，就具有了优先级继承特性，任务需要在获取互斥锁后再访问临界资源。H 任务由于获取不到互斥锁进入阻塞态，那么系统会把当前正在使用资源的 L 任务的优先级临时提升到与 H 任务优先级相同，当 M 任务被唤醒时，因为它的优先级比 H 任务低，所以无法打断 L 任务，因为此时 L 任务的优先级被临时提升到了 H 任务的优先级，所以当 L 任务使用完该资源后释放互斥锁，H 任务将获得互斥锁而恢复运行。因此，H 任务的阻塞时间仅仅是 L 任务的执行时间，此时的优先级翻转危害也就降到了最低，这就是优先级继承的优势，其示意图如图 7-2 所示。

图 7-2 ①：L 任务正在使用某临界资源，H 任务被唤醒，但 L 任务尚未运行完毕，此时互斥锁还未释放。

图 7-2 ②：某一时刻 H 任务也要获取互斥锁访问该资源，出于互斥锁对临界资源的保护机制，H 任务无法获得互斥锁而进入阻塞态。此时发生优先级继承，系统将 L 任务的优先级暂时提升到与 H 任务优先级相同，L 任务继续执行。

图 7-2 ③：在某一时刻 M 任务被唤醒，由于此时 M 任务的优先级暂时低于 L 任务，所以 M 任务仅处于就绪态，而无法获得 CPU 使用权。

图 7-2 ④：L 任务运行完毕释放互斥锁，H 任务获得互斥锁恢复运行，此时 L 任务的优先级会恢复为初始指定的优先级。

图 7-2 ⑤：当 H 任务运行完毕，M 任务得到 CPU 使用权，开始执行。

图 7-2 ⑥：系统正常运行，按照初始指定的优先级运行。

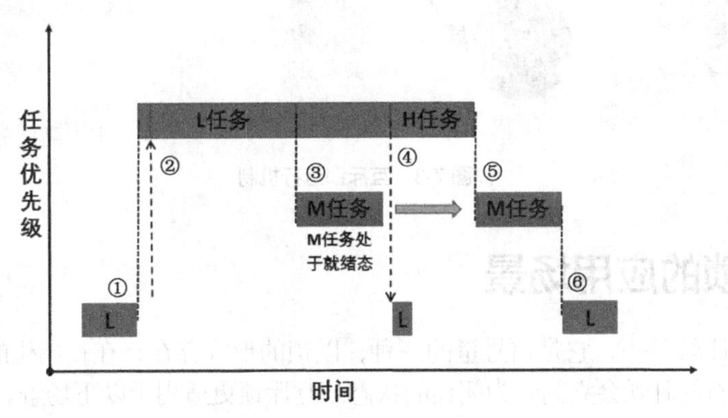

图 7-2 优先级继承示意图

使用互斥锁的时候一定要注意以下几点。

（1）在获得互斥锁后，应尽快将其释放。

（2）在任务持有互斥锁的这段时间，不得更改任务的优先级。

（3）LiteOS 的优先级继承机制不能解决优先级翻转问题，只能将这个问题的影响降低到最小，所以硬实时系统在一开始设计时就要避免优先级翻转问题发生。

（4）互斥锁不能在中断服务程序中使用。

7.3 互斥锁的运行机制

多任务环境下会存在多个任务访问同一临界资源的场景，该资源会被任务独占处理。其他任务在资源被占用的情况下不允许其他任务对该临界资源进行访问，此时就需要用到 LiteOS 的互斥锁来进行资源保护。那么，互斥锁是怎样来避免这种冲突的呢？

使用互斥锁处理不同任务对临界资源的同步访问时，任务获得互斥锁才能访问资源。一旦有任务成功获得了互斥锁，互斥锁就立即变为闭锁状态，其他任务会因为获取不到互斥锁而不能访问该资源，会根据指定的阻塞时间进行等待，直到互斥锁被持有任务释放后才能获取互斥锁从而得以访问该临界资源，此时互斥锁再次闭锁，这样就可以确保同一时刻只有一个任务正在访问这个临界资源，保证了临界资源操作的安全性。互斥锁运行机制如图 7-3 所示。

图 7-3 ①：因为互斥锁具有优先级继承机制，一般选择使用互斥锁对资源进行保护，当资源被占用的时候，无论是何种优先级的任务想要使用该资源都会被阻塞。

图 7-3 ②：假如正在使用该资源的任务 1 比阻塞中的任务 2 的优先级低，那么任务 1 将被系统临时提升到与高优先级任务 2 相等的优先级（任务 1 的优先级从 L 变成 H）。

图 7-3 ③：当任务 1 使用完资源之后会释放互斥锁，此时任务 1 的优先级从 H 恢复为 L。

图 7-3 ④、⑤：任务 2 此时可以获得互斥锁，并访问资源，当任务 2 访问了资源的时候，该互斥锁的状态为闭锁，其他任务无法获取互斥锁。

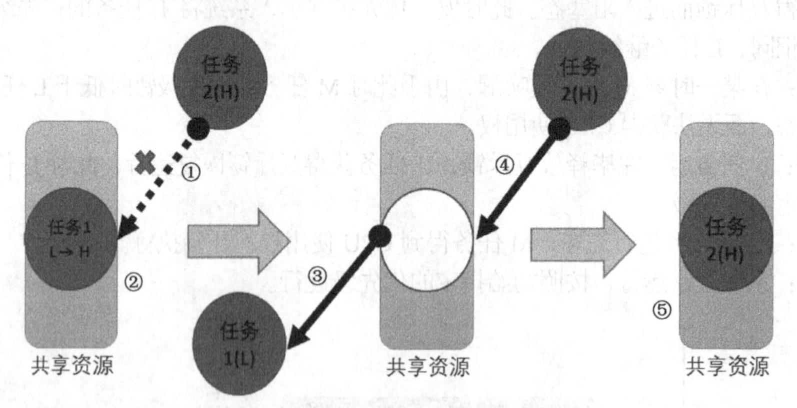

图 7-3 互斥锁运行机制

7.4 互斥锁的应用场景

互斥锁的使用比较单一，它是信号量的一种，以锁的形式存在，在初始化的时候处于开锁的状态，而当被任务持有的时候会立刻转为闭锁的状态。互斥锁更适用于以下场景。

（1）可能会引起优先级翻转的情况下。

（2）任务可能会多次获取互斥锁的情况下，以避免同一任务多次递归持有而造成死锁问题。

例如，有两个任务需要对串口进行发送数据，其硬件资源只有一个，那么两个任务肯定不能同时发送数据，否则将导致数据错误，此时可以用互斥锁对串口资源进行保护，当一个任务正在使用串口的时候，另一个任务无法使用串口，等到其中一个任务使用完串口之后，另一个任务才能获得串口的使用权。

7.5 互斥锁的使用

本节将具体分析 LiteOS 中一些与互斥锁相关的常用函数的原理及其源码实现过程。

7.5.1 互斥锁控制块

互斥锁控制块与信号量控制块类似，系统中每一个互斥锁都有对应的互斥锁控制块，它记录了互斥锁的所有信息，如互斥锁的状态、持有次数、ID、所属任务等，如代码清单 7-1 所示。

代码清单 7-1　互斥锁控制块

```
1 typedef struct {
2      UINT8           ucMuxStat;               (1)
3      UINT16          usMuxCount;              (2)
4      UINT32          ucMuxID;                 (3)
5      LOS_DL_LIST     stMuxList;               (4)
6      LOS_TASK_CB     *pstOwner;               (5)
7      UINT16          usPriority;              (6)
8 } MUX_CB_S;
```

代码清单 7-1（1）：ucMuxStat 是互斥锁状态，其状态有两个——OS_MUX_UNUSED 或 OS_MUX_USED，标识互斥锁是否被使用。

代码清单 7-1（2）：usMuxCount 是互斥锁持有次数，在每次获取互斥锁的时候，该成员变量会增加。当 usMuxCount 为 0 的时候表示互斥锁处于开锁状态，任务可以随时获取；当其是一个正值的时候，表示互斥锁已经被获取了，只有持有互斥锁的任务才能释放它。

代码清单 7-1（3）：ucMuxID 是互斥锁 ID。

代码清单 7-1（4）：stMuxList 是互斥锁阻塞列表，用于记录阻塞在此互斥锁的任务。

代码清单 7-1（5）：*pstOwner 是一个任务控制块指针，指向当前持有该互斥锁的任务，这样系统就能够知道该互斥锁的所有权属于哪个任务。

代码清单 7-1（6）：usPriority 记录持有互斥锁任务的初始优先级，用于处理优先级继承问题。

7.5.2 互斥锁错误代码

在 LiteOS 中，与互斥锁相关的函数大多数会有返回值，其返回值包括一些错误代码，常见的互斥锁错误代码、说明和参考解决方案具体如表 7-1 所示。

表 7-1　常见的互斥锁错误代码、说明和参考解决方案

序号	错误代码	说明	参考解决方案
1	LOS_ERRNO_MUX_NO_MEMORY	内存请求失败	减少互斥锁限制数量的上限
2	LOS_ERRNO_MUX_INVALID	互斥锁不可用	传入有效的互斥锁 ID
3	LOS_ERRNO_MUX_PTR_NULL	传入空指针	传入合法指针
4	LOS_ERRNO_MUX_ALL_BUSY	没有互斥锁可用	增加互斥锁限制数量的上限

续表

序号	错误代码	说明	参考解决方案
5	LOS_ERRNO_MUX_UNAVAILABLE	锁失败，因为锁被其他任务使用了	等待其他任务解锁或者设置等待时间
6	LOS_ERRNO_MUX_PEND_INTERR	在中断中使用互斥锁	在中断中禁止调用此接口
7	LOS_ERRNO_MUX_PEND_IN_LOCK	任务调度没有使能，任务等待另一个任务释放锁	设置 Pend 为非阻塞模式或者使能任务调度
8	LOS_ERRNO_MUX_TIMEOUT	互斥锁 Pend 超时	增加等待时间或者设置一直等待模式
9	LOS_ERRNO_MUX_PENDED	删除正在使用的锁	等待解锁后再删除锁

7.5.3 互斥锁创建函数 LOS_MuxCreate

LiteOS 提供了互斥锁创建函数 LOS_MuxCreate 用于创建一个互斥锁，在创建互斥锁后，系统会返回互斥锁 ID。以后对互斥锁的操作是通过互斥锁 ID 进行的，因此需要用户定义一个互斥锁 ID 变量，并将变量的地址传入互斥锁创建函数。互斥锁创建函数 LOS_MuxCreate 源码如代码清单 7-2 所示，其实例如代码清单 7-3 加粗部分所示。

代码清单 7-2　互斥锁创建函数 LOS_MuxCreate 源码

```
1 /*****************************************************************************
2  Function      : LOS_MuxCreate
3  Description   : 创建一个互斥锁
4  Input         : None
5  Output        : puwMuxHandle——互斥锁 ID(句柄)
6  Return        : 返回 LOS_OK 表示创建成功，返回其他错误代码表示失败
7  *****************************************************************************/
8 LITE_OS_SEC_TEXT_INIT  UINT32  LOS_MuxCreate (UINT32 *puwMuxHandle)
9 {
10    UINT32       uwIntSave;
11    MUX_CB_S     *pstMuxCreated;
12    LOS_DL_LIST *pstUnusedMux;
13    UINT32       uwErrNo;
14    UINT32       uwErrLine;
15
16    if (NULL == puwMuxHandle) {                                  (1)
17        return LOS_ERRNO_MUX_PTR_NULL;
18    }
19
20    uwIntSave = LOS_IntLock();
21    if (LOS_ListEmpty(&g_stUnusedMuxList)) {                     (2)
22        LOS_IntRestore(uwIntSave);
23        OS_GOTO_ERR_HANDLER(LOS_ERRNO_MUX_ALL_BUSY);
24    }
25
26    pstUnusedMux              = LOS_DL_LIST_FIRST(&(g_stUnusedMuxList));
27    LOS_ListDelete(pstUnusedMux);
28    pstMuxCreated             = (GET_MUX_LIST(pstUnusedMux));    (3)
29    pstMuxCreated->usMuxCount   = 0;                             (4)
30    pstMuxCreated->ucMuxStat    = OS_MUX_USED;                   (5)
31    pstMuxCreated->usPriority   = 0;                             (6)
```

```
32     pstMuxCreated->pstOwner     = (LOS_TASK_CB *)NULL;          (7)
33     LOS_ListInit(&pstMuxCreated->stMuxList);                    (8)
34     *puwMuxHandle               = (UINT32)pstMuxCreated->ucMuxID; (9)
35     LOS_IntRestore(uwIntSave);
36     return LOS_OK;
37 ErrHandler:
38     OS_RETURN_ERROR_P2(uwErrLine, uwErrNo);
39 }
```

代码清单 7-2（1）：判断互斥锁 ID 变量地址是否有效，如果为 NULL，则返回错误代码。

代码清单 7-2（2）：从系统的互斥锁未使用列表中取出下一个互斥锁控制块，如果系统中没有可用的互斥锁控制块，则返回错误代码，因为系统可用的互斥锁个数达到了系统支持的上限。在 target_config.h 文件中修改 LOSCFG_BASE_IPC_MUX_LIMIT 宏定义可以改变系统支持的互斥锁数量。

代码清单 7-2（3）：如果系统中互斥锁尚未达到上限，则从互斥锁未使用列表中获取一个互斥锁控制块。

代码清单 7-2（4）：初始化互斥锁中的持有次数为 0，表示互斥锁处于开锁状态，因为新创建的互斥锁是没有被任何任务持有的。

代码清单 7-2（5）：初始化互斥锁的状态信息为已使用的状态。

代码清单 7-2（6）：初始化占用互斥锁的任务的优先级为最高优先级，此时互斥锁没有被任何任务持有，当有任务持有互斥锁时，这个值会设置为持有任务的优先级数值。

代码清单 7-2（7）：将指向任务控制块的指针初始化为 NULL，表示没有任务持有互斥锁。

代码清单 7-2（8）：初始化互斥锁的阻塞列表。

代码清单 7-2（9）：返回已经创建成功的互斥锁 ID。

代码清单 7-3 互斥锁创建函数 LOS_MuxCreate 实例

```
1 /* 定义互斥锁的 ID 变量 */
2 UINT32 Mutex_Handle;
3 UINT32 uwRet = LOS_OK;/* 定义一个创建任务的返回类型，初始化为创建成功的返回值 */
4
5 /* 创建一个互斥锁*/
6 uwRet = LOS_MuxCreate(&Mutex_Handle);
7 if (uwRet != LOS_OK)
8 {
9     printf("Mutex_Handle 互斥锁创建失败! \n");
10 }
```

7.5.4 互斥锁删除函数 LOS_MuxDelete

读者可以根据互斥锁 ID 将互斥锁删除，删除后的互斥锁将不能被使用，其所有信息都会被系统回收，当系统中有任务持有互斥锁或者有任务阻塞在互斥锁上时，互斥锁是不能被删除的。uwMuxHandle 是互斥锁 ID，标识要删除的某个互斥锁。互斥锁删除函数源码如代码清单 7-4 所示。

代码清单 7-4 互斥锁删除函数 LOS_MuxDelete 源码

```
1 /*********************************************************************
2   Function      : LOS_MuxDelete
3   Description   : 删除一个互斥锁
4   Input         : uwMuxHandle——互斥锁 ID
5   Output        : None
```

```
 6  Return      : 返回 LOS_OK 表示删除成功，返回其他错误代码表示失败
 7  ****************************************************************/
 8 LITE_OS_SEC_TEXT_INIT UINT32 LOS_MuxDelete(UINT32 uwMuxHandle)
 9 {
10     UINT32    uwIntSave;
11     MUX_CB_S *pstMuxDeleted;
12     UINT32   uwErrNo;
13     UINT32   uwErrLine;
14 
15     if (uwMuxHandle >= (UINT32)LOSCFG_BASE_IPC_MUX_LIMIT) {          (1)
16         OS_GOTO_ERR_HANDLER(LOS_ERRNO_MUX_INVALID);
17     }
18 
19     pstMuxDeleted = GET_MUX(uwMuxHandle);                            (2)
20     uwIntSave = LOS_IntLock();
21     if (OS_MUX_UNUSED == pstMuxDeleted->ucMuxStat) {                 (3)
22         LOS_IntRestore(uwIntSave);
23         OS_GOTO_ERR_HANDLER(LOS_ERRNO_MUX_INVALID);
24     }
25 
26     if (!LOS_ListEmpty(&pstMuxDeleted->stMuxList) || pstMuxDeleted->usMuxCount) {
27         LOS_IntRestore(uwIntSave);
28         OS_GOTO_ERR_HANDLER(LOS_ERRNO_MUX_PENDED);                   (4)
29     }
30 
31     LOS_ListAdd(&g_stUnusedMuxList, &pstMuxDeleted->stMuxList);      (5)
32     pstMuxDeleted->ucMuxStat = OS_MUX_UNUSED;                        (6)
33 
34     LOS_IntRestore(uwIntSave);
35 
36     return LOS_OK;
37 ErrHandler:
38     OS_RETURN_ERROR_P2(uwErrLine, uwErrNo);
39 }
```

代码清单 7-4（1）：判断互斥锁 ID 是否有效，如果无效，则返回错误代码 LOS_ERRNO_MUX_INVALID。

代码清单 7-4（2）：根据互斥锁 ID 获取要删除的互斥锁控制块指针。

代码清单 7-4（3）：如果该互斥锁是未使用的，则返回错误代码。

代码清单 7-4（4）：当系统中有任务持有互斥锁或者有任务阻塞在互斥锁上时，系统不会删除该互斥锁，返回错误代码 LOS_ERRNO_MUX_PENDED，需要确保没有任务持有互斥锁或者没有任务阻塞在互斥锁上后再进行删除操作。

代码清单 7-4（5）：把互斥锁添加到互斥锁未使用列表中。

代码清单 7-4（6）：将互斥锁的状态改为未使用，表示互斥锁已经删除。

互斥锁删除函数的实例如代码清单 7-5 加粗部分所示。

代码清单 7-5　互斥锁删除函数 LOS_MuxDelete 实例

```
1 UINT32 uwRet = LOS_OK;/* 定义一个返回类型，初始化为删除成功的返回值 */
2 uwRet = LOS_MuxDelete(Mutex_Handle); /* 删除互斥锁 */
3 if (LOS_OK == uwRet)
4 {
5     printf("互斥锁删除成功！\n");
6 }
```

7.5.5 互斥锁释放函数 LOS_MuxPost

当任务想要访问某个临界资源时，需要先获取互斥锁，再访问该资源，在任务使用完该资源后必须及时释放互斥锁，其他任务才能获取互斥锁从而访问该资源。那么，是什么函数使互斥锁处于开锁状态呢？LiteOS 提供了互斥锁释放函数 LOS_MuxPost，持有互斥锁的任务可以调用该函数将互斥锁释放，释放后的互斥锁处于开锁状态，系统中其他任务可以获取互斥锁。

互斥锁有所属关系，只有持有者才能释放锁，而这个持有者是任务，因为中断上下文没有任务的概念，所以中断上下文不能持有也不能释放互斥锁。

使用该函数时，只有已持有互斥锁所有权的任务才能释放它，当持有互斥锁的任务调用 LOS_MuxPost 函数时会将互斥锁变为开锁状态，当有其他任务在等待获取该互斥锁时，等待的任务将被唤醒，并持有该互斥锁。如果任务的优先级被临时提升，那么当互斥锁被释放后，任务的优先级将恢复为任务初始设定的优先级。互斥锁释放函数 LOS_MuxPost 的源码如代码清单 7-6 所示。

代码清单 7-6 互斥锁释放函数 LOS_MuxPost 源码

```
1 /*********************************************************************
2   Function    : LOS_MuxPost
3   Description : 释放一个互斥锁
4   Input       : uwMuxHandle——互斥锁 ID
5   Output      : None
6   Return      : 返回 LOS_OK 表示释放成功，返回其他错误代码表示失败
7   *********************************************************************/
8 LITE_OS_SEC_TEXT UINT32 LOS_MuxPost(UINT32 uwMuxHandle)
9 {
10     UINT32      uwIntSave;
11     MUX_CB_S    *pstMuxPosted = GET_MUX(uwMuxHandle);
12     LOS_TASK_CB *pstResumedTask;
13     LOS_TASK_CB *pstRunTsk;
14
15     uwIntSave = LOS_IntLock();
16
17     if ((uwMuxHandle >= (UINT32)LOSCFG_BASE_IPC_MUX_LIMIT) ||
18         (OS_MUX_UNUSED == pstMuxPosted->ucMuxStat)) {                  (1)
19         LOS_IntRestore(uwIntSave);
20         OS_RETURN_ERROR(LOS_ERRNO_MUX_INVALID);
21     }
22
23     pstRunTsk = (LOS_TASK_CB *)g_stLosTask.pstRunTask;
24     if ((pstMuxPosted->usMuxCount == 0)||(pstMuxPosted->pstOwner != pstRunTsk)) {
25          LOS_IntRestore(uwIntSave);
26          OS_RETURN_ERROR(LOS_ERRNO_MUX_INVALID);                    (2)
27     }
28
29     if (--(pstMuxPosted->usMuxCount) != 0) {                           (3)
30         LOS_IntRestore(uwIntSave);
31         return LOS_OK;
32     }
33
34     if ((pstMuxPosted->pstOwner->usPriority)!=pstMuxPosted->usPriority){
35          osTaskPriModify(pstMuxPosted->pstOwner, pstMuxPosted->usPriority);
36     }                                                                  (4)
37
```

```
38     if (!LOS_ListEmpty(&pstMuxPosted->stMuxList)) {
39         pstResumedTask = OS_TCB_FROM_PENDLIST(
40         LOS_DL_LIST_FIRST(&(pstMuxPosted->stMuxList)));              (5)
41         pstMuxPosted->usMuxCount    = 1;                             (6)
42         pstMuxPosted->pstOwner      = pstResumedTask;                (7)
43         pstMuxPosted->usPriority    = pstResumedTask->usPriority;    (8)
44         pstResumedTask->pTaskMux    = NULL;                          (9)
45
46         osTaskWake(pstResumedTask, OS_TASK_STATUS_PEND);             (10)
47
48         (VOID)LOS_IntRestore(uwIntSave);
49         LOS_Schedule();                                              (11)
50     } else {
51         (VOID)LOS_IntRestore(uwIntSave);
52     }
53
54     return LOS_OK;
55 }
```

代码清单 7-6（1）：如果互斥锁 ID 是无效的，或者要释放的信号量状态是未使用的，则返回错误代码。

代码清单 7-6（2）：如果互斥锁没有被任务持有，则无须释放；如果持有互斥锁的任务不是当前任务，则不允许进行互斥锁释放操作，因为互斥锁的所有权仅归持有互斥锁的任务所有，其他任务不具备释放/获取互斥锁的权利。

代码清单 7-6（3）：满足释放互斥锁的条件，释放一次互斥锁后，usMuxCount 持有次数不为 0，这就表明当前任务还持有互斥锁，此时互斥锁处于闭锁状态。返回 LOS_OK 表示释放成功。

代码清单 7-6（4）：如果当前任务已经完全释放了持有的互斥锁，由于可能发生过优先级继承从而修改了任务的优先级，因此系统需要恢复任务初始的优先级，如果当前任务的优先级与初始设定的优先级不一样，则调用 osTaskPriModify 函数使任务的优先级恢复为初始设定的优先级。

代码清单 7-6（5）：如果有任务阻塞在该互斥锁上，则获取阻塞任务的任务控制块。

代码清单 7-6（6）：设置互斥锁的持有次数为 1，新任务持有互斥锁。

代码清单 7-6（7）：互斥锁的任务控制块指针指向新任务控制块。

代码清单 7-6（8）：记录持有互斥锁任务的优先级。

代码清单 7-6（9）：将新任务控制块中的 pTaskMux 指针指向 NULL。

代码清单 7-6（10）：将新任务从阻塞列表中移除，并添加到就绪列表中。

代码清单 7-6（11）：进行一次任务调度。

被释放前的互斥锁处于闭锁状态，被释放后互斥锁处于开锁状态，除了将互斥锁控制块中的 usMuxCount 变量减 1 外，还要判断持有互斥锁的任务是否发生了优先级继承，如果有，则将任务的优先级恢复到初始值；并判断是否有任务阻塞在该互斥锁上，如果有，则将任务恢复为就绪态并持有互斥锁。互斥锁释放函数 LOS_MuxPost 的实例如代码清单 7-7 加粗部分所示。

代码清单 7-7　互斥锁释放函数 LOS_MuxPost 实例

```
1 /* 定义互斥锁的 ID 变量 */
2 UINT32 Mutex_Handle;
3
4 UINT32 uwRet = LOS_OK;/* 定义一个返回类型，初始化为释放成功的返回值 */
5 /* 释放一个互斥锁*/
6 uwRet = LOS_MuxPost(Mutex_Handle);
7 if (LOS_OK == uwRet)
8 {
```

```
 9      printf("互斥锁释放成功! \n");
10  }
```

7.5.6　互斥锁获取函数 LOS_MuxPend

当互斥锁处于开锁状态时，任务才能够获取互斥锁，当任务持有了某个互斥锁的时候，等到持有互斥锁的任务释放后，其他任务才能获取成功，任务通过互斥锁获取函数来获取互斥锁的所有权。互斥锁获取函数是 LOS_MuxPend 源码如代码清单 7-8 所示。

代码清单 7-8　互斥锁获取函数 LOS_MuxPend()源码

```
 1 /*********************************************************************
 2   Function      : LOS_MuxPend
 3   Description   : 获取指定互斥锁 ID 的互斥锁
 4   Input         : uwMuxHandle——互斥锁 ID
 5                   uwTimeOut——等待时间
 6   Output        : None
 7   Return        : 返回 LOS_OK 表示获取成功，返回其他错误代码表示失败
 8   *******************************************************************/
 9 LITE_OS_SEC_TEXT UINT32 LOS_MuxPend(UINT32 uwMuxHandle, UINT32 uwTimeout)
10 {
11     UINT32      uwIntSave;
12     MUX_CB_S  *pstMuxPended;
13     UINT32      uwRetErr;
14     LOS_TASK_CB  *pstRunTsk;
15
16     if (uwMuxHandle >= (UINT32)LOSCFG_BASE_IPC_MUX_LIMIT) {
17         OS_RETURN_ERROR(LOS_ERRNO_MUX_INVALID);                    (1)
18     }
19
20     pstMuxPended = GET_MUX(uwMuxHandle);
21     uwIntSave = LOS_IntLock();
22     if (OS_MUX_UNUSED == pstMuxPended->ucMuxStat) {                (2)
23         LOS_IntRestore(uwIntSave);
24         OS_RETURN_ERROR(LOS_ERRNO_MUX_INVALID);
25     }
26
27     if (OS_INT_ACTIVE) {                                            (3)
28         LOS_IntRestore(uwIntSave);
29         return LOS_ERRNO_MUX_PEND_INTERR;
30     }
31
32     pstRunTsk = (LOS_TASK_CB *)g_stLosTask.pstRunTask;             (4)
33     if (pstMuxPended->usMuxCount == 0) {                            (5)
34         pstMuxPended->usMuxCount++;
35         pstMuxPended->pstOwner = pstRunTsk;
36         pstMuxPended->usPriority = pstRunTsk->usPriority;
37         LOS_IntRestore(uwIntSave);
38         return LOS_OK;
39     }
40
41     if (pstMuxPended->pstOwner == pstRunTsk) {                      (6)
42         pstMuxPended->usMuxCount++;
43         LOS_IntRestore(uwIntSave);
44         return LOS_OK;
45     }
```

```
46
47      if (!uwTimeout) {                                                       (7)
48          LOS_IntRestore(uwIntSave);
49          return LOS_ERRNO_MUX_UNAVAILABLE;
50      }
51
52      if (g_usLosTaskLock) {                                                  (8)
53          uwRetErr = LOS_ERRNO_MUX_PEND_IN_LOCK;
54          PRINT_ERR("!!!LOS_ERRNO_MUX_PEND_IN_LOCK!!!\n");
55 #if (LOSCFG_PLATFORM_EXC == YES)
56          osBackTrace();
57 #endif
58          goto errre_uniMuxPend;
59      }
60
61      pstRunTsk->pTaskMux = (VOID *)pstMuxPended;                            (9)
62
63      if (pstMuxPended->pstOwner->usPriority > pstRunTsk->usPriority) {
64          osTaskPriModify(pstMuxPended->pstOwner, pstRunTsk->usPriority);
65      }                                                                       (10)
66
67      osTaskWait(&pstMuxPended->stMuxList, OS_TASK_STATUS_PEND, uwTimeout);
68
69      (VOID)LOS_IntRestore(uwIntSave);
70      LOS_Schedule();                                                         (11)
71
72      if (pstRunTsk->usTaskStatus & OS_TASK_STATUS_TIMEOUT) {                 (12)
73          uwIntSave = LOS_IntLock();
74          pstRunTsk->usTaskStatus &= (~OS_TASK_STATUS_TIMEOUT);
75          (VOID)LOS_IntRestore(uwIntSave);
76          uwRetErr = LOS_ERRNO_MUX_TIMEOUT;
77          goto error_uniMuxPend;
78      }
79
80      return LOS_OK;
81
82 errre_uniMuxPend:
83      (VOID)LOS_IntRestore(uwIntSave);
84 error_uniMuxPend:
85      OS_RETURN_ERROR(uwRetErr);
86 }
```

代码清单 7-8（1）：如果互斥锁 ID 是无效的，则返回错误代码。

代码清单 7-8（2）：根据互斥锁 ID 获取互斥锁控制块，如果该互斥锁是未使用的，则返回错误代码 LOS_ERRNO_MUX_INVALID。

代码清单 7-8（3）：如果在中断中调用此函数，则是非法的，返回错误代码 LOS_ERRNO_MUX_PEND_INTERR，因为互斥锁是不允许在中断中使用的，只能在任务中获取互斥锁。

代码清单 7-8（4）：获取当前运行的任务控制块。

代码清单 7-8（5）：如果此互斥锁处于开锁状态，则可以获取互斥锁，并将互斥锁的锁定次数加 1，互斥锁控制块的成员变量 pstOwner 指向当前任务控制块，记录该互斥锁归哪个任务所有；记录持有互斥锁的任务的优先级，用于优先级继承机制，获取成功后返回 LOS_OK。

代码清单 7-8（6）：如果当前任务是持有互斥锁的任务，则系统允许再次获取互斥锁，只需记录此互斥锁被持有的次数即可，返回 LOS_OK。

代码清单 7-8（7）：如果互斥锁处于闭锁状态，则当前任务将无法获取互斥锁；如果用户指定的阻塞时间为 0，则直接返回错误代码 LOS_ERRNO_MUX_UNAVAILABLE。

代码清单 7-8（8）：如果调度器已闭锁，则返回 LOS_ERRNO_MUX_PEND_IN_LOCK。

代码清单 7-8（9）：标记当前任务是由于获取不到哪个互斥锁而进入阻塞态的。

代码清单 7-8（10）：如果持有该互斥锁的任务优先级比当前任务的优先级低，则系统会把持有互斥锁任务的优先级暂时提升到与当前任务优先级一致，除此之外，系统还会将当前任务添加到互斥锁的阻塞列表中。

代码清单 7-8（11）：进行一次任务调度。

代码清单 7-8（12）：程序能运行到这里，说明持有互斥锁的任务释放了互斥锁，或者说明阻塞时间已超时，系统要判断解除阻塞的原因，如果是由于阻塞时间超时，则返回错误代码 LOS_ERRNO_MUX_TIMEOUT；而如果是持有互斥锁的任务释放了互斥锁，则在释放互斥锁的时候，阻塞的任务已经恢复运行，并持有了互斥锁。

至此，获取互斥锁的操作就完成了，如果任务获取互斥锁成功，则在使用完毕后需要立即释放，否则会造成其他任务无法获取互斥锁而导致系统无法正常运行。互斥锁获取函数 LOS_MusPend 实例如代码清单 7-9 加粗部分所示。

代码清单 7-9　互斥锁获取函数 LOS_MuxPend 实例

```
1 /* 定义互斥锁的 ID 变量 */
2 UINT32 Mutex_Handle;
3
4 UINT32 uwRet = LOS_OK;/* 定义一个返回类型，初始化为获取成功的返回值 */
5 //获取互斥锁，未获取到时会一直等待
6 uwRet = LOS_MuxPend(Mutex_Handle,LOS_WAIT_FOREVER);
7 if (LOS_OK == uwRet)
8 {
9     printf("互斥获取成功! \n");
10 }
```

7.5.7　使用互斥锁的注意事项

（1）两个任务不能同时获取同一个互斥锁。如果某任务尝试获取已被持有的互斥锁，则该任务会被阻塞，直到持有该互斥锁的任务释放互斥锁为止。

（2）互斥锁不能在中断服务程序中使用。

（3）作为实时操作系统，LiteOS 需要保证任务调度的实时性，尽量避免任务的长时间阻塞，因此，在获得互斥锁之后，应该尽快释放。

（4）任务持有互斥锁的过程中，不允许再调用 LOS_TaskPriSet 等函数更改持有互斥锁任务的优先级。

（5）互斥锁和信号量的区别在于互斥锁可以被已经持有互斥锁的任务重复获取，而不会形成死锁。这个递归调用功能是通过互斥锁控制块 usMuxCount 成员变量实现的，该变量用于记录任务持有互斥锁的次数，在每次获取互斥锁后该变量加 1，在释放互斥锁后该变量减 1，只有当 usMuxCount 的值为 0 时，互斥锁才处于开锁状态，其他任务才能获取该互斥锁。

7.6　互斥锁实验

本节将进行两个实验，先使用信号量模拟优先级翻转实验，再使用互斥锁进行实验，以增强读者对互斥锁特性的理解。

7.6.1 模拟优先级翻转实验

模拟优先级翻转实验要在 LiteOS 中创建 3 个任务与一个二值信号量,任务分别是高优先级任务、中优先级任务、低优先级任务，用于模拟产生优先级翻转。低优先级任务在获取信号量的时候被中优先级任务打断，中优先级的任务执行时间较长，因为低优先级任务还未释放信号量，所以高优先级任务就无法获取信号量而进入阻塞态，此时就发生了优先级翻转，任务在运行中通过串口输出相关信息。模拟优先级翻转实验源码如代码清单 7-10 加粗部分所示。

代码清单 7-10　模拟优先级翻转实验源码

```
1 /*****************************************************************
2   * @file    main.c
3   * @author  fire
4   * @version V1.0
5   * @date    2018-xx-xx
6   * @brief   STM32 全系列开发板-LiteOS!
7   *****************************************************************
8   * @attention
9   *
10  * 实验平台:野火 F103-霸道 STM32 开发板
11  * 论坛    :http://www.firebbs.cn
12  * 淘宝    :http://firestm32.taobao.com
13  *
14  *****************************************************************
15  */
16 /* LiteOS 头文件 */
17 #include "los_sys.h"
18 #include "los_task.ph"
19 #include "los_sem.h"
20 /* 板级外设头文件 */
21 #include "bsp_usart.h"
22 #include "bsp_led.h"
23 #include "bsp_key.h"
24
25 /**************************** 任务 ID ********************************/
26 /*
27  * 任务 ID 是一个从 0 开始的数字，用于索引任务，当任务创建完成之后，其就具有了一个任务 ID,
28  * 以后的操作都需要通过任务 ID 进行
29  *
30  */
31
32 /* 定义任务 ID 变量 */
33 UINT32 HighPriority_Task_Handle;
34 UINT32 MidPriority_Task_Handle;
35 UINT32 LowPriority_Task_Handle;
36
37 /*************************** 内核对象 ID *****************************/
38 /*
39  * 信号量、消息队列、事件标志组、软件定时器都属于内核的对象，要想使用这些内核
40  * 对象，必须先创建，创建成功之后会返回一个相应的 ID。这里的 ID 实际上就是一个整数，后续
41  * 可以通过这个 ID 操作这些内核对象
42  *
```

```
43  *
44  * 内核对象就是一种全局的数据结构，通过这些数据结构可以实现任务间的通信、任务间的事件同步等功能。这
45  * 些功能的实现是通过调用内核对象的函数
46  * 来完成的
47  *
48  */
49 /* 定义二值信号量的 ID 变量 */
50 UINT32 BinarySem_Handle;
51
52 /***************************** 全局变量声明 ******************************/
53 /*
54  * 在写应用程序的时候，可能需要用到一些全局变量
55  */
56
57
58 /* 函数声明 */
59 static UINT32 AppTaskCreate(void);
60 static UINT32 Creat_HighPriority_Task(void);
61 static UINT32 Creat_MidPriority_Task(void);
62 static UINT32 Creat_LowPriority_Task(void);
63
64 static void HighPriority_Task(void);
65 static void MidPriority_Task(void);
66 static void LowPriority_Task(void);
67 static void BSP_Init(void);
68
69
70 /***************************************************************
71   * @brief  主函数
72   * @param  无
73   * @retval 无
74   * @note   第一步：开发板硬件初始化
75              第二步：创建 App 应用任务
76              第三步：启动 LiteOS，开始多任务调度，启动失败时输出错误信息
77   **************************************************************/
78 int main(void)
79 {
80     UINT32 uwRet = LOS_OK;  //定义一个任务创建的返回值，默认为创建成功
81
82     /* 板级硬件初始化 */
83     BSP_Init();
84
85     printf("这是一个[野火]-STM32 全系列开发板-LiteOS 优先级翻转实验！\n\n");
86
87     /* LiteOS 内核初始化 */
88     uwRet = LOS_KernelInit();
89
90     if (uwRet != LOS_OK) {
91         printf("LiteOS 核心初始化失败！失败代码 0x%X\n",uwRet);
92         return LOS_NOK;
93     }
94
```

```
95     /* 创建 App 应用任务，所有的应用任务都可以放在这个函数中 */
96     uwRet = AppTaskCreate();
97     if (uwRet != LOS_OK) {
98         printf("AppTaskCreate 创建任务失败！失败代码 0x%X\n",uwRet);
99         return LOS_NOK;
100     }
101 
102     /* 开启 LiteOS 任务调度 */
103     LOS_Start();
104 
105     //正常情况下不会执行到这里
106     while (1);
107 }
108 
109 
110 /*******************************************************************
111   * @ 函数名   :  AppTaskCreate
112   * @ 功能说明：  任务创建，为了方便管理，所有的任务创建函数都可以放在这个函数中
113   * @ 参数     :  无
114   * @ 返回值   :  无
115   *******************************************************************/
116 static UINT32 AppTaskCreate(void)
117 {
118     /* 定义一个返回类型变量，初始化为 LOS_OK */
119     UINT32 uwRet = LOS_OK;
120 
121     /* 创建一个二值信号量 */
122     uwRet = LOS_BinarySemCreate(1,&BinarySem_Handle);
123     if (uwRet != LOS_OK) {
124         printf("BinarySem 创建失败！失败代码 0x%X\n",uwRet);
125     }
126 
127     uwRet = Creat_HighPriority_Task();
128     if (uwRet != LOS_OK) {
129         printf("HighPriority_Task 任务创建失败！失败代码 0x%X\n",uwRet);
130         return uwRet;
131     }
132 
133     uwRet = Creat_MidPriority_Task();
134     if (uwRet != LOS_OK) {
135         printf("MidPriority_Task 任务创建失败！失败代码 0x%X\n",uwRet);
136         return uwRet;
137     }
138 
139     uwRet = Creat_LowPriority_Task();
140     if (uwRet != LOS_OK) {
141         printf("LowPriority_Task 任务创建失败！失败代码 0x%X\n",uwRet);
142         return uwRet;
143     }
144 
145     return LOS_OK;
146 }
147 
```

```
148
149 /*******************************************************************
150   * @ 函数名  :  Creat_HighPriority_Task
151   * @ 功能说明:  创建 HighPriority_Task 任务
152   * @ 参数    :
153   * @ 返回值  :  无
154   ********************************************************************/
155 static UINT32 Creat_HighPriority_Task()
156 {
157     //定义一个返回类型变量，初始化为 LOS_OK
158     UINT32 uwRet = LOS_OK;
159
160     //定义一个用于创建任务的参数结构体
161     TSK_INIT_PARAM_S task_init_param;
162
163     task_init_param.usTaskPrio = 3;/* 任务优先级，数值越小，优先级越高 */
164     task_init_param.pcName = "HighPriority_Task";/* 任务名 */
165     task_init_param.pfnTaskEntry = (TSK_ENTRY_FUNC)HighPriority_Task;
166     task_init_param.uwStackSize = 1024;      /* 栈大小 */
167
168    uwRet = LOS_TaskCreate(&HighPriority_Task_Handle,&task_init_param);
169    return uwRet;
170 }
171 /*******************************************************************
172   * @ 函数名  :  Creat_MidPriority_Task
173   * @ 功能说明:  创建 MidPriority_Task 任务
174   * @ 参数    :
175   * @ 返回值  :  无
176   ********************************************************************/
177 static UINT32 Creat_MidPriority_Task()
178 {
179    //定义一个返回类型变量，初始化为 LOS_OK
180    UINT32 uwRet = LOS_OK;
181    TSK_INIT_PARAM_S task_init_param;
182
183    task_init_param.usTaskPrio = 4; /* 任务优先级，数值越小，优先级越高 */
184    task_init_param.pcName = "MidPriority_Task"; /* 任务名*/
185    task_init_param.pfnTaskEntry = (TSK_ENTRY_FUNC)MidPriority_Task;
186    task_init_param.uwStackSize = 1024;  /* 栈大小 */
187
188     uwRet = LOS_TaskCreate(&MidPriority_Task_Handle, &task_init_param);
189
190     return uwRet;
191 }
192
193 /*******************************************************************
194   * @ 函数名  :  Creat_LowPriority_Task
195   * @ 功能说明:  创建 LowPriority_Task 任务
196   * @ 参数    :
197   * @ 返回值  :  无
198   ********************************************************************/
```

```
199 static UINT32 Creat_LowPriority_Task()
200 {
201     //定义一个返回类型变量，初始化为 LOS_OK
202     UINT32 uwRet = LOS_OK;
203     TSK_INIT_PARAM_S task_init_param;
204
205     task_init_param.usTaskPrio = 5; /* 任务优先级，数值越小，优先级越高 */
206     task_init_param.pcName = "LowPriority_Task"; /* 任务名*/
207     task_init_param.pfnTaskEntry = (TSK_ENTRY_FUNC)LowPriority_Task;
208     task_init_param.uwStackSize = 1024; /* 栈大小 */
209
210     uwRet = LOS_TaskCreate(&LowPriority_Task_Handle, &task_init_param);
211
212     return uwRet;
213 }
214
215 /*******************************************************************
216   * @ 函数名  :  HighPriority_Task
217   * @ 功能说明:  HighPriority_Task 任务实现
218   * @ 参数    :  NULL
219   * @ 返回值  :  NULL
220   *******************************************************************/
221 static void HighPriority_Task(void)
222 {
223     //定义一个返回类型变量，初始化为 LOS_OK
224     UINT32 uwRet = LOS_OK;
225
226     /* 每个任务都是一个无限循环，不能返回 */
227     while (1) {
228         //获取二值信号量 BinarySem_Handle，未获取到时会一直等待
229         uwRet = LOS_SemPend( BinarySem_Handle , LOS_WAIT_FOREVER );
230         if (uwRet == LOS_OK)
231             printf("HighPriority_Task Running\n");
232
233         LED1_TOGGLE;
234         LOS_SemPost( BinarySem_Handle ); //释放二值信号量 BinarySem_Handle
235         LOS_TaskDelay ( 1000 );        /* 延时 1000Ticks */
236     }
237 }
238 /*******************************************************************
239   * @ 函数名  :  MidPriority_Task
240   * @ 功能说明:  MidPriority_Task 任务实现
241   * @ 参数    :  NULL
242   * @ 返回值  :  NULL
243   *******************************************************************/
244 static void MidPriority_Task(void)
245 {
246     /* 每个任务都是一个无限循环，不能返回 */
247     while (1) {
248         printf("MidPriority_Task Running\n");
249         LOS_TaskDelay ( 1000 );          /* 延时 1000Ticks */
```

```
250     }
251 }
252 
253 /*******************************************************************
254   * @ 函数名  : LowPriority_Task
255   * @ 功能说明: LowPriority_Task 任务实现
256   * @ 参数    : NULL
257   * @ 返回值  : NULL
258   ******************************************************************/
259 static void LowPriority_Task(void)
260 {
261     //定义一个返回类型变量，初始化为 LOS_OK
262     UINT32 uwRet = LOS_OK;
263 
264     static uint32_t i;
265 
266     /* 每个任务都是一个无限循环，不能返回 */
267     while (1) {
268         //获取二值信号量 BinarySem_Handle，未获取到时会一直等待
269         uwRet = LOS_SemPend( BinarySem_Handle , LOS_WAIT_FOREVER );
270         if (uwRet == LOS_OK)
271             printf("LowPriority_Task Running\n");
272 
273         LED2_TOGGLE;
274 
275         for (i=0; i<2000000; i++) { //模拟低优先级任务占用信号量
276             //放弃剩余时间片，进行一次任务切换
277             LOS_TaskYield();
278         }
279         printf("LowPriority_Task 释放信号量!\r\n");
280         LOS_SemPost( BinarySem_Handle );  //释放二值信号量 BinarySem_Handle
281 
282         LOS_TaskDelay ( 1000 );          /* 延时 1000Ticks */
283     }
284 }
285 
286 /*******************************************************************
287   * @ 函数名  : BSP_Init
288   * @ 功能说明: 板级外设初始化，开发板上的所有初始化代码均可放在这个函数中
289   * @ 参数    :
290   * @ 返回值  : 无
291   ******************************************************************/
292 static void BSP_Init(void)
293 {
294     /*
295      * STM32 中断优先级分组为 4，即 4bit 都用来表示抢占优先级，范围为 0 ~ 15
296      * 优先级分组只需要分组一次，以后如果有其他任务需要用到中断，
297      * 则统一使用这个优先级分组，不要再分组，切记
298      */
```

```
299     NVIC_PriorityGroupConfig( NVIC_PriorityGroup_4 );
300
301     /* LED 初始化 */
302     LED_GPIO_Config();
303
304     /* 串口初始化 */
305     USART_Config();
306
307     /* 按键初始化 */
308     Key_GPIO_Config();
309 }
310
311
312
313 /*************************************END OF FILE****************/
```

7.6.2 互斥锁实验

基于优先级翻转实验，将二值信号量替换为互斥锁，测试互斥锁的优先级继承机制是否有效。互斥锁实验源码如代码清单 7-11 加粗部分所示。

代码清单 7-11 互斥锁实验源码

```
 1 /**************************************************************
 2   * @file    main.c
 3   * @author  fire
 4   * @version V1.0
 5   * @date    2018-xx-xx
 6   * @brief   STM32 全系列开发板-LiteOS!
 7   **************************************************************
 8   * @attention
 9   *
10   * 实验平台:野火 F103-霸道 STM32 开发板
11   * 论坛    :http://www.firebbs.cn
12   * 淘宝    :http://firestm32.taobao.com
13   *
14   **************************************************************
15   */
16 /* LiteOS 头文件 */
17 #include "los_sys.h"
18 #include "los_task.ph"
19 #include "los_mux.h"
20 /* 板级外设头文件 */
21 #include "bsp_usart.h"
22 #include "bsp_led.h"
23 #include "bsp_key.h"
24
25 /****************************** 任务 ID ********************************/
26 /*
27  * 任务 ID 是一个从 0 开始的数字，用于索引任务，当任务创建完成之后，其就具有了一个任务 ID，
28  * 以后的操作都需要通过任务 ID 进行
29  *
```

```
30  */
31
32 /* 定义任务ID变量 */
33 UINT32 HighPriority_Task_Handle;
34 UINT32 MidPriority_Task_Handle;
35 UINT32 LowPriority_Task_Handle;
36
37 /****************************** 内核对象ID ******************************/
38 /*
39  * 信号量、消息队列、事件标志组、软件定时器都属于内核的对象，要想使用这些内核
40  * 对象，必须先创建，创建成功之后会返回一个相应的ID。这里的ID实际上就是一个整数，后续
41  * 可以通过这个ID操作这些内核对象
42  *
43  *
44  * 内核对象就是一种全局的数据结构，通过这些数据结构可以实现任务间的通信、任务间的事件同步等功能。这
45  * 些功能的实现是通过调用内核对象的函数
46  * 来完成的
47  *
48  */
49 /* 定义互斥锁的ID变量 */
50 UINT32 Mutex_Handle;
51
52 /*************************** 全局变量声明 ***********************************/
53 /*
54  * 在写应用程序的时候，可能需要用到一些全局变量
55  */
56
57
58 /* 函数声明 */
59 static UINT32 AppTaskCreate(void);
60 static UINT32 Creat_HighPriority_Task(void);
61 static UINT32 Creat_MidPriority_Task(void);
62 static UINT32 Creat_LowPriority_Task(void);
63
64 static void HighPriority_Task(void);
65 static void MidPriority_Task(void);
66 static void LowPriority_Task(void);
67 static void BSP_Init(void);
68
69
70 /*******************************************************************
71   * @brief  主函数
72   * @param  无
73   * @retval 无
74   * @note   第一步：开发板硬件初始化
75             第二步：创建App应用任务
76             第三步：启动LiteOS，开始多任务调度，启动失败时输出错误信息
77   ******************************************************************/
78 int main(void)
```

```
79 {
80     UINT32 uwRet = LOS_OK;  //定义一个任务创建的返回值，默认为创建成功
81 
82     /* 板级硬件初始化 */
83     BSP_Init();
84 
85     printf("这是一个[野火]-STM32 全系列开发板-LiteOS 互斥锁实验！\n\n");
86 
87     /* LiteOS 内核初始化 */
88     uwRet = LOS_KernelInit();
89 
90     if (uwRet != LOS_OK) {
91         printf("LiteOS 核心初始化失败！失败代码 0x%X\n",uwRet);
92         return LOS_NOK;
93     }
94 
95     /* 创建 App 应用任务，所有的应用任务都可以放在这个函数中 */
96     uwRet = AppTaskCreate();
97     if (uwRet != LOS_OK) {
98         printf("AppTaskCreate 创建任务失败！失败代码 0x%X\n",uwRet);
99         return LOS_NOK;
100     }
101 
102     /* 开启 LiteOS 任务调度 */
103     LOS_Start();
104 
105     //正常情况下不会执行到这里
106     while (1);
107 }
108 
109 
110 /*******************************************************************
111   * @ 函数名  : AppTaskCreate
112   * @ 功能说明: 任务创建，为了方便管理，所有的任务创建函数都可以放在这个函数中
113   * @ 参数    : 无
114   * @ 返回值  : 无
115   ******************************************************************/
116 static UINT32 AppTaskCreate(void)
117 {
118     /* 定义一个返回类型变量，初始化为 LOS_OK */
119     UINT32 uwRet = LOS_OK;
120 
121     /* 创建一个互斥锁 */
122     uwRet = LOS_MuxCreate(&Mutex_Handle);
123     if (uwRet != LOS_OK) {
124         printf("Mutex 创建失败！失败代码 0x%X\n",uwRet);
125     }
126 
127     uwRet = Creat_HighPriority_Task();
128     if (uwRet != LOS_OK) {
```

```
129             printf("HighPriority_Task任务创建失败! 失败代码0x%X\n",uwRet);
130             return uwRet;
131         }
132 
133         uwRet = Creat_MidPriority_Task();
134         if (uwRet != LOS_OK) {
135             printf("MidPriority_Task任务创建失败! 失败代码0x%X\n",uwRet);
136             return uwRet;
137         }
138 
139         uwRet = Creat_LowPriority_Task();
140         if (uwRet != LOS_OK) {
141             printf("LowPriority_Task任务创建失败! 失败代码0x%X\n",uwRet);
142             return uwRet;
143         }
144 
145         return LOS_OK;
146 }
147 
148 
149 /*******************************************************************
150   * @ 函数名  :  Creat_HighPriority_Task
151   * @ 功能说明:  创建HighPriority_Task任务
152   * @ 参数    :
153   * @ 返回值  :  无
154   *******************************************************************/
155 static UINT32 Creat_HighPriority_Task()
156 {
157     //定义一个返回类型变量,初始化为LOS_OK
158     UINT32 uwRet = LOS_OK;
159 
160     //定义一个用于创建任务的参数结构体
161     TSK_INIT_PARAM_S task_init_param;
162 
163     task_init_param.usTaskPrio = 3;/* 任务优先级,数值越小,优先级越高 */
164     task_init_param.pcName = "HighPriority_Task";/* 任务名 */
165     task_init_param.pfnTaskEntry = (TSK_ENTRY_FUNC)HighPriority_Task;
166     task_init_param.uwStackSize = 1024;      /* 栈大小 */
167 
168     uwRet = LOS_TaskCreate(&HighPriority_Task_Handle, &task_init_param);
169     return uwRet;
170 }
171 /*******************************************************************
172   * @ 函数名  :  Creat_MidPriority_Task
173   * @ 功能说明:  创建MidPriority_Task任务
174   * @ 参数    :
175   * @ 返回值  :  无
176   *******************************************************************/
177 static UINT32 Creat_MidPriority_Task()
178 {
```

```
179     //定义一个返回类型变量，初始化为 LOS_OK
180     UINT32 uwRet = LOS_OK;
181     TSK_INIT_PARAM_S task_init_param;
182 
183     task_init_param.usTaskPrio = 4; /* 任务优先级，数值越小，优先级越高 */
184     task_init_param.pcName = "MidPriority_Task"; /* 任务名*/
185     task_init_param.pfnTaskEntry = (TSK_ENTRY_FUNC)MidPriority_Task;
186     task_init_param.uwStackSize = 1024; /* 栈大小 */
187 
188     uwRet = LOS_TaskCreate(&MidPriority_Task_Handle, &task_init_param);
189 
190     return uwRet;
191 }
192 
193 /*******************************************************************
194   * @ 函数名  ： Creat_LowPriority_Task
195   * @ 功能说明： 创建 LowPriority_Task 任务
196   * @ 参数    ：
197   * @ 返回值  ： 无
198   ******************************************************************/
199 static UINT32 Creat_LowPriority_Task()
200 {
201     //定义一个返回类型变量，初始化为 LOS_OK
202     UINT32 uwRet = LOS_OK;
203     TSK_INIT_PARAM_S task_init_param;
204 
205     task_init_param.usTaskPrio = 5; /* 任务优先级，数值越小，优先级越高 */
206     task_init_param.pcName = "LowPriority_Task"; /* 任务名*/
207     task_init_param.pfnTaskEntry = (TSK_ENTRY_FUNC)LowPriority_Task;
208     task_init_param.uwStackSize = 1024; /* 栈大小 */
209 
210     uwRet = LOS_TaskCreate(&LowPriority_Task_Handle, &task_init_param);
211 
212     return uwRet;
213 }
214 
215 /*******************************************************************
216   * @ 函数名  ： HighPriority_Task
217   * @ 功能说明： HighPriority_Task 任务实现
218   * @ 参数    ： NULL
219   * @ 返回值  ： NULL
220   ******************************************************************/
221 static void HighPriority_Task(void)
222 {
223     //定义一个返回类型变量，初始化为 LOS_OK
224     UINT32 uwRet = LOS_OK;
225 
226     /* 每个任务都是一个无限循环，不能返回 */
227     while (1) {
```

```
228         //获取互斥锁，未获取到时会一直等待
229         uwRet = LOS_MuxPend( Mutex_Handle , LOS_WAIT_FOREVER );
230         if (uwRet == LOS_OK)
231             printf("HighPriority_Task Running\n");
232 
233         LED1_TOGGLE;
234         LOS_MuxPost( Mutex_Handle );     //释放互斥锁
235         LOS_TaskDelay ( 1000 );          /* 延时1000Ticks */
236     }
237 }
238 /*******************************************************************
239   * @ 函数名  : MidPriority_Task
240   * @ 功能说明: MidPriority_Task任务实现
241   * @ 参数    : NULL
242   * @ 返回值  : NULL
243   *******************************************************************/
244 static void MidPriority_Task(void)
245 {
246     /* 每个任务都是一个无限循环，不能返回 */
247     while (1) {
248         printf("MidPriority_Task Running\n");
249         LOS_TaskDelay ( 1000 );          /* 延时1000Ticks */
250     }
251 }
252 
253 /*******************************************************************
254   * @ 函数名  : LowPriority_Task
255   * @ 功能说明: LowPriority_Task任务实现
256   * @ 参数    : NULL
257   * @ 返回值  : NULL
258   *******************************************************************/
259 static void LowPriority_Task(void)
260 {
261     //定义一个返回类型变量，初始化为LOS_OK
262     UINT32 uwRet = LOS_OK;
263 
264     static uint32_t i;
265 
266     /* 每个任务都是一个无限循环，不能返回 */
267     while (1) {
268         //获取互斥锁，未获取到时会一直等待
269         uwRet = LOS_MuxPend( Mutex_Handle , LOS_WAIT_FOREVER );
270         if (uwRet == LOS_OK)
271             printf("LowPriority_Task Running\n");
272 
273         LED2_TOGGLE;
274 
275         for (i=0; i<2000000; i++) { //模拟低优先级任务占用信号量
276             //放弃剩余时间片，进行一次任务切换
```

```
277             LOS_TaskYield();
278         }
279         printf("LowPriority_Task 释放互斥锁!\r\n");
280         LOS_MuxPost( Mutex_Handle );     //释放互斥锁
281 
282         LOS_TaskDelay ( 1000 );          /* 延时 1000Ticks */
283     }
284 }
285 
286 /*******************************************************************
287   * @ 函数名  :  BSP_Init
288   * @ 功能说明:  板级外设初始化，开发板上的所有初始化代码均可放在这个函数中
289   * @ 参数    :
290   * @ 返回值  :  无
291   *******************************************************************/
292 static void BSP_Init(void)
293 {
294     /*
295      * STM32 中断优先级分组为 4，即 4bit 都用来表示抢占优先级，范围为 0～15
296      * 优先级分组只需要分组一次，以后如果有其他任务需要用到中断，
297      * 则统一使用这个优先级分组，不要再分组，切记
298      */
299     NVIC_PriorityGroupConfig( NVIC_PriorityGroup_4 );
300 
301     /* LED 初始化 */
302     LED_GPIO_Config();
303 
304     /* 串口初始化 */
305     USART_Config();
306 
307     /* 按键初始化 */
308     Key_GPIO_Config();
309 }
310 
311 
312 /****************************END OF FILE**********************/
```

7.7 实验现象

本节是关于实验现象的讲解，主要包括模拟优先级翻转实验现象和互斥锁实验现象。

7.7.1 模拟优先级翻转实验现象

将程序编译好，使用 USB 线缆连接计算机和开发板的 USB 接口（对应印制电路板上的 USB 转串口），使用 DAP 仿真器把配套程序下载到野火 STM32 开发板（具体型号根据读者使用的开发板而定，每个型号的开发板都配套有对应的程序）中，在计算机上打开串口调试助手，复位开发板，即可在调试助手中看到串口的输出信息，其中输出了信息表明任务正在运行中，并且可以很明确地看到，高优先级任务等待低优先级任务运行完毕后才能获得信号量得以运行，而在等待期间，中优先级的任务一直在运行直至完成，如图 7-4 所示。

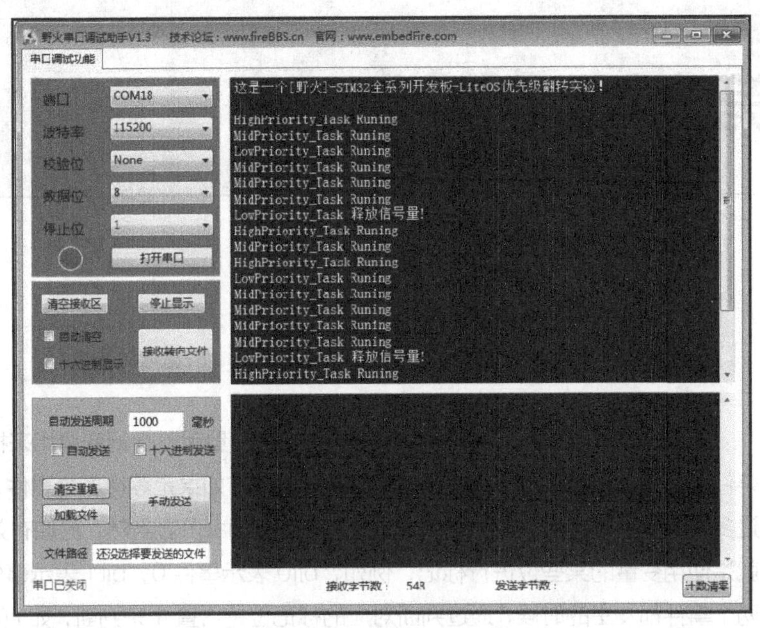

图 7-4　优先级翻转实验现象

7.7.2　互斥锁实验现象

将程序编译好，使用 USB 线缆连接计算机和开发板的 USB 接口（对应印制电路板上的 USB 转串口），使用 DAP 仿真器把配套程序下载到野火 STM32 开发板（具体型号根据读者的开发板而定，每个型号的开发板都配套有对应的程序）中，在计算机上打开串口调试助手，复位开发板，即可在调试助手中看到串口的输出信息，其中输出了信息表明任务正在运行中，并且可以很明确地看到，在低优先级任务运行的时候，中优先级任务无法抢占低优先级的任务，这是因为互斥锁的优先级继承机制，如图 7-5 所示。

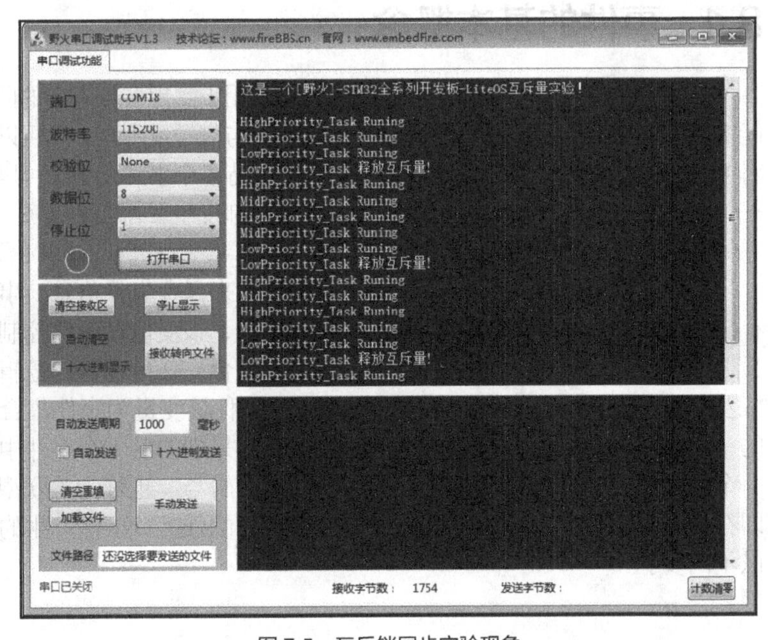

图 7-5　互斥锁同步实验现象

08 第8章　事件

回想一下，裸机编程中是不是经常用到标记变量呢？标记变量用来标识某个事件的发生情况，并在循环中判断事件是否发生，如果是等待多个事件，则会通过多个标记进行判断，如 if((xxx_flag)&&(xxx_flag))。当然，更加有效的方法就是使用变量的某些位进行标记，例如，bit0 表示事件 0，bit1 表示事件 1，当两个事件都发生的时候，通过判断对应的标记位是否置 1 来判断，如 if(0x03==(xxx_flag&0x03))。在操作系统中，可以使用事件进行同步的处理并实现阻塞机制。操作系统中的事件是一种数据结构而非标记变量。

【学习目标】

- 了解事件的基本概念。
- 了解事件的运行机制。
- 了解事件的应用场景。
- 掌握 LiteOS 事件相关函数的使用方法。

8.1　事件的基本概念

事件是一种实现任务间通信的机制，主要用于实现多任务间的同步，只能实现事件类型的通信，而无数据传输。事件与信号量不同，其可以实现一对多、多对多的同步处理，即一个任务可以等待多个事件发生，可以是任意一个事件发生时唤醒任务，也可以是几个事件都发生后再唤醒任务。同样，系统也允许多个任务同步多个事件。

每一个事件控制块只需要很少的内存空间来保存事件信息，事件信息存储在一个 UINT32 类型的变量 uwEventID 中，该变量在事件控制块中定义，每一位代表一个事件，可以称之为事件集合，任务通过“逻辑与”或“逻辑或”与一个或多个事件建立关联，可以称该变量为事件集合。事件的“逻辑或”也称为独立型同步，即在任务感兴趣的若干个事件中，任意一个事件发生时任务均可被唤醒；事件的“逻辑与”也称为关联型同步，即在任务感兴趣的若干个事件都发生时才会唤醒任务，事件发生的时间可以不同步。

LiteOS 中的事件可以提供一对多、多对多的同步操作，一对多同步即一个任务等待多个事件的触发，多对多同步即多个任务等待多个事件的触发，任务可以通过设置事件位来实现事件的触发和等待操作。

LiteOS 提供的事件具有如下特点。

（1）事件相互独立，一个 32 位的变量（事件集合）用于标识该任务发生的事件类型，其中，每一位表示一种事件类型（0 表示该事件类型未发生，1 表示该事件类型已经发生），一共有 31 种事件类型（第 25 位保留）。

（2）事件不提供传输数据功能。

（3）事件无计数性，即多次向任务设置同一事件（如果任务还未来得及读取）等效于只设置一次事件。

（4）允许多个任务对同一事件进行读写操作。

（5）支持事件等待超时机制。

在 LiteOS 中，每个事件获取的时候，都可以指定任务感兴趣的事件，并且选择读取事件信息标记，它有 3 个属性，分别是逻辑与（LOS_WAITMODE_AND）、逻辑或（LOS_WAITMODE_OR）以及是否清除事件（LOS_WAITMODE_CLR）。当任务等待事件同步时，可以通过任务感兴趣的事件位和事件信息标记来判断当前接收的事件是否满足要求，如果满足，则说明任务等待到对应的事件，系统将唤醒等待的任务；否则，任务会根据用户指定的阻塞时间继续等待下去。

8.2 事件的运行机制

任务可以根据事件类型（事件掩码）uwEventMask 读取单个或者多个事件，事件读取成功后，如果读取模式设置为 LOS_WAITMODE_CLR，则会清除已读取到的事件类型，反之不会清除已读取到的事件类型。用户可以选择读取事件的模式，选择读取事件类型中的所有事件或者任意事件。

任务/中断可以写入指定的事件类型（事件掩码），设置事件集合的某些位为 1，系统支持写入多个事件类型，写事件成功可能会触发任务调度。

事件控制块中有一个 32 位的变量 uwEventID，如图 8-1 所示，清除事件时，需根据事件控制块和待清除的事件类型对事件对应位进行清 0 操作。

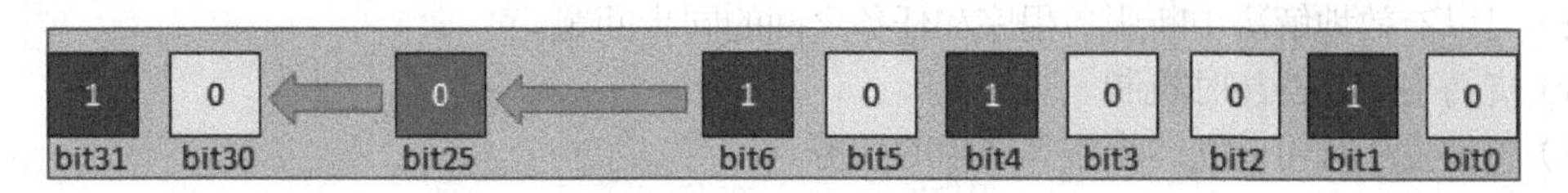

图 8-1 uwEventID（一个 32 位的变量）

当任务因为等待某个或者多个事件的发生而进入阻塞态时，若等待的事件发生了，则任务会被唤醒，其过程如图 8-2 所示。

任务 1 对事件 3 或事件 5 感兴趣（逻辑或，LOS_WAITMODE_OR），当其中某一个事件发生时，任务 1 即会被唤醒，并执行相应操作。而任务 2 对事件 3 与事件 5 感兴趣（逻辑与 LOS_WAITMODE_AND），当且仅当事件 3 与事件 5 都发生的时候，任务 2 才会被唤醒，如果只有其中一个事件发生，那么任务 2 会继续等待事件发生。如果在读事件函数中设置了清除事件位 LOS_WAITMODE_CLR，那么当任务 2 被唤醒后，系统即会把事件 3 和事件 5 的事件位清零。

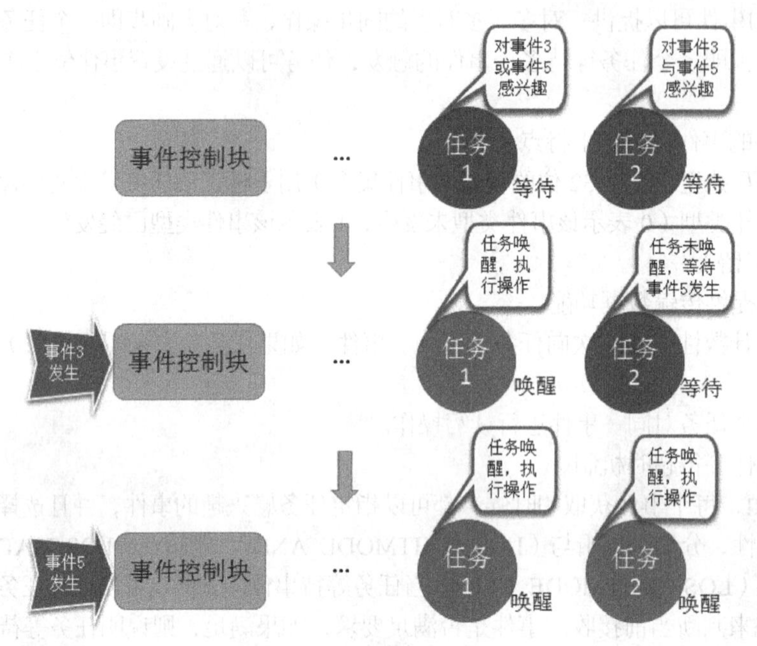

图 8-2　事件唤醒任务的过程

8.3　事件的应用场景

LiteOS 的事件用于事件类型的通信，无数据传输，即可以用事件做标志位，判断某些事件是否发生了，再根据结果做处理。可能读者会有疑问：为什么不直接用变量做标志呢？其实，在裸机编程中，使用全局变量是最为有效的方法，但在操作系统中，使用全局变量就要考虑以下问题。

（1）如何对全局变量进行保护，如何处理多任务同时对其进行访问？

（2）如何让内核对事件进行有效管理？使用全局变量时，就需要在任务中轮询查看事件是否发送，这会浪费大量的 CPU 资源；除此之外，还有阻塞超时机制。

所以，在操作系统中，使用操作系统提供的通信机制更为简单方便。

LiteOS 事件具有以下优点。

（1）允许多个任务对同一事件进行读写操作。

（2）可以有效地解决中断服务程序和任务之间的同步问题。

（3）支持事件等待超时机制。

（4）事件发生时可以立即唤醒等待中的任务。

在某些场合下，可能需要多个事件发生后才能进行下一步操作，例如，启动大型危险机器时，需要检查各项指标，当指标不达标的时候，机器无法启动，所以需要事件做等待处理，当所有的指标都检测完毕后，机器才允许启动。

事件适用于多种场合，它能够在一定程度上替代信号量，用于任务与任务间、中断与任务间的同步。一个任务或中断服务程序可以写入事件，那么等待对应事件的任务将被唤醒并进行处理。但是它与信号量不同的是，事件的写操作是不可累计的，而信号量的释放动作是可累计的。事件的另一个特性是，任务可等待多个事件发生。此外，任务可以按照需求选择使用“逻辑或”或“逻辑与”读取事件，而信号量只能识别单一同步动作，不能同时等待多个信号的同步。

各个事件可分别发送或一起写入事件集合，任务仅对需要的事件进行关注即可，当事件发生并满足任务唤醒的条件时，任务将被唤醒并执行后续的处理动作。

8.4 事件的使用

本节将具体分析 LiteOS 中提供的一些与事件相关的常用函数的原理及其源码实现过程。

8.4.1 事件控制块

系统都是通过事件控制块对事件进行操作的，事件控制块中包含了一个 32 位的 uwEventID 变量，其变量的各个位表示一个事件。此外，其还存在一个事件链表 stEventList，用于记录所有在等待此事件的任务。事件控制块如代码清单 8-1 所示。

代码清单 8-1 事件控制块

```
1 /**
2   * @ingroup los_event
3   * 事件控制结构体
4   */
5 typedef struct tagEvent {
6     UINT32      uwEventID;    /**< 事件控制块中的事件集合，指示逻辑处理的事件*/
7
8     LOS_DL_LIST stEventList;     /**<事件阻塞列表*/
9 } EVENT_CB_S, *PEVENT_CB_S;
```

8.4.2 常见事件错误代码

在 LiteOS 中，与事件相关的函数大多数会有返回值，其返回值包括一些错误代码，常见的事件错误代码、说明和参考解决方案如表 8-1 所示。

表 8-1 常见事件错误代码说明

序号	错误代码	说明	参考解决方案
1	LOS_ERRNO_EVENT_SETBIT_INVALID	事件集合的第 25bit 不能设置为 1，因为该位已经作为错误代码使用	事件集合的第 25bit 置为 0
2	LOS_ERRNO_EVENT_READ_TIMEOUT	读超时	增加等待时间或者重新读取
3	LOS_ERRNO_EVENT_EVENTMASK_INVALID	入参的事件是无效的	传入有效的事件参数
4	LOS_ERRNO_EVENT_READ_IN_INTERRUPT	在中断中读取事件	启动新的任务来获取事件
5	LOS_ERRNO_EVENT_FLAGS_INVALID	读取事件的 mode 无效	传入有效的 mode 参数
6	LOS_ERRNO_EVENT_READ_IN_LOCK	任务锁住，不能读取事件	先解锁任务，再读取事件
7	LOS_ERRNO_EVENT_PTR_NULL	传入的参数为空指针	传入非空参数

8.4.3 事件初始化函数 LOS_EventInit

LiteOS 提供的事件初始化函数为 LOS_EventInit 需要用户先定义一个事件控制块结构，再将事件控制块的地址通过 pstEventCB 参数传递到其中。事件初始化函数 LOS_EventInit 的源码如代码清单 8-2 所示，实例如代码清单 8-3 加粗部分所示。

代码清单 8-2 事件初始化函数 LOS_EventInit 源码

```
1 LITE_OS_SEC_TEXT_INIT UINT32 LOS_EventInit(PEVENT_CB_S pstEventCB)
2 {
3     if (pstEventCB == NULL) {                       (1)
4         return LOS_ERRNO_EVENT_PTR_NULL;
5     }
6     pstEventCB->uwEventID = 0;                      (2)
```

```
7       LOS_ListInit(&pstEventCB->stEventList);          (3)
8       return LOS_OK;
9 }
```

代码清单 8-2（1）：判断事件控制块指针是否有效，如果为 NULL，则返回错误代码。

代码清单 8-2（2）：初始化事件集合为 0，所有事件尚未发生。

代码清单 8-2（3）：事件链表初始化。

代码清单 8-3　事件初始化函数 LOS_EventInit 实例

```
1 /* 定义事件标志组的控制块 */
2 static EVENT_CB_S EventGroup_CB;
3 UINT32 uwRet = LOS_OK;/* 定义一个返回类型，初始化为成功的返回值 */
4 /* 初始化一个事件标志组 */
5 uwRet = LOS_EventInit(&EventGroup_CB);
6 if (uwRet != LOS_OK)
7 {
8     printf("EventGroup_CB 事件标志组初始化失败！\n");
9 }
```

8.4.4　事件销毁函数 LOS_EventDestory

在某些场合下，事件可能只需要使用一次，如危险机器的启动，假如各项指标都达到了，并且机器启动成功了，则事件可能不会重复出现，此时即可销毁事件。LiteOS 提供了一个销毁事件的函数——LOS_EventDestory，其源码如代码清单 8-4 所示，其实例如代码清单 8-5 加粗部分所示。

代码清单 8-4　事件销毁函数 LOS_EventDestory 源码

```
1 LITE_OS_SEC_TEXT_INIT UINT32 LOS_EventDestory(PEVENT_CB_S pstEventCB)
2 {
3       if (pstEventCB == NULL) {                                  (1)
4           return LOS_ERRNO_EVENT_PTR_NULL;
5       }
6
7       pstEventCB->stEventList.pstNext = (LOS_DL_LIST *)NULL;     (2)
8       pstEventCB->stEventList.pstPrev = (LOS_DL_LIST *)NULL;
9       return LOS_OK;
10 }
```

代码清单 8-4（1）：判断事件控制块指针是否有效，如果有效（不为 NULL），则进行销毁操作，否则返回错误代码。

代码清单 8-4（2）：将事件列表的指针指向 NULL，清除事件列表。

代码清单 8-5　事件销毁函数 LOS_EventDestory 实例

```
1 /* 定义事件标志组的控制块 */
2 static EVENT_CB_S EventGroup_CB;
3 UINT32 uwRet = LOS_OK;/* 定义一个返回类型，初始化为成功的返回值 */
4 /* 销毁一个事件标志组 */
5 uwRet = LOS_EventDestory(&EventGroup_CB);
6 if (uwRet != LOS_OK)
7 {
8     printf("EventGroup_CB 事件销毁失败！\n");
9 }
```

8.4.5　写指定事件函数 LOS_EventWrite

此函数用于写入事件中指定的位，当位被置位之后，阻塞在该位上的任务将会被解锁。使用该函数时，会先通过指定事件设置对应的标志位，再遍历阻塞在事件列表中的任务，判断是否满足任务唤醒条件，如果满足，则唤醒该任务。需要注意的是，uwEventID 的第 25 位是 LiteOS 保留出来的，以区别读指定事件函数 LOS_EventRead 返回的是事件还是错误代码。写指定事件函数 LOS_EventWrite 的源码如代码清单 8-6 所示。

代码清单 8-6　写指定事件函数 LOS_EventWrite 源码

```
 1 LITE_OS_SEC_TEXT UINT32 LOS_EventWrite(PEVENT_CB_S pstEventCB, UINT32 uwEvents)
 2 {
 3       LOS_TASK_CB *pstResumedTask;
 4       LOS_TASK_CB *pstNextTask = (LOS_TASK_CB *)NULL;
 5       UINTPTR     uvIntSave;
 6       UINT8       ucExitFlag = 0;
 7
 8       if (pstEventCB == NULL) {                                          (1)
 9           return LOS_ERRNO_EVENT_PTR_NULL;
10       }
11
12       if (uwEvents & LOS_ERRTYPE_ERROR) {                                (2)
13           return LOS_ERRNO_EVENT_SETBIT_INVALID;
14       }
15
16       uvIntSave = LOS_IntLock();
17
18       pstEventCB->uwEventID |= uwEvents;                                 (3)
19       if (!LOS_ListEmpty(&pstEventCB->stEventList)) {                    (4)
20           for (pstResumedTask = LOS_DL_LIST_ENTRY((&pstEventCB->stEventList)->
21                                          pstNext, LOS_TASK_CB, stPendList);
22                &pstResumedTask->stPendList != (&pstEventCB->stEventList);) {
23                pstNextTask = LOS_DL_LIST_ENTRY(pstResumedTask->stPendList.pstNext,
24                                                  LOS_TASK_CB, stPendList);
25                                                                          (5)
26                if (((pstResumedTask->uwEventMode & LOS_WAITMODE_OR) &&
27                     (pstResumedTask->uwEventMask & uwEvents) != 0) ||
28                    ((pstResumedTask->uwEventMode & LOS_WAITMODE_AND) &&
29                     (pstResumedTask->uwEventMask & pstEventCB->uwEventID) ==
30                     pstResumedTask->uwEventMask)) {                      (6)
31                    ucExitFlag = 1;
32
33                    osTaskWake(pstResumedTask, OS_TASK_STATUS_PEND);
34                }
35                pstResumedTask = pstNextTask;
36           }
37
38           if (ucExitFlag == 1) {
39               (VOID)LOS_IntRestore(uvIntSave);
40               LOS_Schedule();                                            (7)
41               return LOS_OK;
42           }
43       }
44
45       (VOID)LOS_IntRestore(uvIntSave);
46       return LOS_OK;
47 }
```

代码清单 8-6（1）：判断事件控制块指针是否有效，如果为 NULL，则返回错误代码。

代码清单 8-6（2）：判断写入的事件是否为第 25 位，因为事件集合中的第 25 位是 LiteOS 保留的，所以如果被写入会返回错误代码。

代码清单 8-6（3）：使用或运算符写入自定义的事件位。

代码清单 8-6（4）、（5）：如果有任务阻塞在该事件上，则从事件阻塞列表中查找该任务，因为可能有多个任务阻塞在这里，所以需要对事件阻塞列表进行一次遍历，处理每个任务感兴趣的事件。

代码清单 8-6（6）：如果刚好写入的事件满足唤醒阻塞任务的条件，则将变量 ucExitFlag 的值设置为 1，将任务从阻塞列表中解除并添加到就绪列表中。

代码清单 8-6（7）：如果写入的事件满足任务唤醒条件（ucExitFlag=1），则进行一次任务调度。

如果想要记录一个事件的发生，这个事件在事件集合中的位置是 bit0，当事件还未发生时，事件集合 bit0 为 0，当事件发生时，只需要向事件集合 bit0 中写入 1 即可，即表示事件已经发生了。为了便于理解，一般操作是用宏定义来实现的，如 #define EVENT (0x01 << x)，“<< x”表示写入事件集合的 bit x，如代码清单 8-7 加粗部分所示。

代码清单 8-7　写指定事件函数 LOS_EventWrite 实例

```
1 /* 定义事件标志组的控制块 */
2 static EVENT_CB_S EventGroup_CB;
3
4 #define KEY1_EVENT  (0x01 << 0) //设置事件掩码的位 0
5 #define KEY2_EVENT  (0x01 << 1) //设置事件掩码的位 1
6
7 static void Key_Task(void)
8 {
9     while (1) {//如果 KEY1 被按下
10         if ( Key_Scan(KEY1_GPIO_PORT,KEY1_GPIO_PIN) == KEY_ON ) {
11 //                      LED1_ON;        //点亮 LED1 灯
12             printf ( "KEY1 被按下\n");
13             //置位事件标志组的 bit0
14             LOS_EventWrite(&EventGroup_CB, KEY1_EVENT);
15         }//如果 KEY2 被按下
16         if (  Key_Scan(KEY2_GPIO_PORT,KEY2_GPIO_PIN) == KEY_ON) {
17 //                      LED2_ON;             //点亮 LED2 灯
18           printf ( "KEY2 被按下\n");
19         LOS_EventWrite(&EventGroup_CB, KEY2_EVENT);  //置位事件标志组的 bit1
20         }
21         LOS_TaskDelay(20);
22     }
23 }
```

8.4.6　读指定事件函数 LOS_EventRead

LiteOS 提供了一个读指定事件函数——LOS_EventRead，通过这个函数可以知道事件集合中的哪一位、哪一个事件发生了，可以通过“逻辑与”“逻辑或”等操作对感兴趣的事件进行读取，且仅当任务等待的事件发生时，任务才能读取到事件信息。在这段时间中，如果事件一直未发生，则该任务将保持阻塞态以等待事件发生。当其他任务或中断服务程序向其等待的事件设置对应的标志位，并且满足读取事件的条件时，该任务将自动由阻塞态转为就绪态。当任务阻塞时间超时后，即使事件还未发生，任务也会自动恢复为就绪态。如果正确读取事件，则返回事件集合变量的值，由用户判断再做处理，因为在读取事件时可能会返回不确定的值，如果阻塞时间超时，则将返回错误代码，所以需要判断任务所等待的事件是否真正发生了。读指定事件函数 LOS_EventRead 的源码如代码清单 8-8 所示。

代码清单 8-8 读指定事件函数 LOS_EventRead 源码

```
 1 LITE_OS_SEC_TEXT UINT32 LOS_EventRead(PEVENT_CB_S pstEventCB,
 2                                       UINT32 uwEventMask,
 3                                       UINT32 uwMode,
 4                                       UINT32 uwTimeOut)
 5 {
 6     UINT32      uwRet = 0;
 7     UINTPTR     uvIntSave;
 8     LOS_TASK_CB *pstRunTsk;
 9
10     if (pstEventCB == NULL) {                                         (1)
11         return LOS_ERRNO_EVENT_PTR_NULL;
12     }
13
14     if (uwEventMask == 0) {                                           (2)
15         return LOS_ERRNO_EVENT_EVENTMASK_INVALID;
16     }
17
18     if (uwEventMask & LOS_ERRTYPE_ERROR) {                            (3)
19         return LOS_ERRNO_EVENT_SETBIT_INVALID;
20     }
21
22     if (((uwMode & LOS_WAITMODE_OR) && (uwMode & LOS_WAITMODE_AND)) ||
23         uwMode & ~(LOS_WAITMODE_OR | LOS_WAITMODE_AND | LOS_WAITMODE_CLR) ||
24         !(uwMode & (LOS_WAITMODE_OR | LOS_WAITMODE_AND))) {
25         return LOS_ERRNO_EVENT_FLAGS_INVALID;                         (4)
26     }
27
28     if (OS_INT_ACTIVE) {                                              (5)
29         return LOS_ERRNO_EVENT_READ_IN_INTERRUPT;
30     }
31
32     uvIntSave = LOS_IntLock();
33     uwRet = LOS_EventPoll(&(pstEventCB->uwEventID), uwEventMask, uwMode);  (6)
34
35     if (uwRet == 0) {
36         if (uwTimeOut == 0) {                                         (7)
37             (VOID)LOS_IntRestore(uvIntSave);
38             return uwRet;
39         }
40
41         if (g_usLosTaskLock) {                                        (8)
42             (VOID)LOS_IntRestore(uvIntSave);
43             return LOS_ERRNO_EVENT_READ_IN_LOCK;
44         }
45
46         pstRunTsk = g_stLosTask.pstRunTask;                           (9)
47         pstRunTsk->uwEventMask = uwEventMask;                         (10)
48         pstRunTsk->uwEventMode = uwMode;                              (11)
49         osTaskWait(&pstEventCB->stEventList, OS_TASK_STATUS_PEND, uwTimeOut);  (12)
50         (VOID)LOS_IntRestore(uvIntSave);
51         LOS_Schedule();                                               (13)
52
53         if (pstRunTsk->usTaskStatus & OS_TASK_STATUS_TIMEOUT) {       (14)
54             uvIntSave = LOS_IntLock();
55             pstRunTsk->usTaskStatus &= (~OS_TASK_STATUS_TIMEOUT);
```

```
56                  (VOID)LOS_IntRestore(uvIntSave);
57                  return LOS_ERRNO_EVENT_READ_TIMEOUT;
58              }
59
60              uvIntSave = LOS_IntLock();
61              uwRet = LOS_EventPoll(&pstEventCB->uwEventID,uwEventMask,uwMode); (15)
62              (VOID)LOS_IntRestore(uvIntSave);
63          } else {
64              (VOID)LOS_IntRestore(uvIntSave);
65          }
66
67      return uwRet;
68  }
```

代码清单 8-8（1）：判断事件控制块指针是否有效，如果为 NULL，则返回错误代码。

代码清单 8-8（2）：判断等待的事件是否有效，如果无效，则返回错误代码。

代码清单 8-8（3）：判断事件的第 25 位是否被置 1，如果被置 1，则返回错误代码。

代码清单 8-8（4）：判断读取事件的模式是否有效，若无效，则返回错误代码。uwMode 可选的参数包括所有事件（LOS_WAITMODE_AND）、任一事件（LOS_WAITMODE_OR）和清除事件（LOS_WAITMODE_CLR）。LOS_WAITMODE_CLR 可以与 LOS_WAITMODE_AND、LOS_WAITMODE_OR 之中的任意一个进行或运算操作。

代码清单 8-8（5）：如果在中断中读取事件，则属于非法操作，返回错误代码。

代码清单 8-8（6）：根据用户指定的事件控制块、读取的事件掩码以及读取模式去检查事件是否已经发生，如果发生，则表示可以唤醒任务，将返回 1，否则将返回 0，表示未满足唤醒任务的条件。

代码清单 8-8（7）：如果读取的事件与任务感兴趣的事件不符合，用户也不设置阻塞时间，则返回读取事件结果 uwRet，这个结果是不确定的值。

代码清单 8-8（8）：如果调度器已闭锁，则返回错误代码。

代码清单 8-8（9）：程序能运行到这里，说明读取不到用户需要的事件，并且用户指定了阻塞时间，系统会获取当前任务的控制块，并将任务设置为阻塞态以等待事件的发生。

代码清单 8-8（10）：记录任务等待的事件是哪一个。

代码清单 8-8（11）：记录任务等待的事件模式是哪一种。

代码清单 8-8（12）：将任务添加到阻塞列表中，阻塞的时间由用户指定。

代码清单 8-8（13）：进行一次任务调度。

代码清单 8-8（14）：程序能运行到这里，说明有其他任务或者中断写入了事件，或者阻塞的时间到了，系统需要判断解除阻塞的原因，如果是由于等待超时而导致了阻塞，则返回错误代码 LOS_ERRNO_EVENT_READ_TIMEOUT。

代码清单 8-8（15）：程序能运行到这里，说明是其他任务或者中断写入了事件，并且满足唤醒任务的条件，系统会再检查一次任务等待的事件是否与事件控制块中的事件吻合，根据用户指定的 uwEventMask、uwMode 决定是否需要清除事件标志，并返回唤醒任务的事件的值。

当用户调用读指定事件函数时，系统会先根据用户指定参数和读取模式来判断任务要等待的事件是否发生，如果已经发生，则根据参数 uwMode 来决定是否清除事件的相应标志位，并返回事件的值，但是这个值并不是一个稳定的值，所以在等到对应事件的时候，还需判断事件是否与任务需要的一致；如果事件没有发生，则把任务添加到事件阻塞列表中，把任务等待的事件标志值和等待模式记录下来，直到事件发生或等待超时。读指定事件函数 LOS_EventRead 实例如代码清单 8-9 加粗部分所示。

代码清单 8-9 读指定事件函数 LOS_EventRead 实例

```
1 /* 定义事件标志组的控制块 */
2 static EVENT_CB_S EventGroup_CB;
3
4 #define KEY1_EVENT  (0x01 << 0)//设置事件掩码的位 0
5 #define KEY2_EVENT  (0x01 << 1)//设置事件掩码的位 1
6 /*******************************************************************
7   * @ 函数名  : LED_Task
8   * @ 功能说明: 等待事件成立
9   * @ 参数    :
10  * @ 返回值  : 无
11  ******************************************************************/
12 static void LED_Task(void)
13 {
14     UINT32 uwEvent;
15     while (1) {
16         /* 等待事件标志组，等待两位均被置位，读取后清除*/
17         uwEvent =  LOS_EventRead(&EventGroup_CB, //事件标志组对象
18                                  KEY1_EVENT|KEY2_EVENT, //等待 bit0 和 bit1
19                                  LOS_WAITMODE_AND|LOS_WAITMODE_CLR,
20                                  LOS_WAIT_FOREVER );     //无期限等待
21         if ((KEY1_EVENT|KEY2_EVENT) == uwEvent) {
22             printf ( "KEY1 与 KEY2 都按下\n");
23             LED1_TOGGLE;          //LED1 翻转
24 //            LOS_EventClear(&EventGroup_CB, ~KEY1_EVENT); //清除事件标志
25 //            LOS_EventClear(&EventGroup_CB, ~KEY2_EVENT); //清除事件标志
26         } else {
27             printf ( "事件错误! \n");
28         }
29     }
30 }
```

在读事件时，可以选择如下读取模式。

（1）所有事件（LOS_WAITMODE_AND）：读取掩码中的所有事件类型，只有读取的所有事件类型都发生了，才能读取成功。

（2）任一事件（LOS_WAITMODE_OR）：读取掩码中的任一事件类型，只要读取的事件中的任意一种事件类型发生了，就可以读取成功。

（3）清除事件（LOS_WAITMODE_CLR）：LOS_WAITMODE_AND|LOS_WAITMODE_CLR 或 LOS_WAITMODE_OR|LOS_WAITMODE_CLR 时表示读取成功后，对应事件类型位会自动清除。如果模式没有设置为自动清除，则需要手动显式清除。

8.4.7 清除指定事件函数 LOS_EventClear

如果在获取事件的时候没有将对应的标志位清除，则需要使用 LOS_EventClear 函数显式清除事件标志，函数源码如代码清单 8-10 所示，其实例如代码清单 8-11 加粗部分所示。

代码清单 8-10 清除指定事件函数 LOS_EventClear 源码

```
1 LITE_OS_SEC_TEXT_MINOR UINT32 LOS_EventClear(PEVENT_CB_S pstEventCB, UINT32 uwEvents)
2 {
3     UINTPTR uvIntSave;
```

```
4
5      if (pstEventCB == NULL) {                              (1)
6          return LOS_ERRNO_EVENT_PTR_NULL;
7      }
8      uvIntSave = LOS_IntLock();
9      pstEventCB->uwEventID &= uwEvents;                     (2)
10     (VOID)LOS_IntRestore(uvIntSave);
11
12     return LOS_OK;
13 }
```

代码清单 8-10（1）：判断事件控制块指针是否有效，如果有效（不为 NULL），则进行清除操作，否则返回错误代码。

代码清单 8-10（2）：对事件的标志位进行按位清除操作，但是需要注意对 uwEvents 参数取反。

代码清单 8-11　清除指定事件函数 LOS_EventClear 实例

```
1 /* 定义事件标志组的控制块 */
2 static EVENT_CB_S EventGroup_CB;
3
4 #define KEY1_EVENT  (0x01 << 0)//设置事件掩码的位 0
5 #define KEY2_EVENT  (0x01 << 1)//设置事件掩码的位 1
6 /************************************************************************
7   * @ 函数名  :  LED_Task
8   * @ 功能说明:  等待事件成立
9   * @ 参数    :
10  * @ 返回值  :  无
11  **********************************************************************/
12 static void LED_Task(void)
13 {
14     UINT32 uwEvent;
15     while (1) {
16         /* 等待事件标志组，等待两位均被置位，读取后清除*/
17         uwEvent =  LOS_EventRead(&EventGroup_CB, //事件标志组对象
18                                  KEY1_EVENT|KEY2_EVENT, //等待 bit0 和 bit1
19                                  LOS_WAITMODE_AND,
20                                  LOS_WAIT_FOREVER );      //无期限等待
21         if ((KEY1_EVENT|KEY2_EVENT) == uwEvent) {
22             printf ( "KEY1 与 KEY2 都按下\n");
23             LED1_TOGGLE;          //LED1 翻转
24               LOS_EventClear(&EventGroup_CB, ~KEY1_EVENT); //清除事件标志
25               LOS_EventClear(&EventGroup_CB, ~KEY2_EVENT); //清除事件标志
26         } else {
27             printf ( "事件错误! \n");
28         }
29     }
30 }
```

8.5 事件标志组实验

事件标志组实验要在 LiteOS 中创建两个任务，一个是写事件任务，另一个是读事件任务。两个任务独立运行，写事件任务通过检测按键的按下情况写入不同的事件，读事件任务则读取这两个事

件标志位，并判断两个事件是否都发生了，如果是，则输出相应信息。等待事件任务的时间是LOS_WAIT_FOREVER，一直等待到事件之后清除对应的事件标志位。事件标志组实验源码如代码清单 8-12 加粗部分所示。

代码清单 8-12　事件标志组实验源码

```
1 /**************************************************************
2   * @file    main.c
3   * @author  fire
4   * @version V1.0
5   * @date    2018-xx-xx
6   * @brief   STM32全系列开发板-LiteOS!
7   **************************************************************
8   * @attention
9   *
10  * 实验平台:野火 F103-霸道 STM32 开发板
11  * 论坛    :http://www.firebbs.cn
12  * 淘宝    :http://firestm32.taobao.com
13  *
14  ***************************************************************
15  */
16 /* LiteOS 头文件 */
17 #include "los_sys.h"
18 #include "los_task.ph"
19 /* 板级外设头文件 */
20 #include "bsp_usart.h"
21 #include "bsp_led.h"
22 #include "bsp_key.h"
23
24 /**************************** 任务 ID **********************************/
25 /*
26  * 任务 ID 是一个从 0 开始的数字，用于索引任务，当任务创建完成之后，其就具有了一个任务 ID，
27  * 以后的操作都需要通过任务 ID 进行
28  *
29  */
30
31 /* 定义任务 ID 变量 */
32 UINT32 LED_Task_Handle;
33 UINT32 Key_Task_Handle;
34
35 /***************************** 内核对象 ID ******************************/
36 /*
37  * 信号量、消息队列、事件标志组、软件定时器都属于内核的对象，要想使用这些内核
38  * 对象，必须先创建，创建成功之后会返回一个相应的 ID。这里的 ID 实际上就是一个整数，后续
39  *可以通过这个 ID 操作这些内核对象
40  *
41  *
42  * 内核对象就是一种全局的数据结构，通过这些数据结构可以实现任务间的通信、任务间的事件同步
43  * 等功能。这些功能的实现是通过调用内核对象的函数
44  * 来完成的
45  *
46  */
```

```
47 /* 定义事件标志组的控制块 */
48 static EVENT_CB_S EventGroup_CB;
49
50 /*************************** 宏定义 ************************************/
51 /*
52  * 在写应用程序的时候，可能需要用到一些宏定义
53  */
54 #define KEY1_EVENT  (0x01 << 0)//设置事件掩码的位 0
55 #define KEY2_EVENT  (0x01 << 1)//设置事件掩码的位 1
56
57
58 /* 函数声明 */
59 static UINT32 AppTaskCreate(void);
60 static UINT32 Creat_LED_Task(void);
61 static UINT32 Creat_Key_Task(void);
62
63 static void LED_Task(void);
64 static void Key_Task(void);
65 static void BSP_Init(void);
66
67
68 /***************************************************************
69   * @brief  主函数
70   * @param  无
71   * @retval 无
72   * @note   第一步：开发板硬件初始化
73             第二步：创建 App 应用任务
74             第三步：启动 LiteOS，开始多任务调度，启动失败时输出错误信息
75   **************************************************************/
76 int main(void)
77 {
78     UINT32 uwRet = LOS_OK;  //定义一个任务创建的返回值，默认为创建成功
79
80     /* 板级硬件初始化 */
81     BSP_Init();
82
83     printf("这是一个[野火]-STM32 全系列开发板-LiteOS 事件实验！\n\n");
84     printf("KEY1 与 KEY2 都按下则触发事件！\n");
85
86     /* LiteOS 内核初始化 */
87     uwRet = LOS_KernelInit();
88
89     if (uwRet != LOS_OK) {
90         printf("LiteOS 核心初始化失败！失败代码 0x%X\n",uwRet);
91         return LOS_NOK;
92     }
93
94     uwRet = AppTaskCreate();
95     if (uwRet != LOS_OK) {
96         printf("AppTaskCreate 创建任务失败！失败代码 0x%X\n",uwRet);
97         return LOS_NOK;
```

```
98      }
99
100     /* 开启 LiteOS 任务调度 */
101     LOS_Start();
102
103     //正常情况下不会执行到这里
104     while (1);
105 }
106
107
108 /***********************************************************************
109   * @ 函数名  : AppTaskCreate
110   * @ 功能说明: 任务创建，为了方便管理，所有的任务创建函数都可以放在这个函数中
111   * @ 参数    : 无
112   * @ 返回值  : 无
113   *******************************************************************/
114 static UINT32 AppTaskCreate(void)
115 {
116     /* 定义一个返回类型变量，初始化为 LOS_OK */
117     UINT32 uwRet = LOS_OK;
118
119     /* 创建一个事件标志组 */
120     uwRet = LOS_EventInit(&EventGroup_CB);
121     if (uwRet != LOS_OK) {
122         printf("EventGroup_CB 事件标志组创建失败！失败代码 0x%X\n",uwRet);
123     }
124
125     uwRet = Creat_LED_Task();
126     if (uwRet != LOS_OK) {
127         printf("LED_Task 任务创建失败！失败代码 0x%X\n",uwRet);
128         return uwRet;
129     }
130
131     uwRet = Creat_Key_Task();
132     if (uwRet != LOS_OK) {
133         printf("Key_Task 任务创建失败！失败代码 0x%X\n",uwRet);
134         return uwRet;
135     }
136     return LOS_OK;
137 }
138
139
140 /******************************************************************
141   * @ 函数名  : Creat_LED_Task
142   * @ 功能说明: 创建 LED_Task 任务
143   * @ 参数    :
144   * @ 返回值  : 无
145   ******************************************************************/
146 static UINT32 Creat_LED_Task()
147 {
148     //定义一个返回类型变量，初始化为 LOS_OK
149     UINT32 uwRet = LOS_OK;
```

```
150
151     //定义一个用于创建任务的参数结构体
152     TSK_INIT_PARAM_S task_init_param;
153
154     task_init_param.usTaskPrio = 5;/* 任务优先级，数值越小，优先级越高 */
155     task_init_param.pcName = "LED_Task";/* 任务名 */
156     task_init_param.pfnTaskEntry = (TSK_ENTRY_FUNC)LED_Task;
157     task_init_param.uwStackSize = 1024;     /* 栈大小 */
158
159     uwRet = LOS_TaskCreate(&LED_Task_Handle, &task_init_param);
160     return uwRet;
161 }
162 /*******************************************************************
163   * @ 函数名  :  Creat_Key_Task
164   * @ 功能说明: 创建 Key_Task 任务
165   * @ 参数    :
166   * @ 返回值  :  无
167   *******************************************************************/
168 static UINT32 Creat_Key_Task()
169 {
170     //定义一个返回类型变量，初始化为 LOS_OK
171     UINT32 uwRet = LOS_OK;
172     TSK_INIT_PARAM_S task_init_param;
173
174     task_init_param.usTaskPrio = 4;/* 任务优先级，数值越小，优先级越高 */
175     task_init_param.pcName = "Key_Task";     /* 任务名*/
176     task_init_param.pfnTaskEntry = (TSK_ENTRY_FUNC)Key_Task;
177     task_init_param.uwStackSize = 1024; /* 栈大小 */
178
179     uwRet = LOS_TaskCreate(&Key_Task_Handle, &task_init_param);
180
181     return uwRet;
182 }
183
184 /*******************************************************************
185   * @ 函数名  :  LED_Task
186   * @ 功能说明: LED_Task 任务实现
187   * @ 参数    :  NULL
188   * @ 返回值  :  NULL
189   *******************************************************************/
190 static void LED_Task(void)
191 {
192     // 定义一个事件接收变量
193     UINT32 uwRet;
194     /* 每个任务都是一个无限循环，不能返回 */
195     while (1) {
196         /* 等待事件标志组 */
197         uwRet = LOS_EventRead(&EventGroup_CB, //事件标志组对象
198                               KEY1_EVENT|KEY2_EVENT,  //等待任务感兴趣的事件
199                               LOS_WAITMODE_AND,       //等待两位掩码均被置位
```

```
200                                        LOS_WAIT_FOREVER );      //无期限等待
201
202         if (( uwRet & (KEY1_EVENT|KEY2_EVENT)) == (KEY1_EVENT|KEY2_EVENT)) {
203                 /* 如果接收完成且正确 */
204                 printf ( "KEY1 与 KEY2 都按下\n");
205                 LED1_TOGGLE;               //LED1翻转
206                 LOS_EventClear(&EventGroup_CB, ~KEY1_EVENT); //清除事件标志
207                 LOS_EventClear(&EventGroup_CB, ~KEY2_EVENT); //清除事件标志
208         }
209     }
210 }
211 /**************************************************************************
212   * @ 函数名  :  Key_Task
213   * @ 功能说明:  Key_Task 任务实现
214   * @ 参数    :  NULL
215   * @ 返回值  :  NULL
216   **************************************************************************/
217 static void Key_Task(void)
218 {
219     // 定义一个返回类型变量，初始化为 LOS_OK
220     UINT32 uwRet = LOS_OK;
221
222     /* 每个任务都是一个无限循环，不能返回 */
223     while (1) {
224         /* KEY1 被按下 */
225         if ( Key_Scan(KEY1_GPIO_PORT,KEY1_GPIO_PIN) == KEY_ON ) {
226             printf ( "KEY1 被按下\n" );
227             /* 触发事件 1 */
228             LOS_EventWrite(&EventGroup_CB,KEY1_EVENT);
229         }
230         /* KEY2 被按下 */
231         if ( Key_Scan(KEY2_GPIO_PORT,KEY2_GPIO_PIN) == KEY_ON ) {
232             printf ( "KEY2 被按下\n" );
233             /* 触发事件 2 */
234             LOS_EventWrite(&EventGroup_CB,KEY2_EVENT);
235         }
236         LOS_TaskDelay(20);      //每 20ms 扫描一次
237     }
238 }
239
240
241 /**************************************************************************
242   * @ 函数名  :  BSP_Init
243   * @ 功能说明:  板级外设初始化，开发板上的所有初始化代码均可放在这个函数中
244   * @ 参数    :
245   * @ 返回值  :  无
246   **************************************************************************/
247 static void BSP_Init(void)
248 {
```

```
249     /*
250      * STM32 中断优先级分组为 4，即 4bit 都用来表示抢占优先级，范围为 0～15
251      * 优先级分组只需要分组一次，以后如果有其他任务需要用到中断，
252      * 则统一使用这个优先级分组，不要再分组，切记
253      */
254     NVIC_PriorityGroupConfig( NVIC_PriorityGroup_4 );
255 
256     /* LED 初始化 */
257     LED_GPIO_Config();
258 
259     /* 串口初始化 */
260     USART_Config();
261 
262     /* 按键初始化 */
263     Key_GPIO_Config();
264 }
265 
266 
267 /*************************************END OF FILE*****************/
```

8.6 实验现象

将程序编译好，使用 USB 线缆连接计算机和开发板的 USB 接口（对应印制电路板上的 USB 转串口），使用 DAP 仿真器把配套程序下载到野火 STM32 开发板（具体型号根据读者使用的开发板而定，每个型号的开发板都配套有对应的程序）中，在计算机上打开串口调试助手，复位开发板，即可在调试助手中看到串口的输出信息，按下开发板的 KEY1 按键写入事件 1，按下 KEY2 按键写入事件 2；按下 KEY1 与 KEY2 按键，可以在串口调试助手中看到运行结果，且开发板的 LED 灯会进行翻转，如图 8-3 所示。

图 8-3　事件标志组实验现象

09 第9章　软件定时器

可能有不少读者了解定时器，但没有听说过软件定时器。在操作系统中，软件定时器提供了软件层次的接口，其与底层硬件无关，使得程序拥有更好的可移植性。本章将引领读者认识软件定时器，并掌握软件定时器的使用方法。

【学习目标】

- 了解软件定时器的基本概念。
- 了解软件定时器的应用场景。
- 掌握 LiteOS 中软件定时器的函数的使用方法。
- 掌握软件定时器的运行机制。

9.1　软件定时器简介

本节将讲解有关软件定时器的基础知识，如软件定时器的基本概念、应用场景、精度及运行的机制。

9.1.1　软件定时器的基本概念

定时器是指从指定的时刻开始，经过指定时间触发一个超时事件。用户可以自定义定时器的周期与频率。其类似于生活中的闹钟，可以设置闹钟提示的时刻，也可以设置闹钟提示的次数。

定时器有硬件定时器和软件定时器之分。

（1）硬件定时器是芯片提供定时功能，一般由外部晶振提供信号给芯片并输入时钟，芯片向软件模块提供一组配置寄存器，接收控制输入，到达设定时间值后，芯片中断控制器产生时钟中断。一般而言，硬件定时器的精度很高，可以达到纳秒级别，并且采用了中断触发方式。

（2）软件定时器是由操作系统提供的一类系统接口（函数），它构建在硬件定时器的基础之上，使系统能够提供不受硬件定时器资源限制的定时器服务，它实现的功能与硬件定时器是类似的。

使用硬件定时器时，每次在定时时间到达之后就会自动触发一个中断，用户在中断中处理信息；而使用软件定时器时，需要在创建软件定时器时指定时间到达后要调用的函数（也称超时函数/回调函数，为了统一，下文均用回调函数描述），在回调函数中处理信息。

注意

软件定时器回调函数的上下文是任务。

软件定时器在被创建之后，当经过设定的超时时间后会触发回调函数，定时精度与系统时钟的周期有关，一般系统利用 SysTick 作为软件定时器的时基。软件定时器的回调函数类似于硬件的中断服务程序，所以，在回调函数中处理时应快进快出，而且回调函数中不能有任何阻塞任务运行的情况发生，如不能有 LOS_TaskDelay 及其他能阻塞任务运行的函数，因为软件定时器回调函数的上下文环境是任务，该任务会处理系统中所有超时的软件定时器，调用阻塞函数会影响其他软件定时器；两次触发回调函数的时间间隔称为定时器的定时周期。

软件定时器的使用相当于扩展了定时器的数量，允许创建更多的定时业务，LiteOS 的软件定时器支持以下功能。

（1）裁剪：能通过宏关闭软件定时器功能。

（2）软件定时器的创建。

（3）软件定时器的启动。

（4）软件定时器的停止。

（5）软件定时器的删除。

（6）软件定时器剩余 Tick 数的获取。

LiteOS 提供的软件定时器支持单次模式和周期模式。单次模式和周期模式的定时时间到达之后都会调用软件定时器的回调函数，用户可以在回调函数中加入要执行的工程代码。

单次模式：当用户创建了定时器并启动了定时器后，指定超时时间到达，只执行一次回调函数就将该定时器删除，不再重新执行。

周期模式：定时器会按照指定的定时时间循环执行回调函数，直到用户将定时器删除。

软件定时器的单次模式与周期模式如图 9-1 所示。

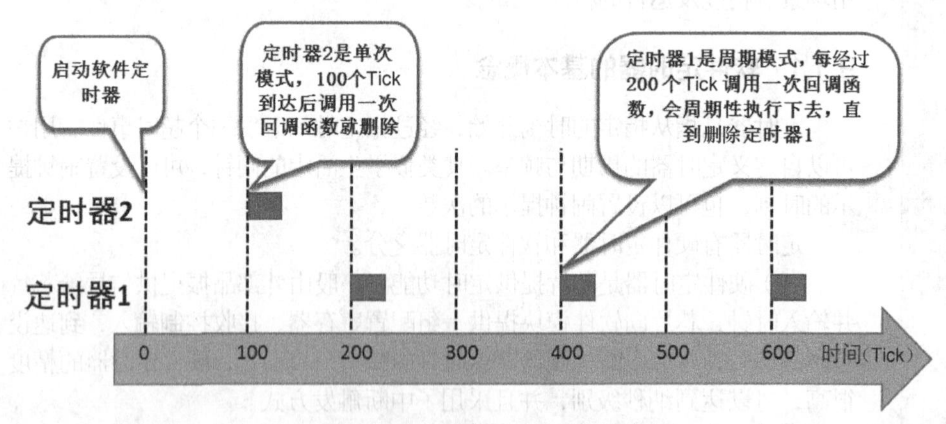

图 9-1　软件定时器的单次模式与周期模式

LiteOS 通过一个软件定时器任务（osSwTmrTask）管理软定时器，软件定时器任务的优先级是 0，即优先级最高，它是在 LiteOS 内核初始化的时候自动创建的。为了满足用户的定时需求，osSwTmrTask 会在其执行期间检查用户启动的定时器，在超时后调用对应的回调函数。

9.1.2　软件定时器的运行机制

软件定时器是可选的系统组件，在模块初始化的时候已经分配了一块连续的内存，系统支持的最大定时器个数由 target_config.h 中的 LOSCFG_BASE_CORE_SWTMR_LIMIT 宏来配置。

软件定时器使用了系统中的一个队列和一个任务资源，系统通过软件定时器命令队列处理软件定时器。

软件定时器以 Tick 为基本计时单位，当用户创建并启动一个软件定时器时，LiteOS 会根据当前系统 Tick 与用户指定的超时时间计算出该定时器超时的 Tick，并将该定时器插入定时器列表。

系统会在 SysTick 中断处理函数中扫描软件定时器列表，如果有定时器超时，则通过“定时器命令队列”向软件定时器任务发送一个命令，任务在接收到命令时会去处理命令对应的程序，调用对应软件定时器的回调函数。

如果软件定时器的定时时间到来，那么在 Tick 中断处理函数结束后，软件定时器任务 osSwTmrTask（其优先级最高）被唤醒，在该任务中调用创建软件定时器时用户指定的回调函数。

定时器的状态有以下几种。

（1）OS_SWTMR_STATUS_UNUSED：未使用状态，系统在定时器模块初始化的时候将系统中所有定时器资源初始化为该状态。

（2）OS_SWTMR_STATUS_CREATED：创建未启动/停止状态，在未使用状态下调用 LOS_SwtmrCreate 接口或者启动并调用 LOS_SwtmrStop 接口后，定时器将变为该状态。

（3）OS_SWTMR_STATUS_TICKING：运行状态，在定时器创建后调用 LOS_SwtmrStart 函数，定时器将变为该状态，表示定时器运行时的状态。

使用软件定时器时需要注意以下几点。

（1）在软件定时器的回调函数中处理时间应该尽可能短，不允许使用导致任务挂起或者阻塞的函数，如 LOS_TaskDelay。

（2）软件定时器占用了系统的一个队列和一个任务资源，软件定时器任务的优先级设定为 0，且不允许修改。

（3）创建单次模式软件定时器，超时执行完回调函数后，系统会自动删除该软件定时器，并回收资源。

9.1.3 软件定时器的精度

在操作系统中，通常软件定时器以系统节拍周期为计时单位。系统节拍是系统时钟的频率，配置为 LOSCFG_BASE_CORE_TICK_PER_SECOND，默认是 1000Hz，因此系统的时钟节拍周期为 1Tick。由于节拍定义了系统中定时器能够分辨的精确度，因此系统可以根据实际系统 CPU 的处理能力和实时性需求设置合适的数值，系统节拍宏定义的值越大，精度越高，但是系统开销也就越大，因为这代表在 1s 内系统进入中断的次数越多。

9.1.4 软件定时器的应用场景

在很多应用中都可能需要一些定时器任务，硬件定时器受硬件的限制，在数量上可能不足以满足用户的实际需求，无法提供更多的定时器，此时就可以采用软件定时器代替硬件定时器任务。但需要注意的是，软件定时器的精度是无法和硬件定时器相比的，因为在软件定时器的定时过程中，其极有可能被其他中断打断，因此，软件定时器更适用于对时间精度要求不高的任务。

9.2 软件定时器的函数

本节将具体分析 LiteOS 中一些与软件定时器相关的常用函数的原理及其源码实现过程。

9.2.1 软件定时器控制块

LiteOS 最大支持 LOSCFG_BASE_CORE_SWTMR_LIMIT 个软件定时器，该宏在 target_config.h 文件中配置，每个软件定时器都有对应的软件定时器控制块，每个软件定时器控制块都包含了软件定时器的基本信息，如软件定时器的状态、软件定时器的工作模式、软件定时器的计数值以及软件定时器回调函数等。软件定时器控制块原型如代码清单 9-1 所示。

代码清单 9-1 软件定时器控制块

```
 1 /**
 2  * @ingroup los_swtmr
 3  * 软件定时器控制块结构体
 4  */
 5 typedef struct tagSwTmrCtrl {
 6     struct tagSwTmrCtrl *pstNext;                    (1)
 7     UINT8                ucState;                    (2)
 8     UINT8                ucMode;                     (3)
 9 #if (LOSCFG_BASE_CORE_SWTMR_ALIGN == YES)
10     UINT8                ucRouses;                   (4)
11     UINT8                ucSensitive;                (5)
12 #endif
13     UINT16               usTimerID;                  (6)
14     UINT32               uwCount;                    (7)
15     UINT32               uwInterval;                 (8)
16     UINT32               uwArg;                      (9)
17     SWTMR_PROC_FUNC      pfnHandler;                 (10)
18 } SWTMR_CTRL_S;
```

代码清单 9-1（1）：指向下一个软件定时器控制块的指针。

代码清单 9-1（2）：软件定时器的状态有 OS_SWTMR_STATUS_UNUSED（未使用状态）、OS_SWTMR_STATUS_CREATED（创建未启动/停止状态）、OS_SWTMR_STATUS_TICKING（运行状态）3 种。

代码清单 9-1（3）：软件定时器工作模式有两种，即单次模式、周期模式。

代码清单 9-1（4）：如果定义了 LOSCFG_BASE_CORE_SWTMR_ALIGN，则使能软件定时器唤醒功能。

代码清单 9-1（5）：如果定义了 LOSCFG_BASE_CORE_SWTMR_ALIGN，则使能软件定时器对齐功能。

代码清单 9-1（6）：软件定时器 ID。

代码清单 9-1（7）：软件计时器的计数值，用于记录软件定时器距离超时的剩余时间。

代码清单 9-1（8）：软件定时器的超时时间间隔，即调用回调函数的周期。

代码清单 9-1（9）：调用回调函数时传入的参数。

代码清单 9-1（10）：处理软件定时器超时的回调函数。

9.2.2 软件定时器错误代码

在 LiteOS 中，与软件定时器相关的函数大多数有返回值，其返回值包括一些错误代码，常见的软件定时器错误代码、说明和参考解决方案如表 9-1 所示。

表 9–1 常见的软件定时器错误代码说明和参考解决方案

序号	错误代码	说明	参考解决方案
1	LOS_ERRNO_SWTMR_PTR_NULL	软件定时器回调函数为空	定义软件定时器回调函数
2	LOS_ERRNO_SWTMR_INTERVAL_NOT_SUITED	软件定时器间隔时间为 0	重新定义间隔时间
3	LOS_ERRNO_SWTMR_MODE_INVALID	不正确的软件定时器模式	确认软件定时器模式
4	LOS_ERRNO_SWTMR_RET_PTR_NULL	软件定时器 ID 指针入参为 NULL	定义 ID 变量，传入指针
5	LOS_ERRNO_SWTMR_MAXSIZE	软件定时器个数超过最大值	重新定义软件定时器最大值，或者等待一个软件定时器释放资源
6	LOS_ERRNO_SWTMR_ID_INVALID	不正确的软件定时器 ID 入参	确保入参合法
7	LOS_ERRNO_SWTMR_NOT_CREATED	软件定时器未创建	创建软件定时器
8	LOS_ERRNO_SWTMR_NO_MEMORY	软件定时器列表创建内存不足	申请一块足够大的内存供软件定时器使用
9	LOS_ERRNO_SWTMR_MAXSIZE_INVALID	不正确的软件定时器个数最大值	重新定义该值
10	LOS_ERRNO_SWTMR_HWI_ACTIVE	在中断中使用定时器	修改源代码，确保不在中断中使用
11	LOS_ERRNO_SWTMR_HANDLER_POOL_NO_MEM	membox 内存不足	扩大内存
12	LOS_ERRNO_SWTMR_QUEUE_CREATE_FAILED	软件定时器队列创建失败	检查用于创建队列的内存是否足够
13	LOS_ERRNO_SWTMR_TASK_CREATE_FAILED	软件定时器任务创建失败	检查用于创建软件定时器任务的内存是否足够并重新创建
14	LOS_ERRNO_SWTMR_NOT_STARTED	未启动软件定时器	启动软件定时器
15	LOS_ERRNO_SWTMR_STATUS_INVALID	不正确的软件定时器状态	检查并确认软件定时器状态
16	LOS_ERRNO_SWTMR_TICK_PTR_NULL	用于获取软件定时器超时 Tick 数的入参指针为 NULL	创建一个有效的变量

9.2.3 软件定时器开发典型流程

（1）在 target_config.h 文件中确认配置项 LOSCFG_BASE_CORE_SWTMR 和 LOSCFG_BASE_IPC_QUEUE 为 YES（即打开状态）。

（2）在 target_config.h 文件中配置 LOSCFG_BASE_CORE_SWTMR_LIMIT（最大支持的软件定时器数量）。

（3）在 target_config.h 文件中配置 OS_SWTMR_HANDLE_QUEUE_SIZE（软件定时器队列最大长度）。

（4）创建一个指定定时时间、指定超时处理函数、指定触发模式的软件定时器。

（5）编写软件定时器回调函数。

（6）启动定时器 LOS_SwtmrStart。

（7）停止定时器 LOS_SwtmrStop。

（8）删除定时器 LOS_SwtmrDelete。

9.2.4 软件定时器创建函数 LOS_SwtmrCreate

LiteOS 中提供了软件定时器创建函数 LOS_SwtmrCreate，读者在使用软件定时器前需要先创建软件定时器，同时需要先定义一个软件定时器 ID 变量，用于保存创建成功后返回的软件定时器 ID。其源码如代码清单 9-2 所示。

代码清单 9-2　软件定时器创建函数 LOS_SwtmrCreate()源码

```
 1 /*****************************************************************************
 2 Function    : LOS_SwtmrCreate
 3 Description: 创建一个软件定时器
 4 Input       : uwInterval     : 软件定时器的定时时间（Tick）
 5               usMode         : 软件定时器的工作模式
 6               pfnHandler     : 软件定时器的回调函数
 7               uwArg          : 软件定时器回调函数的传入参数
 8 Output      : pusSwTmrID     : 软件定时器 ID 指针
 9 Return      : 返回 LOS_OK 表示创建成功，返回其他错误代码表示失败
10 *****************************************************************************/
11 LITE_OS_SEC_TEXT_INIT UINT32 LOS_SwtmrCreate(UINT32 uwInterval,
12                                              UINT8 ucMode,
13                                              SWTMR_PROC_FUNC pfnHandler,
14                                              UINT16 *pusSwTmrID,
15                                              UINT32 uwArg
16 #if (LOSCFG_BASE_CORE_SWTMR_ALIGN == YES)                               (1)
17                                             ,UINT8 ucRouses,
18                                             UINT8 ucSensitive
19 #endif
20                                               )
21 {
22     SWTMR_CTRL_S  *pstSwtmr;
23     UINTPTR  uvIntSave;
24
25     if (0 == uwInterval) {                                              (2)
26         return LOS_ERRNO_SWTMR_INTERVAL_NOT_SUITED;
27     }
28
29     if ((LOS_SWTMR_MODE_ONCE != ucMode)                                 (3)
30         && (LOS_SWTMR_MODE_PERIOD != ucMode)
31         && (LOS_SWTMR_MODE_NO_SELFDELETE != ucMode)) {
32         return LOS_ERRNO_SWTMR_MODE_INVALID;
33     }
34
35     if (NULL == pfnHandler) {                                           (4)
36         return LOS_ERRNO_SWTMR_PTR_NULL;
37     }
38
39     if (NULL == pusSwTmrID) {                                           (5)
40         return LOS_ERRNO_SWTMR_RET_PTR_NULL;
41     }
42
43 #if (LOSCFG_BASE_CORE_SWTMR_ALIGN == YES)
44     if((OS_SWTMR_ROUSES_IGNORE != ucRouses)&&(OS_SWTMR_ROUSES_ALLOW != ucRouses)) {
45           return OS_ERRNO_SWTMR_ROUSES_INVALID;
46     }
47
48     if ((OS_SWTMR_ALIGN_INSENSITIVE != ucSensitive)&&
49         (OS_SWTMR_ALIGN_SENSITIVE != ucSensitive)) {
50         return OS_ERRNO_SWTMR_ALIGN_INVALID;
51     }
```

```
52 #endif
53
54     uvIntSave = LOS_IntLock();
55     if (NULL == m_pstSwtmrFreeList) {                                  (6)
56         LOS_IntRestore(uvIntSave);
57         return LOS_ERRNO_SWTMR_MAXSIZE;
58     }
59
60     pstSwtmr = m_pstSwtmrFreeList;
61     m_pstSwtmrFreeList = pstSwtmr->pstNext;
62     LOS_IntRestore(uvIntSave);
63     pstSwtmr->pfnHandler    = pfnHandler;                              (7)
64     pstSwtmr->ucMode        = ucMode;                                  (8)
65     pstSwtmr->uwInterval    = uwInterval;                              (9)
66     pstSwtmr->pstNext       = (SWTMR_CTRL_S *)NULL;                    (10)
67     pstSwtmr->uwCount       = 0;                                       (11)
68     pstSwtmr->uwArg         = uwArg;                                   (12)
69 #if (LOSCFG_BASE_CORE_SWTMR_ALIGN == YES)
70     pstSwtmr->ucRouses      = ucRouses;
71     pstSwtmr->ucSensitive   = ucSensitive;
72 #endif
73     pstSwtmr->ucState       = OS_SWTMR_STATUS_CREATED;                 (13)
74     *pusSwTmrID = pstSwtmr->usTimerID;                                 (14)
75
76     return LOS_OK;
77 }
```

代码清单 9-2（1）：如果配置了 LOSCFG_BASE_CORE_SWTMR_ALIGN，则需要传入 ucRouses 与 ucSensitive 参数，这是关于软件定时器对齐的参数，暂时无须理会。

代码清单 9-2（2）：如果软件定时器间隔时间为 0，则返回错误代码。

代码清单 9-2（3）：如果软件定时器的工作模式不正确，则返回错误代码。LiteOS 软件定时器支持的工作模式如代码清单 9-3 所示，目前支持的仅有前 3 种。

代码清单 9-3 LiteOS 软件定时器的工作模式

```
1 enum enSwTmrType {
2     LOS_SWTMR_MODE_ONCE,                    /**< 单次模式 */
3     LOS_SWTMR_MODE_PERIOD,                  /**< 周期模式 */
4     LOS_SWTMR_MODE_NO_SELFDELETE,           /**< 单次模式，但不能删除自己 */
5     LOS_SWTMR_MODE_OPP,                     /**<在一次性定时器完成定时后，启用定期
6                                                  软件定时器。暂时不支持此模式*/
7 };
```

代码清单 9-2（4）：如果用户没有实现软件定时器的回调函数，则返回错误代码，用户需要自己编写软件定时器回调函数。

代码清单 9-2（5）：如果软件定时器 ID 变量的地址为 NULL，则返回错误代码。

代码清单 9-2（6）：当系统已经使用的软件定时器个数超过支持的最大值时，返回错误代码，开发人员可以在 target_config.h 文件中修改 LOSCFG_BASE_CORE_SWTMR_LIMIT 宏定义，以增加系统支持的软件定时器最大个数。

代码清单 9-2（7）：从软件定时器未使用列表中取出下一个软件定时器，根据用户指定参数对软件定时器进行初始化，首先初始化软件定时器的回调函数。

代码清单 9-2（8）：初始化软件定时器的工作模式。

代码清单 9-2（9）：初始化软件定时器的处理周期。

代码清单 9-2（10）：初始化 pstNext 指针为 NULL，在启动软件定时器的时候会按照唤醒时间升序功能并插入软件定时器列表中。

代码清单 9-2（11）：初始化软件定时器的剩余唤醒时间为 0，在启动软件定时器的时候会重新计算。

代码清单 9-2（12）：初始化软件定时器回调函数的传入参数。

代码清单 9-2（13）：初始化软件定时器的状态为 OS_SWTMR_STATUS_CREATED，表示软件定时器处于创建状态，尚未启动。

代码清单 9-2（14）：将软件定时器 ID 通过 pusSwTmrID 指针返回给用户。

软件定时器创建函数 LOS_SwtmrCreate 的实例如代码清单 9-4 所示。

代码清单 9-4　软件定时器创建函数 LOS_SwtmrCreate 实例

```
1 UINT32 uwRet = LOS_OK;/* 定义一个创建任务的返回类型，初始化为创建成功的返回值 */
2
3 /* 创建一个软件定时器*/
4 uwRet = LOS_SwtmrCreate(5000, /* 软件定时器的定时时间（Tick）*/
5                         LOS_SWTMR_MODE_ONCE, /* 软件定时器工作模式：单次模式 */
6                         (SWTMR_PROC_FUNC)Timer1_Callback, //软件定时器的回调函数
7                         &Timer1_Handle,       /* 软件定时器 ID */
8                         0);                   /*软件定时器的回调函数传入参数 */
9
10 if (uwRet != LOS_OK)
11 {
12     printf("软件定时器 Timer1 创建失败！\n");
13 }
```

软件定时器的回调函数是由用户实现的，类似于中断服务程序，在回调函数中的处理时间应尽可能短，虽然软件定时器回调函数的上下文环境是任务，但不允许调用任何阻塞任务运行的函数。软件定时器回调函数的实例如代码清单 9-5 加粗部分所示。

代码清单 9-5　软件定时器回调函数实例

```
1 /*************************************************************************
2   * @ 函数名  ： Timer1_Callback
3   * @ 功能说明： 软件定时器回调函数
4   * @ 参数    ： 传入 1 个参数，但未使用
5   * @ 返回值  ： 无
6   *****************************************************************/
7 static void Timer1_Callback(UINT32 arg)
8 {
9     UINT32 tick_num;
10
11     TmrCb_Count++;            /* 每回调一次就加 1 */
12     LED1_TOGGLE;
13     tick_num1 = (UINT32)LOS_TickCountGet();  /* 获取定时器的计数值 */
14
15     printf("Timer_CallBack_Count=%d\n", TmrCb_Count);
16     printf("tick_num=%d\n", tick_num);
17 }
```

9.2.5 软件定时器删除函数 LOS_SwtmrDelete

LiteOS 允许用户主动删除软件定时器，被删除的软件定时器不会继续执行，回调函数也无法再

次被调用，关于该软件定时器的所有资源都会被系统回收。软件定时器删除函数 LOS_SwtmrDelete 的源码如代码清单 9-6 所示。

代码清单 9-6 软件定时器删除函数 LOS_SwtmrDelete 源码

```
 1 /***********************************************************************
 2 Function    : LOS_SwtmrDelete
 3 Description: 删除一个软件定时器
 4 Input       : usSwTmrID —— 软件定时器 ID
 5 Output      : None
 6 Return      : 返回 LOS_OK 表示删除成功，返回其他错误代码表示失败
 7 *******************************************************************/
 8 LITE_OS_SEC_TEXT UINT32 LOS_SwtmrDelete(UINT16 usSwTmrID)
 9 {
10     SWTMR_CTRL_S  *pstSwtmr;
11     UINTPTR  uvIntSave;
12     UINT32 uwRet = LOS_OK;
13     UINT16 usSwTmrCBID;
14
15     CHECK_SWTMRID(usSwTmrID, uvIntSave, usSwTmrCBID, pstSwtmr);      (1)
16     switch (pstSwtmr->ucState) {
17     case OS_SWTMR_STATUS_UNUSED:                                       (2)
18         uwRet = LOS_ERRNO_SWTMR_NOT_CREATED;
19         break;
20     case OS_SWTMR_STATUS_TICKING:                                      (3)
21         osSwtmrStop(pstSwtmr);
22     case OS_SWTMR_STATUS_CREATED:                                      (4)
23         osSwtmrDelete(pstSwtmr);
24       break;
25     default:
26         uwRet = LOS_ERRNO_SWTMR_STATUS_INVALID;
27         break;
28     }
29
30     LOS_IntRestore(uvIntSave);
31     return uwRet;
32 }
```

代码清单 9-6（1）：检查要删除的软件定时器的 ID 是否有效。CHECK_SWTMRID 其实是一个宏定义，在 los_swtmr.c 文件中定义，这个宏定义用于检查软件定时器 ID 是否有效，如果有效，则根据软件定时器 ID 获取软件定时器控制块 pstSwtmr。

代码清单 9-6（2）：获取软件定时器的状态，并根据软件定时器的状态进行删除操作，如果要删除的软件定时器是没有被创建的或者是已经被删除的，则直接返回错误代码 LOS_ERRNO_SWTMR_NOT_CREATED。

代码清单 9-6（3）：如果软件定时器还在运行中，则先停止软件定时器，而不是直接删除。在软件定时器被停止之后，它没有 break 语句，所以不会退出 switch 语句，需要再进行删除操作。

代码清单 9-6（4）：如果软件定时器已经停止了，则表示可以进行删除操作，调用 osSwtmrDelete 函数进行删除操作，将软件定时器归还到系统软件定时器未使用列表中，并将软件定时器的状态改变为 OS_SWTMR_STATUS_UNUSED，以便在下次创建软件定时器的时候能从未使用列表中获取到软件定时器。函数 osSwtmrDelete 源码如代码清单 9-7 所示。

代码清单 9-7 函数 osSwtmrDelete 源码

```
1 LITE_OS_SEC_TEXT STATIC_INLINE VOID osSwtmrDelete(SWTMR_CTRL_S *pstSwtmr)
```

```
 2 {
 3     /**  插入软件定时器未使用列表中 **/
 4     pstSwtmr->pstNext = m_pstSwtmrFreeList;
 5     m_pstSwtmrFreeList = pstSwtmr;
 6     pstSwtmr->ucState = OS_SWTMR_STATUS_UNUSED;
 7
 8 #if (LOSCFG_BASE_CORE_SWTMR_ALIGN == YES)
 9     m_uwSwTmrAlignID[pstSwtmr->usTimerID % LOSCFG_BASE_CORE_SWTMR_LIMIT] = 0;
10 #endif
11 }
```

进行软件定时器删除操作时要传入正确的软件定时器 ID，并应先将软件定时器停止，再进行软件定时器删除操作。软件定时器删除函数 LOS_SwtmrDelete 实例如代码清单 9-8 加粗部分所示。

代码清单 9-8　软件定时器删除函数 LOS_SwtmrDelete 实例

```
1 UINT32 uwRet = LOS_OK;
2 uwRet = LOS_SwtmrDelete(Timer_Handle);//删除软件定时器
3 if (LOS_OK != uwRet)
4 {
5     printf("删除软件定时器失败\n");
6 } else
7 {
8     printf("删除成功\n");
9 }
```

9.2.6　软件定时器启动函数 LOS_SwtmrStart

软件定时器创建成功后，软件定时器的状态从 OS_SWTMR_STATUS_UNUSED（未使用状态）变为 OS_SWTMR_STATUS_CREATED（创建未启动/停止状态），创建完成的软件定时器是未运行的，用户可以在需要的时候启动它，LiteOS 为此提供了软件定时器启动函数 LOS_SwtmrStart，其源码如代码清单 9-9 所示。

代码清单 9-9　软件定时器启动函数 LOS_SwtmrStart 源码

```
 1 /*************************************************************************
 2 Function    : LOS_SwtmrStart
 3 Description: 启动一个软件定时器
 4 Input       : usSwTmrID —— 软件定时器 ID
 5 Output      : None
 6 Return      : 返回 LOS_OK 表示启动成功，返回其他错误代码表示失败
 7 *************************************************************************/
 8 LITE_OS_SEC_TEXT UINT32 LOS_SwtmrStart(UINT16 usSwTmrID)
 9 {
10     SWTMR_CTRL_S  *pstSwtmr;
11     UINTPTR  uvIntSave;
12 #if (LOSCFG_BASE_CORE_SWTMR_ALIGN == YES)
13     UINT32 uwTimes;
14 #endif
15     UINT32 uwRet = LOS_OK;
16     UINT16 usSwTmrCBID;
17
18     CHECK_SWTMRID(usSwTmrID, uvIntSave, usSwTmrCBID, pstSwtmr);
19 #if (LOSCFG_BASE_CORE_SWTMR_ALIGN == YES)                              (1)
20     if ( OS_SWTMR_ALIGN_INSENSITIVE == pstSwtmr->ucSensitive &&
21          LOS_SWTMR_MODE_PERIOD == pstSwtmr->ucMode ) {
```

```
22          SET_ALIGN_SWTMR_CAN_ALIGNED(m_uwSwTmrAlignID[pstSwtmr->
23              usTimerID % LOSCFG_BASE_CORE_SWTMR_LIMIT]);
24          if (pstSwtmr->uwInterval % LOS_COMMON_DIVISOR == 0) {
25              SET_ALIGN_SWTMR_CAN_MULTIPLE(m_uwSwTmrAlignID[pstSwtmr->
26               usTimerID % LOSCFG_BASE_CORE_SWTMR_LIMIT]);
27              uwTimes = pstSwtmr->uwInterval / (LOS_COMMON_DIVISOR);
28              SET_ALIGN_SWTMR_DIVISOR_TIMERS(m_uwSwTmrAlignID[pstSwtmr->
29              usTimerID % LOSCFG_BASE_CORE_SWTMR_LIMIT], uwTimes);
30          }
31      }
32 #endif
33
34      switch (pstSwtmr->ucState) {
35      case OS_SWTMR_STATUS_UNUSED:                                      (2)
36          uwRet = LOS_ERRNO_SWTMR_NOT_CREATED;
37          break;
38      case OS_SWTMR_STATUS_TICKING:                                     (3)
39          osSwtmrStop(pstSwtmr);
40      case OS_SWTMR_STATUS_CREATED:                                     (4)
41          osSwTmrStart(pstSwtmr);
42          break;
43      default:
44          uwRet = LOS_ERRNO_SWTMR_STATUS_INVALID;
45          break;
46      }
47
48      LOS_IntRestore(uvIntSave);
49      return uwRet;
50 }
```

代码清单 9-9（1）：当配置了 LOSCFG_BASE_CORE_SWTMR_ALIGN 时才会对软件定时器进行对齐操作，此处暂时无须理会。

代码清单 9-9（2）：在 CHECK_SWTMRID 宏定义中会根据软件定时器 ID 获取软件定时器的状态，现在要判断一下其状态，如果软件定时器没有创建或者已经删除了，则其是无法启动的，返回错误代码 LOS_ERRNO_SWTMR_NOT_CREATED。

代码清单 9-9（3）：如果软件定时器已经启动了，则再次调用 LOS_SwtmrStart 函数将会停止已经启动的定时器，并重新启动软件定时器，因为停止软件定时器之后，并没有退出 switch 语句。

代码清单 9-9（4）：调用 osSwTmrStart 函数启动软件定时器，该函数的源码如代码清单 9-10 所示。

代码清单 9-10　osSwTmrStart 函数源码

```
1 /*****************************************************************
2 Function    : osSwTmrStart
3 Description: 启动一个软件定时器
4 Input       : pstSwtmr —— 需要启动软件定时器
5 Output      : None
6 Return      : None
7 *****************************************************************/
8 LITE_OS_SEC_TEXT VOID osSwTmrStart(SWTMR_CTRL_S *pstSwtmr)
9 {
10     SWTMR_CTRL_S *pstPrev = (SWTMR_CTRL_S *)NULL;
11     SWTMR_CTRL_S *pstCur = (SWTMR_CTRL_S *)NULL;
12
```

```
13     /***************
14
15     * 中间省略了配置 LOSCFG_BASE_CORE_SWTMR_ALIGN 有用的代码
16     * 本例程中未使能 LOSCFG_BASE_CORE_SWTMR_ALIGN
17     * .....
18     * .....
19
20     ***************/
21
22     pstSwtmr->uwCount = pstSwtmr->uwInterval;
23
24     pstCur = m_pstSwtmrSortList;                                    (1)
25     while (pstCur != NULL) {
26         if (pstCur->uwCount > pstSwtmr->uwCount) {                  (2)
27             break;
28         }
29
30         pstSwtmr->uwCount -= pstCur->uwCount;                       (3)
31         pstPrev = pstCur;
32         pstCur = pstCur->pstNext;                                   (4)
33     }
34
35     pstSwtmr->pstNext = pstCur;                                     (5)
36
37     if (pstCur != NULL) {
38         pstCur->uwCount -= pstSwtmr->uwCount;                       (6)
39     }
40
41     if (pstPrev == NULL) {
42         m_pstSwtmrSortList = pstSwtmr;                              (7)
43     } else {
44         pstPrev->pstNext = pstSwtmr;                                (8)
45     }
46
47     pstSwtmr->ucState = OS_SWTMR_STATUS_TICKING;                    (9)
48
49     return;
50 }
```

注意

在启动的过程中，软件定时器会按唤醒时间升序被插入软件定时器列表中，距离唤醒时间最短的软件定时器排在列表头部，距离唤醒时间最长的软件定时器排在尾部。例如，软件定时器列表中一开始只有一个周期为 200 个 Tick 的软件定时器 A，那么定时器 A 在 200 个 Tick 后就会被唤醒并调用对应的回调函数；此时若插入一个周期为 100 个 Tick 的软件定时器 B，那么 100 个 Tick 之后，软件定时器 B 就会被唤醒，而原来在 200 个 Tick 后唤醒的软件定时器 A 将会在软件定时器 B 调用之后 100 个 Tick 时唤醒；若插入一个周期为 50 个 Tick 的软件定时器 C，过程同上，如图 9-2 和图 9-3 所示。

代码清单 9-10（1）：m_pstSwtmrSortList 是 LiteOS 管理软件定时器的列表，所有被创建并且启动的软件定时器都会被插入软件定时器列表中，获取软件定时器列表中的第一个软件软件定时器，并保存在局部变量 pstCur 中。

代码清单 9-10（2）：当 pstCur 不为空的时候，表明软件定时器列表中存在软件定时器，可进行新的软件定时器插入操作。系统会比较列表中的第一个软件定时器（pstCur）唤醒时间与新插入的软件定时器唤醒时间，如果 pstCur 的唤醒时间大于新插入的软件定时器的唤醒时间，则直接退出循环，说明新插入的软件定时器应该处于软件定时器列表的头部，因为它距离唤醒的时间是最小的，如图 9-2 ②所示。

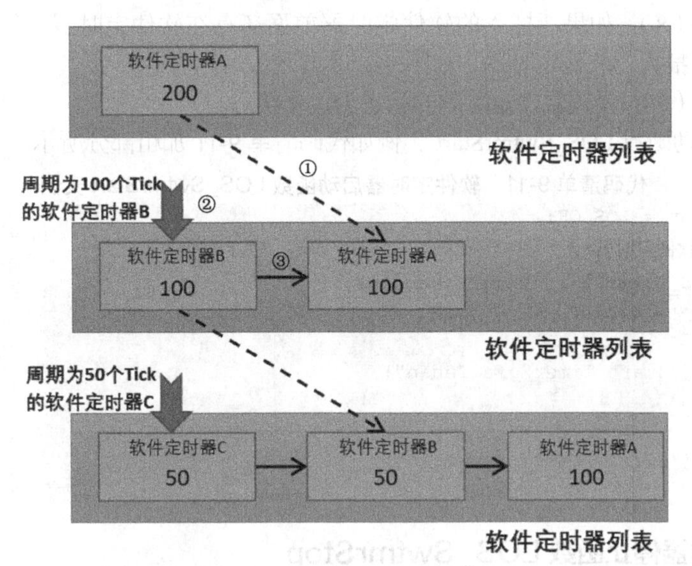

图 9-2 软件定时器插入队列时的排序 1

代码清单 9-10（3）：如果插入的软件定时器距离唤醒时间不是最小的，则继续寻找，直到合适的位置。此时，新插入的软件定时器的唤醒时间应该减去前一个唤醒时间，如图 9-3 所示，插入软件定时器 C 时，本来插入的周期是 130 个 Tick，减去软件定时器 A 的唤醒时间 50 个 Tick，这表明在软件定时器 A 唤醒之后的 80 个 Tick 再唤醒软件定时器 C，而软件定时器 A 距离唤醒的时间是 50 个 Tick，等到唤醒软件定时器 C 经过的时间是 130 个 Tick（50+80），与设定的一致。

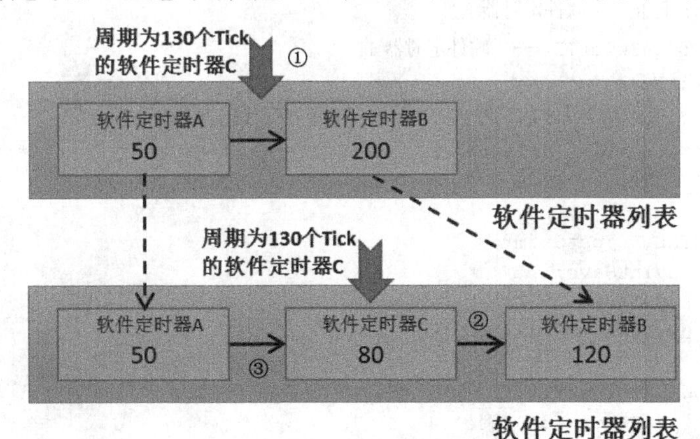

图 9-3 软件定时器插入队列时的排序 2

代码清单 9-10（4）：继续寻找要插入的位置，直到找到合适的位置再退出循环。

代码清单 9-10（5）：找到合适的插入位置，需要进行插入操作，新插入的软件定时器的下一个软件定时器就是 pstCur，如图 9-2 ③和图 9-3 ②所示。

代码清单 9-10（6）：如果 pstCur 不为 NULL，则表示插入的软件定时器后面还有定时器，需要改变其唤醒时间（减去插入的软件定时器时间），如图 9-2 中软件定时器 A、B 和图 9-3 中软件定时器 B 所示。

代码清单 9-10（7）：如果新插入的软件定时器前面没有定时器了，则表示该软件定时器插入了软件定时器列表的头部，所以 m_pstSwtmrSortList 要指向新插入的软件定时器，如图 9-2 中的软件定时器 C 所示。

代码清单 9-10（8）：如果新插入的软件定时器前面还存在软件定时器，则使该软件定时器的 pstNext 指针指向新插入的软件定时器，如图 9-3 ③所示。

代码清单 9-10（9）：设置软件定时器的状态为工作状态。

软件定时器启动函数 LOS_SwtmrStart 实例如代码清单 9-11 加粗部分所示。

代码清单 9-11　软件定时器启动函数 LOS_SwtmrStart 实例

```
 1 UINT32 uwRet = LOS_OK;
 2 /* 启动一个软件定时器*/
 3 uwRet = LOS_SwtmrStart(Timer2_Handle);
 4 if (LOS_OK != uwRet)
 5 {
 6     printf("start Timer2 failed\n");
 7 } else
 8 {
 9     printf("start Timer2 sucess\n");
10 }
```

9.2.7　软件定时器停止函数 LOS_SwtmrStop

与软件定时器启动函数相反的是软件定时器停止函数。软件定时器停止函数 LOS_SwtmrStop 用于停止正在运行的软件定时器，在不需要使用的时候或者在删除某个软件定时器之前，应先使软件定时器停止。软件定时器停止函数是很常用的函数，其源码如代码清单 9-12 所示。

代码清单 9-12　软件定时器停止函数 LOS_SwtmrStop 源码

```
 1 /*********************************************************************
 2 Function    : LOS_SwtmrStop
 3 Description: 停止一个软件定时器
 4 Input       : usSwTmrID —— 软件定时器 ID
 5 Output      : None
 6 Return      : 返回 LOS_OK 表示停止成功，返回其他错误代码表示失败
 7 *********************************************************************/
 8 LITE_OS_SEC_TEXT UINT32 LOS_SwtmrStop(UINT16 usSwTmrID)
 9 {
10     SWTMR_CTRL_S *pstSwtmr;
11     UINTPTR uvIntSave;
12     UINT16 usSwTmrCBID;
13     UINT32 uwRet = LOS_OK;
14
15     CHECK_SWTMRID(usSwTmrID, uvIntSave, usSwTmrCBID, pstSwtmr);    (1)
16     switch (pstSwtmr->ucState) {
17     case OS_SWTMR_STATUS_UNUSED:                                      (2)
18         uwRet = LOS_ERRNO_SWTMR_NOT_CREATED;
19         break;
20     case OS_SWTMR_STATUS_CREATED:                                     (3)
21         uwRet = LOS_ERRNO_SWTMR_NOT_STARTED;
22         break;
23     case OS_SWTMR_STATUS_TICKING:                                     (4)
24         osSwtmrStop(pstSwtmr);
```

```
25          break;
26      default:
27          uwRet = LOS_ERRNO_SWTMR_STATUS_INVALID;
28          break;
29      }
30
31      LOS_IntRestore(uvIntSave);
32      return uwRet;
33 }
```

代码清单 9-12（1）：通过宏定义 CHECK_SWTMRID 检查软件定时器 ID 是否有效，并根据软件定时器 ID 获取对应的软件定时器控制块。

代码清单 9-12（2）：获取当前软件定时器的状态，如果软件定时器没有创建或者已经被删除了，则返回错误代码 LOS_ERRNO_SWTMR_NOT_CREATED。

代码清单 9-12（3）：如果软件定时器没有启动，则返回错误代码。

代码清单 9-12（4）：如果软件定时器已经启动了，则调用软件定时器停止函数 LOS_SwtmrStop 将会停止已经启动的定时器。真正停止软件定时器的函数是 osSwtmrStop，如代码清单 9-13 所示。

代码清单 9-13　软件定时器停止函数 osSwtmrStop 源码

```
 1 /**********************************************************************
 2 Function    : osSwtmrStop
 3 Description:  停止一个软件定时器
 4 Input       : pstSwtmr
 5 Output      : None
 6 Return      : None
 7 *******************************************************************/
 8 LITE_OS_SEC_TEXT VOID osSwtmrStop(SWTMR_CTRL_S *pstSwtmr)
 9 {
10     SWTMR_CTRL_S *pstPrev = (SWTMR_CTRL_S *)NULL;
11     SWTMR_CTRL_S *pstCur = (SWTMR_CTRL_S *)NULL;
12
13     if (!m_pstSwtmrSortList)
14         return;
15
16     pstCur = m_pstSwtmrSortList;                              (1)
17
18     while (pstCur != pstSwtmr) {
19         pstPrev = pstCur;
20         pstCur = pstCur->pstNext;                             (2)
21     }
22
23     if (pstCur->pstNext != NULL) {
24         pstCur->pstNext->uwCount += pstCur->uwCount;  (3)
25     }
26
27     if (pstPrev == NULL) {
28         m_pstSwtmrSortList = pstCur->pstNext;                 (4)
29     } else {
30         pstPrev->pstNext = pstCur->pstNext;                   (5)
31     }
32
33     pstCur->pstNext = (SWTMR_CTRL_S *)NULL;
34     pstCur->ucState = OS_SWTMR_STATUS_CREATED;                (6)
35
36 #if (LOSCFG_BASE_CORE_SWTMR_ALIGN == YES)
37     SET_ALIGN_SWTMR_ALREADY_NOT_ALIGNED(m_uwSwTmrAlignID[
```

```
38      pstSwtmr->usTimerID % LOSCFG_BASE_CORE_SWTMR_LIMIT]);
39 #endif
40 }
```

代码清单 9-13（1）：获取软件定时器列表的第一个软件定时器，并保存在 pstCur 中，为遍历定时器列表做准备。

代码清单 9-13（2）：如果 pstCur 不是要停止的软件定时器，则需要遍历软件定时器列表，直到找到要停止的软件定时器为止。

代码清单 9-13（3）：如果要停止的软件定时器后面还有定时器，则要修改该定时器的唤醒时间，即加上要停止的软件定时器的时间。

代码清单 9-13（4）：如果停止的软件定时器是列表中的第一个，则将 m_pstSwtmrSortList 指向列表中的第二个定时器（当前软件定时器的下一个）。

代码清单 9-13（5）：如果停止的不是列表中的第一个软件定时器，则将软件定时器前后的两个定时器连接起来。

代码清单 9-13（6）：设置软件定时器的状态为停止状态。

9.3 软件定时器实验

软件定时器实验要在 LiteOS 中创建两个软件定时器，一个软件定时器是单次模式，5000Tick 调用一次回调函数；另一个软件定时器是周期模式，1000Tick 调用一次回调函数，并在回调函数中输出相关信息。软件定时器实验源码如代码清单 9-14 加粗部分所示。

代码清单 9-14　软件定时器实验源码

```
 1 /*****************************************************************
 2   * @file    main.c
 3   * @author  fire
 4   * @version V1.0
 5   * @date    2018-xx-xx
 6   * @brief   STM32全系列开发板-LiteOS!
 7   *****************************************************************
 8   * @attention
 9   *
10   * 实验平台:野火 F103-霸道 STM32 开发板
11   * 论坛    :http://www.firebbs.cn
12   * 淘宝    :http://firestm32.taobao.com
13   *
14   *****************************************************************
15   */
16 /* LiteOS 头文件 */
17 #include "los_sys.h"
18 #include "los_task.ph"
19 #include "los_swtmr.h"
20 /* 板级外设头文件 */
21 #include "bsp_usart.h"
22 #include "bsp_led.h"
23 #include "bsp_key.h"
24
25 /**************************** 定时器 ID ****************************/
26 /*
27  * 定时器 ID 是一个从 0 开始的数字，当定时器创建完成之后，其就具有了一个定时器 ID，
```

```
28  * 以后的操作都需要通过定时器 ID 进行
29  *
30  */
31
32 /* 定义定时器 ID 变量 */
33 UINT16 Timer1_Handle;
34 UINT16 Timer2_Handle;
35
36 /************************** 内核对象 ID ******************************/
37 /*
38  * 信号量、消息队列、事件标志组、软件定时器都属于内核的对象，要想使用这些内核
39  * 对象，必须先创建，创建成功之后会返回一个相应的 ID。这里的 ID 实际上就是一个整数，后续
40  * 可以通过这个 ID 操作这些内核对象
41  *
42  *
43  * 内核对象就是一种全局的数据结构，通过这些数据结构可以实现任务间的通信、任务间的事件同步
44  * 等功能。这些功能的实现是通过调用内核对象的函数
45  * 来完成的
46  *
47  */
48
49 /********************** 全局变量声明 *********************************/
50 /*
51  * 在写应用程序的时候，可能需要用到一些全局变量
52  */
53 static UINT32 TmrCb_Count1 = 0;
54 static UINT32 TmrCb_Count2 = 0;
55
56
57 /* 函数声明 */
58 static UINT32 AppTaskCreate(void);
59 static void Timer1_Callback(UINT32 arg);
60 static void Timer2_Callback(UINT32 arg);
61
62 static void LED_Task(void);
63 static void Key_Task(void);
64 static void BSP_Init(void);
65
66
67 /*****************************************************************
68   * @brief  主函数
69   * @param  无
70   * @retval 无
71   * @note   第一步：开发板硬件初始化
72             第二步：创建 App 应用任务
73             第三步：启动 LiteOS，开始多任务调度，启动失败时输出错误信息
74   ****************************************************************/
75 int main(void)
76 {
77     //定义一个返回类型变量，初始化为 LOS_OK
78     UINT32 uwRet = LOS_OK;
```

```
79
80      /* 板级硬件初始化 */
81      BSP_Init();
82
83      printf("这是一个[野火]-STM32 全系列开发板-LiteOS 软件定时器实验! \n\n");
84      printf("Timer1_Callback 只执行一次就被销毁\n");
85      printf("Timer2_Callback 则循环执行\n");
86
87      /* LiteOS 内核初始化 */
88      uwRet = LOS_KernelInit();
89
90      if (uwRet != LOS_OK) {
91          printf("LiteOS 核心初始化失败! 失败代码 0x%X\n",uwRet);
92          return LOS_NOK;
93      }
94
95      /* 创建 App 应用任务，所有的应用任务都可以放在这个函数中 */
96      uwRet = AppTaskCreate();
97      if (uwRet != LOS_OK) {
98          printf("AppTaskCreate 创建任务失败! 失败代码 0x%X\n",uwRet);
99          return LOS_NOK;
100     }
101
102     /* 开启 LiteOS 任务调度 */
103     LOS_Start();
104
105     //正常情况下不会执行到这里
106     while (1);
107 }
108
109
110 /*******************************************************************
111   * @ 函数名  : AppTaskCreate
112   * @ 功能说明: 任务创建，为了方便管理，所有的任务创建函数都可以放在这个函数中
113   * @ 参数    : 无
114   * @ 返回值  : 无
115   *******************************************************************/
116 static UINT32 AppTaskCreate(void)
117 {
118     /* 定义一个返回类型变量，初始化为 LOS_OK */
119     UINT32 uwRet = LOS_OK;
120
121     /* 创建一个软件定时器 */
122     uwRet = LOS_SwtmrCreate(5000, /* 软件定时器的定时时间*/
123                 LOS_SWTMR_MODE_ONCE, /* 软件定时器模式为单次模式 */
124                 (SWTMR_PROC_FUNC)Timer1_Callback,/*软件定时器的回调函数 */
125                 &Timer1_Handle,        /* 软件定时器的 ID */
126                 0);
127     if (uwRet != LOS_OK) {
128         printf("软件定时器 Timer1 创建失败! \n");
129     }
```

```
130     uwRet = LOS_SwtmrCreate(1000,   /* 软件定时器的定时时间（Tick）*/
131                  LOS_SWTMR_MODE_PERIOD,/* 软件定时器模式为周期模式 */
132                  (SWTMR_PROC_FUNC)Timer2_Callback,/* 软件定时器的回调函数 */
133                  &Timer2_Handle,     /* 软件定时器的 ID */
134                  0);
135     if (uwRet != LOS_OK) {
136         printf("软件定时器 Timer2 创建失败! \n");
137         return uwRet;
138     }
139 
140     /* 启动一个软件定时器 */
141     uwRet = LOS_SwtmrStart(Timer1_Handle);
142     if (LOS_OK != uwRet) {
143         printf("start Timer1 failed\n");
144         return uwRet;
145     } else {
146         printf("start Timer1 sucess\n");
147     }
148     /* 启动一个软件定时器 */
149     uwRet = LOS_SwtmrStart(Timer2_Handle);
150     if (LOS_OK != uwRet) {
151         printf("start Timer2 failed\n");
152         return uwRet;
153     } else {
154         printf("start Timer2 sucess\n");
155     }
156 
157     return LOS_OK;
158 }
159 
160 /*******************************************************************
161   * @ 函数名  ： Timer1_Callback
162   * @ 功能说明： 软件定时器回调函数 1
163   * @ 参数    ： 传入一个参数，但未使用
164   * @ 返回值  ： 无
165   *******************************************************************/
166 static void Timer1_Callback(UINT32 arg)
167 {
168     UINT32 tick_num1;
169 
170     TmrCb_Count1++;                 /* 每回调一次就加 1 */
171     LED1_TOGGLE;
172     tick_num1 = (UINT32)LOS_TickCountGet(); /* 获取软件定时器的计数值 */
173 
174     printf("Timer_CallBack_Count1=%d\n", TmrCb_Count1);
175     printf("tick_num1=%d\n", tick_num1);
176 }
177 /******************************************************************
178   * @ 函数名  ： Timer2_Callback
179   * @ 功能说明： 软件定时器回调函数 2
180   * @ 参数    ： 传入一个参数，但未使用
181   * @ 返回值  ： 无
```

```
182  *****************************************************************/
183 static void Timer2_Callback(UINT32 arg)
184 {
185     UINT32 tick_num2;
186 
187     TmrCb_Count2++;                      /* 每回调一次就加 1 */
188     LED2_TOGGLE;
189     tick_num2 = (UINT32)LOS_TickCountGet(); /* 获取软件定时器的计数值 */
190 
191     printf("Timer_CallBack_Count2=%d\n", TmrCb_Count2);
192 
193     printf("tick_num2=%d\n", tick_num2);
194 
195 }
196 
197 /*****************************************************************
198   * @ 函数名  : BSP_Init
199   * @ 功能说明: 板级外设初始化，开发板上的所有初始化代码均可放在这个函数中
200   * @ 参数    :
201   * @ 返回值  : 无
202   *****************************************************************/
203 static void BSP_Init(void)
204 {
205     /*
206      * STM32 中断优先级分组为 4，即 4bit 都用来表示抢占优先级，范围为 0 ~ 15
207      * 优先级分组只需要分组一次，以后如果有其他任务需要用到中断，
208      * 则统一使用这个优先级分组，不要再分组，切记
209      */
210     NVIC_PriorityGroupConfig( NVIC_PriorityGroup_4 );
211 
212     /* LED 初始化 */
213     LED_GPIO_Config();
214 
215     /* 串口初始化 */
216     USART_Config();
217 
218     /* 按键初始化 */
219     Key_GPIO_Config();
220 }
221 
222 
223 /********************************END OF FILE*********************/
```

9.4 实验现象

将程序编译好，使用 USB 线缆连接计算机和开发板的 USB 接口（对应印制电路板上的 USB 转串口），使用 DAP 仿真器把配套程序下载到野火 STM32 开发板（具体型号根据读者的开发板而定，每个型号的开发板都配套有对应的程序）中，在计算机上打开串口调试助手，复位开发板，即可在调试助手中看到串口的输出信息，在串口调试助手中可以看到运行结果，即每 1000 个 Tick，软件定

时器就会触发一次回调函数，当第 5000 个 Tick 到来的时候，触发软件定时器单次模式的回调函数，如图 9-4 所示。

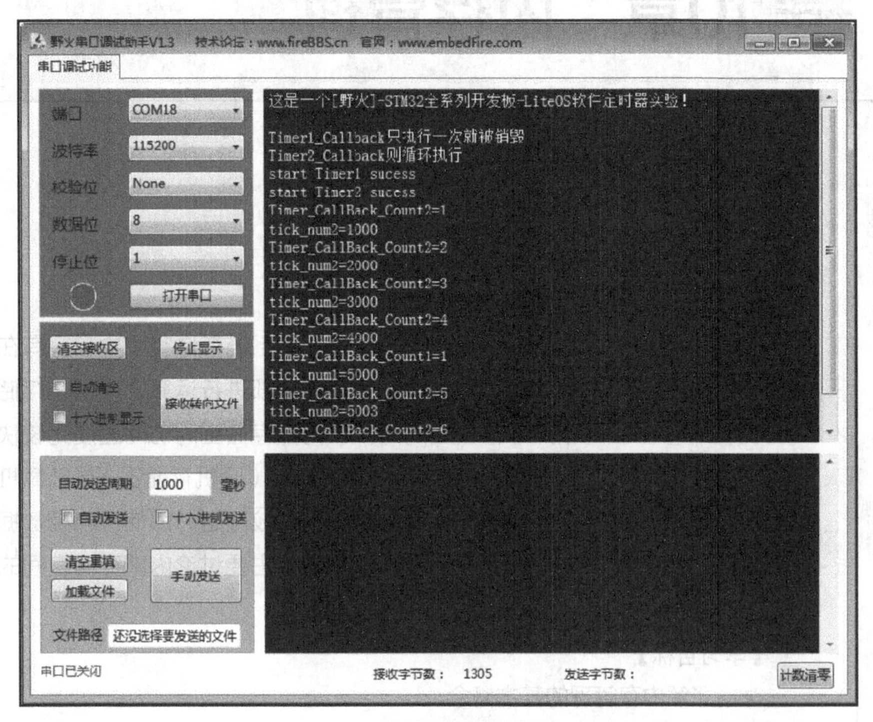

图 9-4　软件定时器实验现象

第10章　内存管理

在计算系统中，变量、中间数据一般存放在系统存储空间中，只有在实际使用时才将它们从存储空间调入中央处理器内部进行运算。通常，存储空间分为内部存储空间和外部存储空间两种。内部存储空间访问速度比较快，能够按照变量地址随机访问，即通常所说的 RAM（随机存储器）或计算机内存；而外部存储空间内所保存的内容相对来说比较固定，即使掉电后数据也不会丢失，可以把它理解为计算机的硬盘。本章主要讨论内部存储空间的管理——内存管理。

【学习目标】

- 了解内存管理的基本概念。
- 了解内存管理的运行机制。
- 掌握 LiteOS 的内存池的使用方式。
- 掌握 LiteOS 动态内存分配的使用方式。

10.1　内存管理的基本概念

LiteOS 将内核与内存管理分开实现，操作系统内核仅规定了必要的内存管理函数原型，而不关心内存管理的函数是如何实现的，所以 LiteOS 中提供了多种内存分配算法（分配策略），但是上层接口是统一的。这样做可以增强系统的灵活性，用户可以选择对自己更有利的内存管理策略，在不同的应用场合使用不同的内存分配策略。

在嵌入式程序设计中，内存分配应该根据所设计系统的特点来使用对应的内存分配策略，一些可靠性要求非常高的系统应选择使用静态的内存分配策略，而普通的业务系统可以使用动态内存分配策略以提高系统内存利用率。静态内存分配可以保证设备的可靠性，但内存利用率低，动态内存分配则与其相反。

LiteOS 内存管理模块用于管理系统的内存资源，它是操作系统的核心模块之一，功能主要包括内存的初始化、分配及释放。在计算机中可以使用 malloc/free 函数动态地分配/释放内存，但在嵌入式的库中，malloc 和 free 通常被定义为 weak 函数，而操作系统拥有自己的内存分配与释放函数，一般不使用 malloc 和 free，其原因有以下几点。

（1）这些函数在小型嵌入式系统中并不总是可用的，因为小型嵌入式设备中的RAM不足。

（2）它们的实现方式占用很大资源，占据了很大的一块代码空间。

（3）它们都不是安全的。

LiteOS的内存管理分为静态内存管理和动态内存管理，不同的分配算法各有优缺点，动态内存分配指在动态内存池中分配用户指定大小的内存块。优点：按需分配。缺点：内存池中可能出现碎片。

静态内存分配指在静态内存池中分配用户初始化时预设（固定）大小的内存块。优点：分配和释放效率高，静态内存池中无碎片。缺点：只能分配到初始化时预设大小的内存块，不能按需分配。

LiteOS提供了多种内存分配算法，默认使用BestFit（最佳适应算法），所谓“最佳”，是指每次分配内存时，总是把最合适的内存块分配出去，避免“大材小用”。该分配算法尽可能保留系统中连续的内存块，减少内存碎片；缺点是分配算法时间消耗较大。最佳适应算法的时间是不确定的，时间复杂度是 $O(n)$。

在一般的嵌入式系统中，由于MCU（Micro Control Unit，微控制单元）不支持虚拟内存，所有的内存都需要用户参与分配，直接操作物理内存，因此管理的内存大小不会超过物理内存大小。

此外，在嵌入式实时操作系统中，内存管理算法会根据需要存储的数据的长度，在内存中寻找一个合适大小的空闲内存块，并将数据存储在内存块中。LiteOS中提供了TLSF动态内存管理算法，该算法的时间复杂度是 $O(1)$，是一个固定值。

在嵌入式系统中，内存是十分有限且珍贵的，而在分配过程中，随着内存不断被分配和释放，整个系统内存区域会产生越来越多的碎片，因为在分配与释放的过程中，内存空间中会形成一些小的内存块，它们地址不连续，不能够作为连续的内存块分配，所以，系统一定会在某个时间无法分配到合适的内存，导致系统瘫痪。但是系统中实际上是存在空闲内存的，因为内存地址不连续，才导致无法分配成功，所以需要一个良好的内存分配算法来避免这种情况的出现，最佳适应算法对内存碎片的处理效果是最好的，它能尽可能保留大的内存块，而TLSF动态内存管理算法对内存碎片的处理次之。

不同的嵌入式系统具有不同的内存配置和时间要求，所以单一的内存分配算法只可能适合部分应用程序。因此，LiteOS将内存分配作为可移植层，针对性地提供了不同的内存分配管理算法，这使得不同的应用程序可以选择适合自身的内存分配算法。

在系统运行过程中，是需要对内存进行管理的，LiteOS提供了内存管理模块给用户使用。内存管理模块通过对内存进行分配、释放操作，来管理用户和OS对内存的使用，使内存的利用率达到最优，并最大限度地解决系统的内存碎片问题。

10.2 内存管理的运行机制

本节将讲解动态内存管理与静态内存管理的运行机制。

1. 动态内存管理

动态内存管理即在内存资源充足的情况下，从系统配置的一块比较大的连续内存堆（其大小为OS_SYS_MEM_SIZE）中，根据用户需求分配任意大小的内存块，当用户不需要该内存块时，可以释放该内存块。与静态内存管理相比，动态内存管理的好处是按需分配，缺点是消耗的时间较多，且可能产生内存碎片。

Executable and linking format（ELF）文件是一种常用目标文件（object file）格式，它是由编译器编译出来的，主要由 text、data、bss 段组成。text 段位于 Flash 中，而 data 和 bss 段位于 RAM 中。系统的内存除了 data、bss 段所占的空间及 msp 栈内存空间外，其余的 RAM 为系统的内存堆（heap）管理的内存，也就是说它是由 LiteOS 去管理的，即动态内存管理。heap 管理的内存的起始地址为 bss 段的结束，因为 bss 段位于 data 段的后面，而 msp 栈一般位于 RAM 的最后，所以，heap 管理的内存的结束地址为 msp 栈的起始地址。

内存管理包括以下过程。

（1）初始化内存：在使用内存之前，必须先初始化内存堆，LiteOS 在内核初始化的时候就已经对管理的内存进行了初始化，内存的起始地址是 LOS_HEAP_MEM_BEGIN，结束地址是 LOS_HEAP_MEM_END，内存池的大小是 OS_SYS_MEM_SIZE。用户可以在分散加载文件中修改内存堆的大小，但是其最大不能超过芯片的 RAM 区域。例如，在野火 STM32 霸道开发板上，其大小不能超过 64KB，因为 STM32F103ZET6 的 RAM 是 64KB。初始化一个内存堆后，会在内存堆中生成一个内存信息管理节点（LOS_HEAP_MANAGER），而剩余的内存全部被标记为 FreeNode，表示未使用的空闲内存。每一个空闲内存块头部都有一个空闲内存块节点，用于记录内存块的信息，如图 10-1 所示。

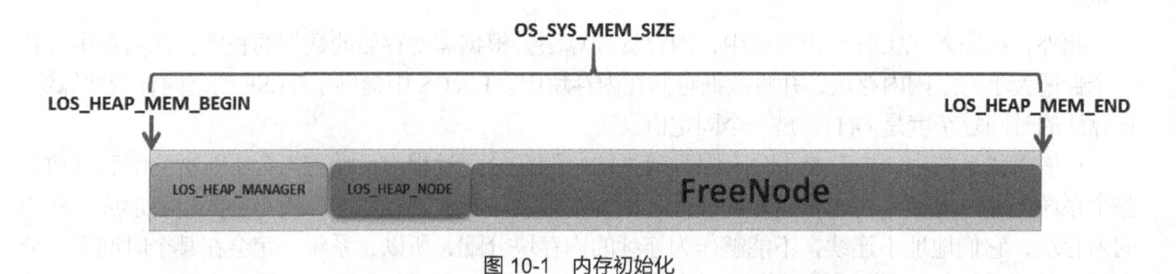

图 10-1 内存初始化

（2）分配内存：当系统内存堆初始化完毕后，用户即可从系统所管理的内存堆中分配内存。在 LiteOS 中，主要使用 LOS_MemAlloc 函数分配内存，系统根据指定的内存大小从内存堆中分配内存，其大小不能超过当前系统管理的可用内存大小。调用 3 次 LOS_MemAlloc 函数可以分配 3 个内存空间，假设名称分别为 UsedA、UsedB、UsedC，大小分别为 sizeA、sizeB、sizeC，剩下的内存被标记为 FreeNode，刚初始化完内存堆时只有一个空闲内存块 FreeNode，通过内存分配算法，可将所需的内存块从 FreeNode 中切割出来，如图 10-2 所示。

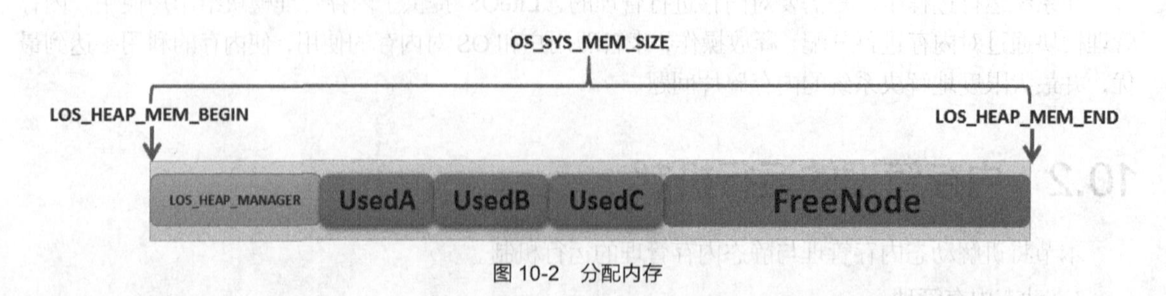

图 10-2 分配内存

（3）释放内存：因为在嵌入式系统中，内存是系统的紧缺资源，当不需要内存时，应及时将其释放。在 LiteOS 中，可以使用 LOS_MemFree 函数释放不再使用的内存，系统会自动将内存释放到系统管理的内存堆中。假设调用 LOS_MemFree 函数释放内存块 UsedB，则会回收内存块 UsedB，并将其标记为 FreeNode，如图 10-3 所示。

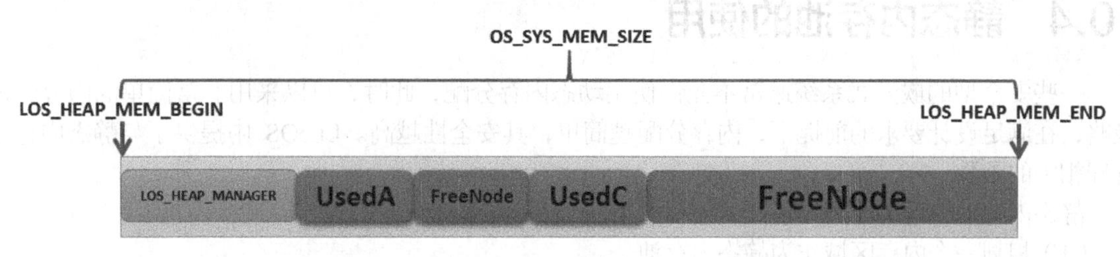

图 10-3　释放内存

2. 静态内存池管理

静态内存实质上是一块静态数组（也称为内存池或静态内存池），静态内存池中的内存块大小需要用户在初始化时设定，初始化后内存块大小不可变更。静态内存池由一个控制块和若干相同大小的内存块构成，控制块（也可以称为内存池信息结构 LOS_MEMBOX_INFO）位于内存池头部，用于内存块管理，每个内存块头部也有一个内存节点信息结构 LOS_MEMBOX_NODE，用于将内存块链接起来形成内存块链表，内存块的分配和释放以块大小为粒度。静态内存池结构示意图如图 10-4 所示。

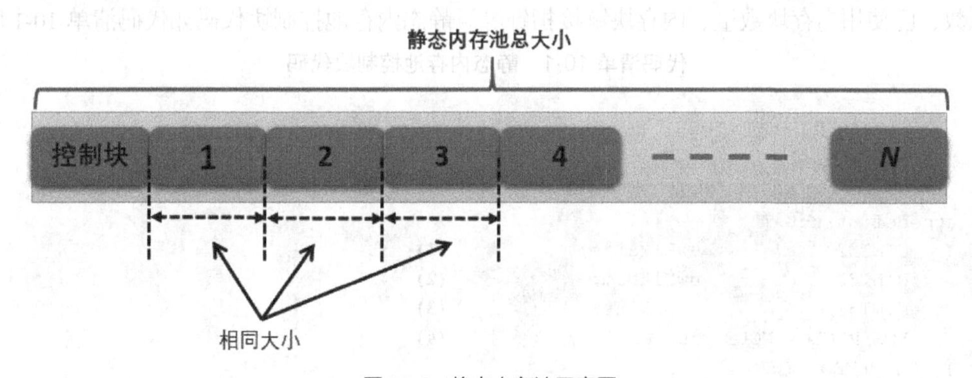

图 10-4　静态内存池示意图

10.3　内存管理的应用场景

内存管理的主要工作是动态划分并管理用户分配好的内存区间，在用户需要使用大小不确定的内存块时按需分配。当用户需要分配内存时，可以通过操作系统的内存分配函数获取指定大小的内存块；一旦内存被使用完毕，就要通过内存释放函数归还所占用的内存块，使之可以重复使用。

例如，用户需要定义一个 float 型数组，即“float Arr[];”。但是，在使用数组的时候，总有一个问题需要去解决：“这个数组应该有多大？”在很多情况下，用户并不能确定要使用多大的数组，为了避免发生错误，需要把数组定义得足够大。即使读者知道想利用的空间大小，但是可能会因为某种特殊原因需要增大或者减小利用的空间，一旦空间大小发生改变，就必须修改程序，扩大或者缩小数组的存储范围。这种分配固定大小内存的方法称为静态内存分配。这种内存分配的方法存在比较严重的缺陷，在大多数情况下会浪费大量的内存空间，在少数情况下，当定义的数组不够大时，可能会引起下标越界错误，甚至导致严重后果。

而使用动态内存分配就可以解决上面的问题，所谓动态内存分配，就是指在程序执行的过程中动态地分配或者回收存储空间。动态内存分配不需要预先分配存储空间，而是由系统根据程序的需要即时分配，且分配的大小就是程序要求的大小。

10.4 静态内存池的使用

一些安全型的嵌入式系统通常不允许使用动态内存分配，此时，可以采用非常简单的内存管理策略，在满足设计要求的前提下，内存分配越简单，其安全性越高。LiteOS 中提供了与静态内存池管理相关的函数。

静态内存池管理的典型场景开发流程如下。

（1）规划一个内存区域作为静态内存池。

（2）调用 LOS_MemboxInit 函数对静态内存池进行初始化。

（3）调用 LOS_MemboxAlloc 函数分配内存块，系统将从内存块空闲链表中获取第一个空闲块，并返回该块的用户空间地址。

（4）调用 LOS_MemboxFree 函数将该块内存插入空闲块链表，进行内存的释放。

（5）调用 LOS_MemboxClr 函数将内存块信息清除。

10.4.1 静态内存池控制块

在静态内存池管理中，LiteOS 通过静态内存池控制块保存内存的相关信息，如内存块大小、内存块总数、已使用内存块数量、内存块链接指针等。静态内存池控制块代码如代码清单 10-1 所示。

代码清单 10-1　静态内存池控制块代码

```
1 /**
2  * @ingroup los_membox
3  * 内存池控制块
4  */
5 typedef struct {
6     UINT32          uwBlkSize;          (1)
7     UINT32          uwBlkNum;           (2)
8     UINT32          uwBlkCnt;           (3)
9     LOS_MEMBOX_NODE stFreeList;         (4)
10 } LOS_MEMBOX_INFO;
```

代码清单 10-1（1）：uwBlkSize 是内存块大小。

代码清单 10-1（2）：uwBlkNum 是内存块总数。

代码清单 10-1（3）：uwBlkCnt 是已经分配使用的块数。

代码清单 10-1（4）：内存块链接指针，链接内存池中的空闲内存块。初始化完成时，所有内存块处于空闲状态，并且都被链接在空闲内存块链表上，用户申请时，从空闲内存块链表头部取出下一个内存块；用户释放时，内存块重新加入该链表的头部。

10.4.2 静态内存池初始化函数 LOS_MemboxInit

在初次使用静态内存池时，需要将内存池初始化，用户必须设定内存池的起始地址、总大小及每个块的大小。静态内存池初始化函数 LOS_MemboxInit 的源码如代码清单 10-2 所示。

代码清单 10-2　静态内存池初始化函数 LOS_MemboxInit 的源码

```
1 LITE_OS_SEC_TEXT_INIT UINT32 LOS_MemboxInit(VOID *pBoxMem,           (1)
2           UINT32 uwBoxSize,                                            (2)
3           UINT32 uwBlkSize)                                            (3)
4 {
5     LOS_MEMBOX_INFO *pstBoxInfo = (LOS_MEMBOX_INFO *)pBoxMem;
6     LOS_MEMBOX_NODE *pstNode = NULL;
7     UINT32 i;
8     UINTPTR uvIntSave;
```

```
9
10      if (pBoxMem == NULL || uwBlkSize == 0 ||
11          uwBoxSize < sizeof(LOS_MEMBOX_INFO)) {                     (4)
12          return LOS_NOK;
13      }
14
15      if (!IS_BOXMEM_ALIGNED(pBoxMem, OS_BOXMEM_BASE_ALIGN)) {       (5)
16          return LOS_NOK;
17      }
18
19      uvIntSave = LOS_IntLock();
20
21      /*
22       * 节点大小与下一个边界对齐，按 4 字节对齐
23       * 内存池中节点大小不足的内存将被忽略
24       */
25      pstBoxInfo->uwBlkSize = LOS_MEMBOX_ALIGNED
26                              (uwBlkSize + LOS_MEMBOX_MAGIC_SIZE);   (6)
27      pstBoxInfo->uwBlkNum = (uwBoxSize - sizeof(LOS_MEMBOX_INFO))
28                              / pstBoxInfo->uwBlkSize;               (7)
29      pstBoxInfo->uwBlkCnt = 0;                                      (8)
30
31      if (pstBoxInfo->uwBlkNum == 0) {                               (9)
32          LOS_IntRestore(uvIntSave);
33          return LOS_NOK;
34      }
35
36      pstNode = (LOS_MEMBOX_NODE *)(pstBoxInfo + 1);
37      pstBoxInfo->stFreeList.pstNext = pstNode;                      (10)
38
39      for (i = 0; i < pstBoxInfo->uwBlkNum - 1; ++i) {
40          pstNode->pstNext = OS_MEMBOX_NODE_NEXT(pstNode,
41                                      pstBoxInfo->uwBlkSize);
42          pstNode = pstNode->pstNext;                                (11)
43      }
44      pstNode->pstNext = (LOS_MEMBOX_NODE *)NULL;  /* 下一个节点 */
45
46  #if (LOSCFG_PLATFORM_EXC == YES)
47      osMemInfoUpdate(pBoxMem, uwBoxSize, MEM_MANG_MEMBOX);
48  #endif
49
50      (VOID)LOS_IntRestore(uvIntSave);
51
52      return LOS_OK;
53  }
```

代码清单 10-2（1）：pBoxMem 是内存池地址，需要用户定义。

代码清单 10-2（2）：uwBoxSize 是内存池大小，由用户定义。uwBoxSize 参数值应符合两个条件——小于或等于内存池大小；大于 LOS_MEMBOX_INFO 的大小。

代码清单 10-2（3）：uwBlkSize 是内存块大小，由用户定义。

代码清单 10-2（4）：判断传入的内存池地址是否有效，如果是无效的，则返回错误代码。如果设置的内存块大小为 0，则返回错误代码，因为内存块大小不允许为 0。如果内存池大小小于内存控制块大小，则返回错误代码。

代码清单 10-2（5）：如果内存池不按照 4 字节对齐，则返回错误代码。

代码清单 10-2（6）：初始化静态内存池中每个内存块的大小。

代码清单 10-2（7）：根据设置的内存池大小与内存块大小计算分配的内存块总数。

代码清单 10-2（8）：初始化已分配内存块数量为 0。

代码清单 10-2（9）：如果内存块的总数是 0，则返回错误。

代码清单 10-2（10）：内存控制块的空闲链表指针指向第一个可用内存块。

代码清单 10-2（11）：将所有可用的内存块节点链接起来。初始化后的内存示意图如图 10-5 所示。

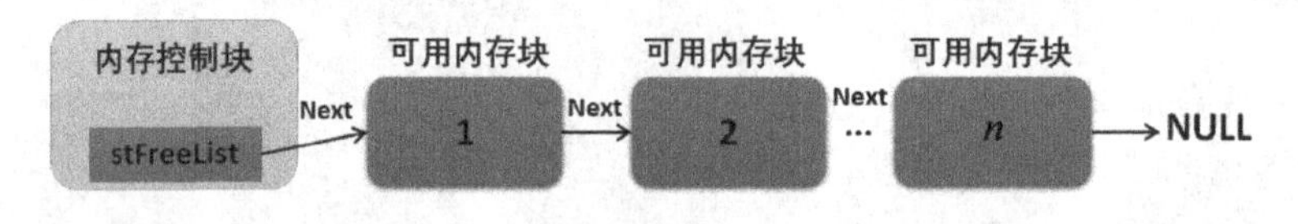

图 10-5　初始化后的内存示意图

调用静态内存池初始化函数 LOS_MemboxInit 后，系统会将指定的内存区域分割为 *n* 块（*n* 值取决于静态内存池总大小和内存块大小），将所有内存块链接到空闲链表中，并在内存起始处放置内存控制块。静态内存池初始化函数 LOS_MemboxInit 的实例如代码清单 10-3 加粗部分所示。

代码清单 10-3　静态内存池初始化函数 LOS_MemboxInit 的实例

```
 1 /* 相关宏定义 */
 2 #define  MEM_BOXSIZE   50          //内存池大小
 3 #define  MEM_BLKSIZE   3           //内存块大小
 4
 5 static UINT32 BoxMem[MEM_BOXSIZE*MEM_BLKSIZE]; //定义一个数组以保证内存池的连续
 6 UINT32 *p_Num = NULL;               //指向读写内存池地址的指针
 7 UINT32 *p_Initial = NULL;           //保存初始指针
 8
 9 UINT32 uwRet = LOS_OK;
10 /* 初始化内存池 */
11 uwRet = LOS_MemboxInit(&BoxMem[0],        /* 内存池地址 */
12                         MEM_BOXSIZE,      /* 内存池大小 */
13                        MEM_BLKSIZE);      /* 内存块大小 */
14 if (uwRet != LOS_OK)
15 {
16     printf("内存池初始化失败\n");
17 } else
18 {
19     printf("内存池初始化成功!\n");
20 }
```

10.4.3 静态内存池分配函数 LOS_MemboxAlloc

在初始化静态内存池之后才能分配内存，可采用静态内存池分配函数 LOS_MemboxAlloc，源码如代码清单 10-4 所示，函数需要传递一个静态内存池指针，表示从哪个静态内存池中分配内存块。

代码清单 10-4　静态内存池分配函数 LOS_MemboxAlloc 的源码

```
1 LITE_OS_SEC_TEXT VOID *LOS_MemboxAlloc(VOID *pBoxMem)
2 {
3     LOS_MEMBOX_INFO *pstBoxInfo = (LOS_MEMBOX_INFO *)pBoxMem;
4     LOS_MEMBOX_NODE *pstNode = NULL;
```

```
5       LOS_MEMBOX_NODE *pRet = NULL;
6       UINTPTR uvIntSave;
7
8       if (pBoxMem == NULL) {                                          (1)
9           return NULL;
10      }
11
12      uvIntSave = LOS_IntLock();
13
14      pstNode = &pstBoxInfo->stFreeList;                              (2)
15      if (pstNode->pstNext != NULL) {                                 (3)
16          pRet = pstNode->pstNext;                                    (4)
17          pstNode->pstNext = pRet->pstNext;                           (5)
18          OS_MEMBOX_SET_MAGIC(pRet);
19          pstBoxInfo->uwBlkCnt++;                                     (6)
20      }
21
22      (VOID)LOS_IntRestore(uvIntSave);
23
24      return pRet == NULL ? NULL : OS_MEMBOX_USER_ADDR(pRet);         (7)
25 }
```

代码清单 10-4（1）：如果要分配的静态内存池地址无效，则返回错误代码。
代码清单 10-4（2）：获取内存控制块的空闲链表指针。
代码清单 10-4（3）：获取空闲链表的第一个内存块，以判断该内存块是否为 NULL。
代码清单 10-4（4）：如果不为 NULL，则表示该内存块可用，保存内存块起始地址。
代码清单 10-4（5）：更新空闲内存块链表的表头指针，指向下一个可用内存块，如图 10-6 所示。
代码清单 10-4（6）：记录已分配的内存块个数，uwBlkCnt 变量加 1。
代码清单 10-4（7）：如果分配成功，则返回正确的内存块地址，否则返回 NULL。

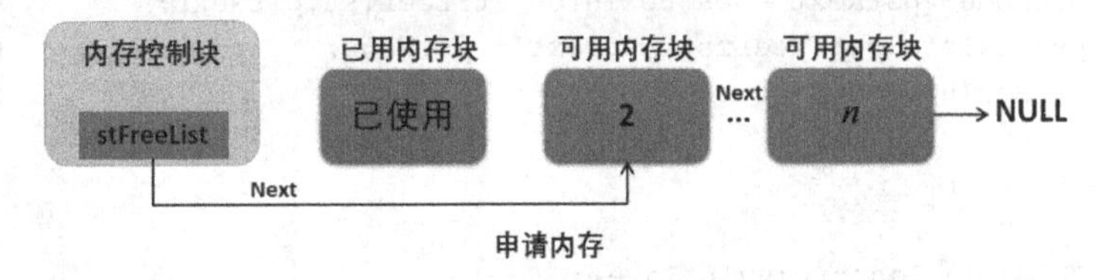

图 10-6　分配内存示意图

静态内存池分配函数 LOS_MemboxAlloc 的使用很简单，传递需要分配内存的静态内存池指针即可，因为静态内存池是由用户自己定义的，在编译的时候就已经确定了静态内存池的大小及地址，分配成功后会返回指向内存块的地址，所以需要定义一个可以对内存块地址进行读写的指针，对分配的内存块进行访问，其实例如代码清单 10-5 加粗部分所示。

代码清单 10-5　静态内存池分配函数 LOS_MemboxAlloc 实例

```
1 UINT32 *p_Num = NULL;                  //指向读写内存池地址的指针
2 static UINT32 BoxMem[MEM_BOXSIZE*MEM_BLKSIZE]; //定义一个数组以保证内存池的连续
3 p_Num = (UINT32*)LOS_MemboxAlloc(BoxMem); /* 向已经初始化的内存池分配内存 */
4 if (NULL == p_Num)
5 {
6     printf("分配内存失败!\n");
7 } else
8 {
9     printf("分配内存成功!\n");
10 }
```

10.4.4 静态内存池释放函数 LOS_MemboxFree

嵌入式系统的内存是十分珍贵的，当不再使用内存块的时候，应该把内存归还给系统，否则可能导致系统内存不足。LiteOS 提供了静态内存池释放函数 LOS_MemboxFree，使用该函数可以将内存块归还到对应的静态内存池中。静态内存池释放函数 LOS_MemboxFree 的源码如代码清单 10-6 所示。

代码清单 10-6　静态内存池释放函数 LOS_MemboxFree 的源码

```
 1 LITE_OS_SEC_TEXT UINT32 LOS_MemboxFree(VOID *pBoxMem, VOID *pBox)
 2 {
 3     LOS_MEMBOX_INFO *pstBoxInfo = (LOS_MEMBOX_INFO *)pBoxMem;
 4     UINT32 uwRet = LOS_NOK;
 5     UINTPTR uvIntSave;
 6
 7     if (pBoxMem == NULL || pBox == NULL) {                          (1)
 8         return LOS_NOK;
 9     }
10
11     uvIntSave = LOS_IntLock();
12
13     do {
14         LOS_MEMBOX_NODE *pstNode = OS_MEMBOX_NODE_ADDR(pBox);        (2)
15
16         if (osCheckBoxMem(pstBoxInfo, pstNode) != LOS_OK) {         (3)
17             break;
18         }
19
20         pstNode->pstNext = pstBoxInfo->stFreeList.pstNext;          (4)
21         pstBoxInfo->stFreeList.pstNext = pstNode;                   (5)
22         pstBoxInfo->uwBlkCnt--;                                     (6)
23         uwRet = LOS_OK;
24     } while (0);
25
26     (VOID)LOS_IntRestore(uvIntSave);
27
28     return uwRet;
29 }
```

代码清单 10-6（1）：如果内存池地址为 NULL 或者内存块地址为 NULL，则返回错误代码。

代码清单 10-6（2）：根据内存块地址获取偏移后得到内存块节点信息结构。

代码清单 10-6（3）：检查内存块是否有效，如果无效，则返回错误代码。

代码清单 10-6（4）：将释放的内存块节点添加到空闲链表的头部。

代码清单 10-6（5）：更新空闲链表的指针，pstNext 指向当前释放的内存块，如图 10-7 所示。

代码清单 10-6（6）：记录已经使用的内存块个数，uwBlkCnt 变量减 1。

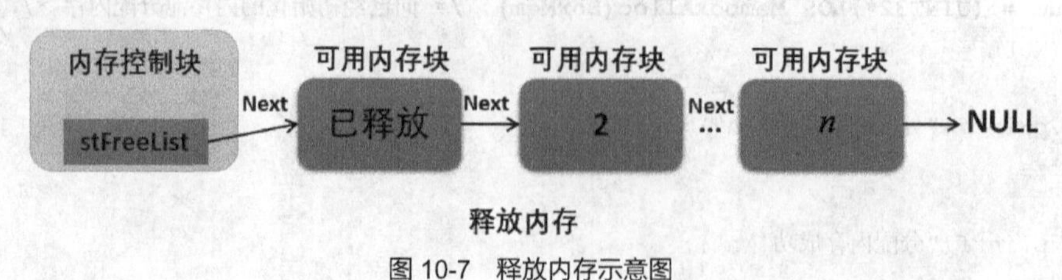

图 10-7　释放内存示意图

释放内存块时，需要将释放的内存地址与内存块地址作为参数传递给 LOS_MemboxFree，因为内存池地址是由用户定义的，内存块地址则是在分配内存时得到的。静态内存池释放函数 LOS_MemboxFree 的实例如代码清单 10-7 加粗部分所示。

代码清单 10-7　静态内存池释放函数 LOS_MemboxFree 的实例

```
1 UINT32 *p_Num = NULL;                              //指向读写内存池地址的指针
2 /* 向已经初始化的内存池分配内存 */
3 p_Num = (UINT32*)LOS_MemboxAlloc(BoxMem);          //分配成功返回内存块地址
4
5 printf("正在释放内存...........\n");
6 uwRet = LOS_MemboxFree(BoxMem, p_Num);             //释放内存
7 if (LOS_OK == uwRet)
8 {
9     printf("内存释放成功!\n");//内存释放成功!
10 } else
11 {
12     printf("内存释放失败!\n");//内存释放失败!
13 }
```

10.4.5　静态内存池内容清除函数 LOS_MemboxClr

LiteOS 提供了一个清除内存池内容的函数——LOS_MemboxClr，使用该函数可以清除内存池中的内容，其源码如代码清单 10-8 所示，实例如代码清单 10-9 加粗部分所示。

代码清单 10-8　静态内存池内容清除函数 LOS_MemboxClr 源码

```
1 LITE_OS_SEC_TEXT_MINOR VOID LOS_MemboxClr(VOID *pBoxMem, VOID *pBox)
2 {
3     LOS_MEMBOX_INFO *pstBoxInfo = (LOS_MEMBOX_INFO *)pBoxMem;
4
5     if (pBoxMem == NULL || pBox == NULL) {                          (1)
6         return;
7     }
8
9     memset(pBox, 0, pstBoxInfo->uwBlkSize - LOS_MEMBOX_MAGIC_SIZE);   (2)
10 }
```

代码清单 10-8（1）：如果内存池地址为 NULL 或者内存块地址为 NULL，则返回错误代码。

代码清单 10-8（2）：将 pBox 所指向的内存中的内容全部设置为 0，清除的内容空间大小为 pstBoxInfo->uwBlkSize-LOS_MEMBOX_MAGIC_SIZE。

代码清单 10-9　静态内存池内容清除函数 LOS_MemboxClr()实例

```
1 static UINT32 BoxMem[MEM_BOXSIZE*MEM_BLKSIZE];
2 p_Num = (UINT32*)LOS_MemboxAlloc(BoxMem);
3 LOS_MemboxClr(BoxMem, p_Num);              /* 清除 p_Num 地址中的内容 */
```

10.5　动态内存的使用

LiteOS 中经常会使用到动态内存分配，如信号量、队列、互斥锁、软件定时器等内核对象控制块的内存并不是在编译时静态分配的，而是在系统初始化时动态分配的。除此之外，任务栈的内存空间也是由系统动态分配的，在创建任务时分配任务栈内存空间，在删除任务时释放任务栈内存空间，任务栈的大小可以由用户指定。可见动态内存分配使得内存的利用更加灵活，且内存利用率更高。

使用动态内存分配时，需要在配置文件 target_config.h 中配置 OS_SYS_MEM_ADDR 宏定义（该

宏定义表示系统动态内存池起始地址）和 OS_SYS_MEM_SIZE 宏定义（该宏定义表示系统动态内存池大小，以字节为单位）。

动态内存管理的典型场景开发流程如下。

（1）使用 LOS_MemInit 函数初始化内存堆（在系统内核初始化时就已将内存堆初始化）。

（2）使用 LOS_MemAlloc 函数分配指定大小的内存块。系统会判断内存堆中是否存在指定大小的内存空间，若存在，则将该内存块以最适合的大小分配给用户，以指针形式返回；若不存在，则返回 NULL。系统通过内存块链表维护内存堆，在分配内存时，系统将会遍历内存块链表，以找到最合适的空闲内存块返回给用户。

（3）使用 LOS_MemFree 函数释放动态内存。

10.5.1 动态内存初始化函数 LOS_MemInit

LiteOS 在内核初始化的时候会对系统内存堆进行初始化，如代码清单 10-10 加粗部分所示。动态内存初始化函数 LOS_MemInit 的源码如代码清单 10-11 所示。

代码清单 10-10 LiteOS 初始化管理内存

```
1 LITE_OS_SEC_TEXT_INIT UINT32 osMemSystemInit(VOID)
2 {
3     UINT32 uwRet = LOS_OK;
4
5     uwRet = LOS_MemInit((VOID *)OS_SYS_MEM_ADDR, OS_SYS_MEM_SIZE);
6
7     return uwRet;
8 }
```

代码清单 10-11 动态内存初始化函数 LOS_MemInit 的源码

```
1 /*****************************************************************
2  Function : LOS_MemInit
3  Description : 初始化动态内存堆
4  Input       : pPool   —— 指向内存堆的指针
5                uwSize  —— 要分配的内存大小，以字节为单位
6  Output      : None
7  Return      : 返回 LOS_OK 表示初始化成功，返回 LOS_NOK 表示初始化错误
8 *****************************************************************/
9 LITE_OS_SEC_TEXT_INIT UINT32 LOS_MemInit(VOID *pPool, UINT32 uwSize)
10 {
11     BOOL bRet = TRUE;
12     UINTPTR uvIntSave;
13 #if (LOSCFG_MEM_MUL_POOL == YES)
14     VOID *pNext = g_pPoolHead;
15     VOID * pCur = g_pPoolHead;
16     UINT32 uwPoolEnd;
17 #endif
18
19     if (!pPool || uwSize <= sizeof(struct LOS_HEAP_MANAGER))   (1)
20         return LOS_NOK;
21
22     if (!IS_ALIGNED(pPool, OS_MEM_POOL_BASE_ALIGN))
23         return LOS_NOK;
24
25     uvIntSave = LOS_IntLock();
26
```

```
27 #if (LOSCFG_MEM_MUL_POOL == YES)                                    (2)
28      while (pNext != NULL) {
29     uwPoolEnd = (UINT32)pNext + ((struct LOS_HEAP_MANAGER *)pNext)->uwSize;
30         if ((pPool <= pNext && ((UINT32)pPool + uwSize) > (UINT32)pNext) ||
31    ((UINT32)pPool < uwPoolEnd && ((UINT32)pPool + uwSize) >= uwPoolEnd)) {
32               PRINT_ERR("pool [%p, 0x%x) conflict with pool [%p, 0x%x)\n",
33     pPool, (UINT32)pPool + uwSize,
34     pNext, (UINT32)pNext + ((struct LOS_HEAP_MANAGER *)pNext)->uwSize);
35
36               LOS_IntRestore(uvIntSave);
37               return LOS_NOK;
38         }
39         pCur = pNext;
40         pNext = ((struct LOS_HEAP_MANAGER *)pNext)->pNextPool;
41     }
42 #endif
43
44     bRet = osHeapInit(pPool, uwSize);                               (3)
45     if (!bRet) {
46         LOS_IntRestore(uvIntSave);
47         return LOS_NOK;
48     }
49 #if (LOSCFG_KERNEL_MEM_SLAB == YES)                                 (4)
50     if (uwSize >= SLAB_BASIC_NEED_SIZE) {
51         bRet = osSlabMemInit(pPool);
52         if (!bRet) {
53             LOS_IntRestore(uvIntSave);
54             return LOS_NOK;
55         }
56     }
57 #endif
58
59 #if (LOSCFG_MEM_MUL_POOL == YES)
60     if (g_pPoolHead == NULL) {
61         g_pPoolHead = pPool;
62     } else {
63         ((struct LOS_HEAP_MANAGER *)pCur)->pNextPool = pPool;
64     }
65
66     ((struct LOS_HEAP_MANAGER *)pPool)->pNextPool = NULL;
67 #endif
68
69 #if (LOSCFG_PLATFORM_EXC == YES)
70     osMemInfoUpdate(pPool, uwSize, MEM_MANG_MEMORY);
71 #endif
72
73     LOS_IntRestore(uvIntSave);
74     return LOS_OK;
75 }
```

代码清单 10-11（1）：如果初始化内存堆的地址无效，或初始化内存堆的大小小于 LOS_HEAP_MANAGER 结构体的容量，则返回错误代码。

代码清单 10-11（2）：如果启用了 LOSCFG_MEM_MUL_POOL 宏定义，则进行内存堆相关检查，此处暂时无须理会。

代码清单 10-11（3）：调用 osHeapInit 函数初始化内存堆，其源码如代码清单 10-12 所示。

代码清单 10-11（4）：如果启用了 LOSCFG_KERNEL_MEM_SLAB 内存分配机制，则初始化 SLAB 分配器，此处暂时无须理会。

代码清单 10-12　osHeapInit 函数源码

```
1 LITE_OS_SEC_TEXT_INIT BOOL osHeapInit(VOID *pPool, UINT32 uwSz)
2 {
3     struct LOS_HEAP_NODE* pstNode;
4     struct LOS_HEAP_MANAGER *pstHeapMan =
5         (struct LOS_HEAP_MANAGER *, pPool);
6 
7     if (!pstHeapMan || (uwSz <= (sizeof(struct LOS_HEAP_NODE) +
8                              sizeof(struct LOS_HEAP_MANAGER))))
9         return FALSE;
10 
11     memset(pPool, 0, uwSz);                                          (1)
12 
13     pstHeapMan->uwSize = uwSz;
14 
15     pstNode = pstHeapMan->pstHead =
16                 (struct LOS_HEAP_NODE*)((UINT8*)pPool +
17                      sizeof(struct LOS_HEAP_MANAGER));                (2)
18 
19 
20     pstHeapMan->pstTail = pstNode;                                   (3)
21 
22     pstNode->uwUsed = 0;                                             (4)
23     pstNode->pstPrev = NULL;                                         (5)
24     pstNode->uwSize = uwSz - sizeof(struct LOS_HEAP_NODE) -
25                      sizeof(struct LOS_HEAP_MANAGER);                 (6)
26 
27     return TRUE;
28 }
```

代码清单 10-12（1）：将内存堆全部清零。

代码清单 10-12（2）：每个空闲内存块都有一个内存块信息节点（用于记录内存块的信息），用户是不允许访问内存块信息节点的（即其对用户是不可见的），只有系统的内存管理模块才能访问。除此之外，系统的内存堆的头部存在内存堆管理结构（也可以称之为内存控制块），用于记录内存堆中的信息。系统在空闲内存块中创建一个内存块信息节点后，会对内存块地址进行偏移，偏移的大小是内存堆管理结构 LOS_HEAP_MANAGER 的大小。

代码清单 10-12（3）：初始化内存堆管理结构，pstTail 指针指向空闲内存块节点的地址。

代码清单 10-12（4）：初始化空闲内存块节点信息，uwUsed 为 0 表示未被使用。

代码清单 10-12（5）：初始化空闲内存块节点的前驱节点为 NULL，因为系统当前只有一个空闲内存块。

代码清单 10-12（6）：计算出系统中可用的空闲内存大小，保存在空闲内存块节点的 uwSize 中。

内存堆初始化完成后的示意图如图 10-8 所示。动态内存初始化函数 LOS_MemInit()的实例如代码清单 10-13 加粗部分所示。

代码清单 10-13　动态内存初始化函数 LOS_MemInit 实例

```
1    UINT32 uwRet = LOS_OK;
2 
3    uwRet = LOS_MemInit(m_aucSysMem0, OS_SYS_MEM_SIZE); //动态内存初始化
```

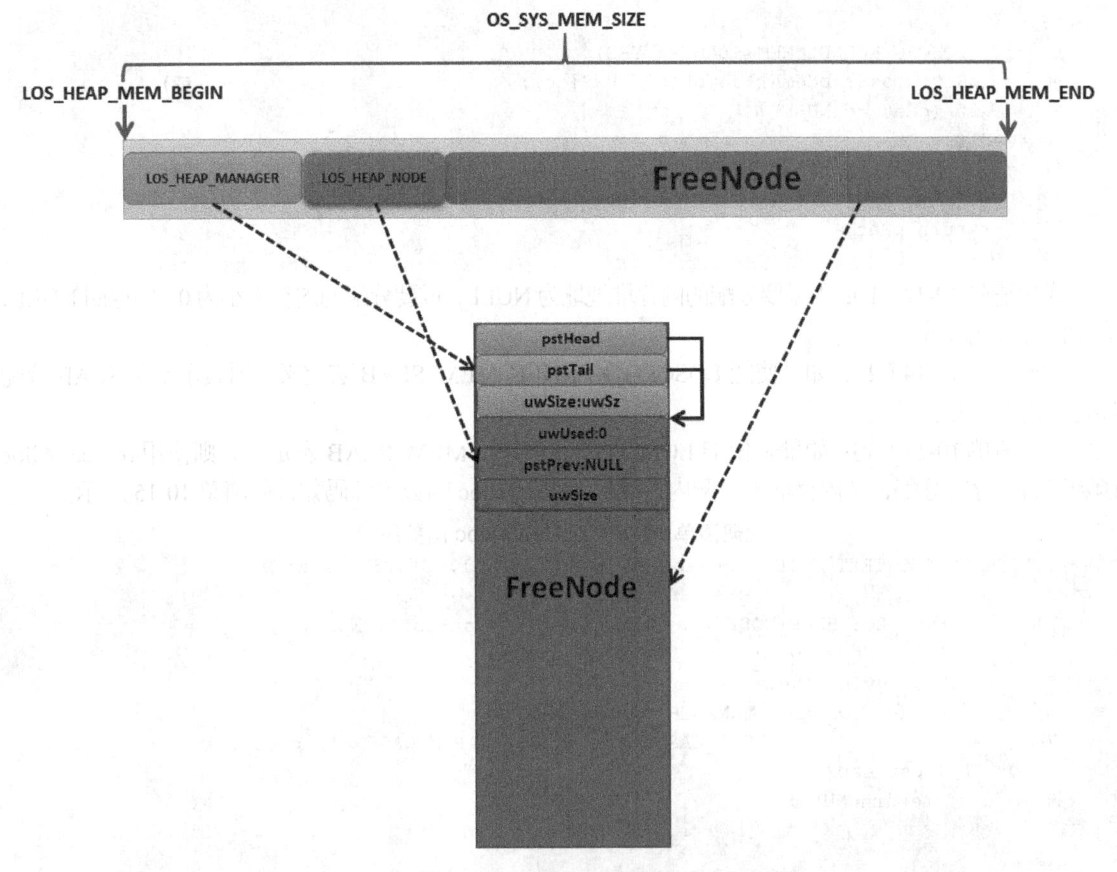

图 10-8　内存堆初始化完成后的示意图

10.5.2　动态内存分配函数 LOS_MemAlloc

分配内存时，系统会遍历内存块链表以查找合适大小的内存块，如果找到，则将内存块的起始地址返回给用户；如果内存块允许切割，则取出用户需要的大小的内存空间部分返回给用户，剩余的部分作为新的空闲内存块插入空闲内存块链表中，这样极大地提高了内存的利用率。动态内存分配函数 LOS_MemAlloc 的源码如代码清单 10-14 所示。

代码清单 10-14　动态内存分配函数 LOS_MemAlloc 源码

```
 1 /**********************************************************************
 2  Function : LOS_MemAlloc
 3  Description : 从内存堆中分配内存
 4  Input       : pPool    ——指向内存堆的指针
 5                uwSize   ——要分配的内存大小（以字节为单位）
 6 Output       : None
 7 Return       : 返回指向已分配内存的指针
 8 ********************************************************************/
 9 LITE_OS_SEC_TEXT VOID *LOS_MemAlloc (VOID *pPool, UINT32 uwSize)
10 {
11     VOID *pRet = NULL;
12
13     if ((NULL == pPool) || (0 == uwSize)) {                          (1)
14         return pRet;
```

```
15     }
16
17 #if (LOSCFG_KERNEL_MEM_SLAB == YES)
18      pRet = osSlabMemAlloc(pPool, uwSize);                              (2)
19      if (pRet == NULL)
20 #endif
21          pRet = osHeapAlloc(pPool, uwSize);                             (3)
22
23     return pRet;
24 }
```

代码清单 10-14（1）：如果要分配的内存堆地址为 NULL，或要分配的内存大小为 0，则返回 NULL，表示内存分配失败。

代码清单 10-14（2）：如果使能 LOSCFG_KERNEL_MEM_SLAB 宏定义，则表示使用 SLAB 分配器进行内存分配。

代码清单 10-14（3）：如果未使能 LOSCFG_KERNEL_MEM_SLAB 宏定义，则使用 osHeapAlloc 函数进行内存的分配，从内存堆中分配内存块。osHeapAlloc 函数的源码如代码清单 10-15 所示。

代码清单 10-15　osHeapAlloc 函数源码

```
1 LITE_OS_SEC_TEXT VOID* osHeapAlloc(VOID *pPool, UINT32 uwSz)
2 {
3      struct LOS_HEAP_NODE *pstNode, *pstT, *pstBest = NULL;
4      VOID* pRet = NULL;
5      UINT32 uvIntSave;
6        struct LOS_HEAP_MANAGER *pstHeapMan =
7                    HEAP_CAST(struct LOS_HEAP_MANAGER *, pPool);
8     if (!pstHeapMan) {
9         return NULL;
10    }
11
12    uvIntSave = LOS_IntLock();
13
14    uwSz = ALIGNE(uwSz);
15    pstNode = pstHeapMan->pstTail;                                     (1)
16
17    while (pstNode) {                                                  (2)
18        if (!pstNode->uwUsed && pstNode->uwSize >= uwSz &&
19            (!pstBest || pstBest->uwSize > pstNode->uwSize)) {
20            pstBest = pstNode;
21            if (pstBest->uwSize == uwSz) {
22                goto SIZE_MATCH;
23            }
24        }
25        pstNode = pstNode->pstPrev;
26    }
27
28    if (!pstBest) {                                                    (3)
29        PRINT_ERR("there's not enough whole to alloc %x Bytes!\n",uwSz);
30        goto out;
31    }
32
33    if (pstBest->uwSize - uwSz > sizeof(struct LOS_HEAP_NODE)) {     (4)
34
35        pstNode = (struct LOS_HEAP_NODE*)(pstBest->ucData + uwSz); (5)
36
37      pstNode->uwUsed = 0;
```

```
38          pstNode->uwSize = pstBest->uwSize - uwSz- sizeof(struct LOS_HEAP_NODE);
39          pstNode->pstPrev = pstBest;                                        (6)
40
41          if (pstBest != pstHeapMan->pstTail) {
42              if ((pstT = osHeapPrvGetNext(pstHeapMan, pstNode)) != NULL)
43                  pstT->pstPrev = pstNode;
44          } else
45              pstHeapMan->pstTail = pstNode;
46
47          pstBest->uwSize = uwSz;
48      }
49
50 SIZE_MATCH:
51      pstBest->uwAlignFlag = 0;
52      pstBest->uwUsed = 1;                                                   (7)
53      pRet = pstBest->ucData;
54 #if (LOSCFG_MEM_TASK_USED_STATISTICS == YES)
55      OS_MEM_ADD_USED(pstBest->uwSize);
56 #endif
57
58 #if (LOSCFG_HEAP_MEMORY_PEAK_STATISTICS == YES)
59      g_uwCurHeapUsed += (uwSz + sizeof(struct LOS_HEAP_NODE));
60      if (g_uwCurHeapUsed > g_uwMaxHeapUsed) {
61          g_uwMaxHeapUsed = g_uwCurHeapUsed;
62      }
63 #endif
64
65 out:
66      if (pstHeapMan->pstTail->uwSize < 1024)
67          osAlarmHeapInfo(pstHeapMan);
68
69      LOS_IntRestore(uvIntSave);
70
71      if (NULL != pRet) {
72          g_uwAllocCount++;
73      }
74
75      return pRet;
76 }
```

代码清单 10-15（1）：获取内存信息管理节点 pstHeapMan 中成员变量 pstTail 指向的空闲内存块，从该内存块开始遍历空闲内存块链表。

代码清单 10-15（2）：遍历整个空闲内存块链表，直到找到内存大小最适合用户需要的空闲内存块为止，如果用户需要的内存大小刚好等于空闲内存块大小，则跳转到 SIZE_MATCH 语句执行，直接返回内存块地址而无须进行切割操作。

代码清单 10-15（3）：如果未找到，则分配内存失败，返回错误代码并退出函数。

代码清单 10-15（4）：如果找到了满足用户需要的内存块，但是内存块的大小比用户指定的大，则为了避免内存浪费，会对该内存块进行分割，其中一部分给用户使用，剩余部分作为新的空闲内存块插入空闲内存块链表中。

代码清单 10-15（5）：得到新的空闲内存块节点地址。

代码清单 10-15（6）：初始化空闲内存块节点的信息，因为新的空闲内存块是未使用的，所以它的 uwUsed 是 0，记录内存块剩余大小 uwSize，该值为原内存块大小减去已分配的内存块大小，再减去内存块节点大小，将新内存块插入空闲内存块链表中，并更新内存堆管理结构的信息。

代码清单 10-15（7）：更新已分配的内存块节点信息，uwUsed 设置为 1 表示该内存块已使用。

内存分配完成的示意图如图 10-9 所示。动态内存分配函数 LOS_MemAlloc 的实例如代码清单 10-16 加粗部分所示。

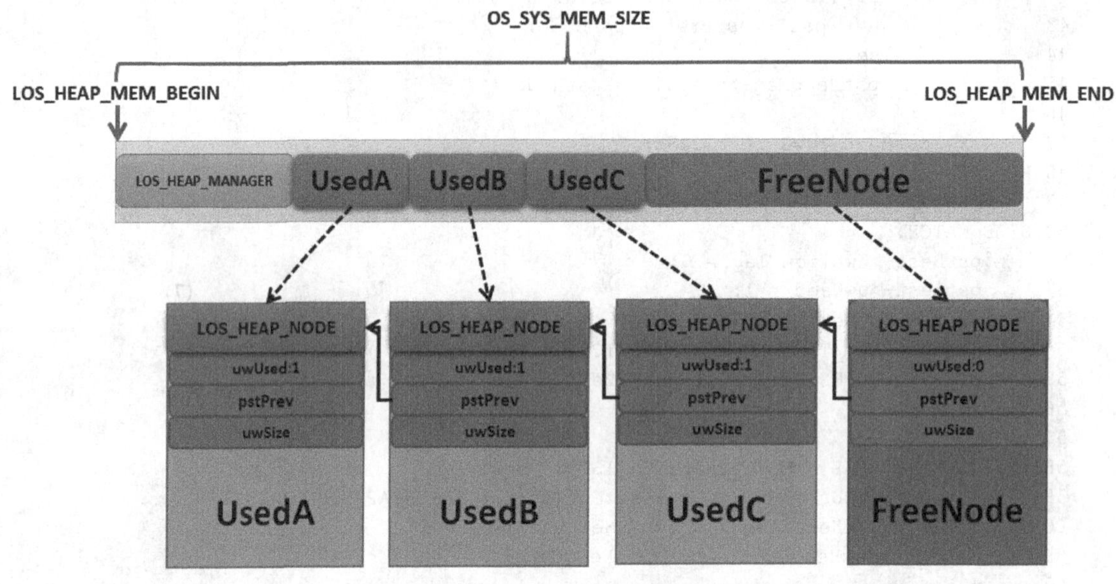

图 10-9　内存分配完成的示意图

代码清单 10-16　动态内存分配函数 LOS_MemAlloc()实例

```
1 /* 向已经初始化的内存堆分配内存 */
2 /* m_aucSysMem0 指向要分配的内存块的内存堆地址，MALLOC_MEM_SIZE 表示分配内存的大小*/
3 p_Num = (UINT32*)LOS_MemAlloc(m_aucSysMem0,MALLOC_MEM_SIZE);
4 if (NULL == p_Num)
5 {
6     printf("分配内存失败!\n");
7 } else
8 {
9     printf("分配内存成功!\n");
10 }
```

10.5.3　动态内存释放函数 LOS_MemFree

嵌入式系统的内存是十分珍贵的，当内存块不再使用的时候就应该及时把内存释放，否则可能导致系统内存不足。LiteOS 提供了动态内存释放函数 LOS_MemFree，使用该函数可释放动态分配的内存块，函数源码如代码清单 10-17 所示。

代码清单 10-17　动态内存释放函数 LOS_MemFree 源码

```
1 /***********************************************************************
2   Function : LOS_MemFree
3   Description : 释放内存并将其返回内存堆中
4   Input       : pPool——指向内存堆的指针
5                 pMem——指向要释放的内存块的指针
6  Output       : None
7  Return       :返回 LOS_OK 表示释放成功，返回 LOS_NOK 表示释放失败
8 ***********************************************************************/
```

```
 9 LITE_OS_SEC_TEXT UINT32 LOS_MemFree (VOID *pPool, VOID *pMem)
10 {
11     BOOL bRet = FALSE;
12     UINT32 uwGapSize;
13
14     if ((NULL == pPool) || (NULL == pMem)) {                      (1)
15         return LOS_NOK;
16     }
17
18 #if (LOSCFG_KERNEL_MEM_SLAB == YES)                               (2)
19     bRet = osSlabMemFree(pPool, pMem);
20     if (bRet != TRUE)
21 #endif
22     {
23         uwGapSize = *((UINT32 *)((UINT32)pMem - 4));
24         if (OS_MEM_GET_ALIGN_FLAG(uwGapSize)) {
25             uwGapSize = OS_MEM_GET_ALIGN_GAPSIZE(uwGapSize);
26             pMem = (VOID *)((UINT32)pMem - uwGapSize);
27         }
28         bRet = osHeapFree(pPool, pMem);                             (3)
29     }
30
31     return (bRet == TRUE ? LOS_OK : LOS_NOK);
32 }
```

代码清单10-17（1）：如果要释放内存的内存堆地址无效，或要释放的内存块地址无效，则返回错误代码。

代码清单10-17（2）：如果使能LOSCFG_KERNEL_MEM_SLAB宏定义，则表示使用SLAB分配器进行内存释放。

代码清单10-17（3）：如果未使能LOSCFG_KERNEL_MEM_SLAB宏定义，则使用osHeapFree函数进行内存释放，其源码如代码清单10-18所示。

代码清单10-18 osHeapFree函数源码

```
 1 LITE_OS_SEC_TEXT BOOL osHeapFree(VOID *pPool, VOID* pPtr)
 2 {
 3     struct LOS_HEAP_NODE *pstNode, *pstT;
 4     UINT32 uvIntSave;
 5     BOOL bRet = TRUE;
 6
 7     struct LOS_HEAP_MANAGER *pstHeapMan =
 8         HEAP_CAST(struct LOS_HEAP_MANAGER *, pPool);
 9
10     if (!pstHeapMan || !pPtr) {
11         return LOS_NOK;
12     }
13
14     if ((UINT32)pPtr < (UINT32)pstHeapMan->pstHead
15         || (UINT32)pPtr > ((UINT32)pstHeapMan->pstTail +
16                         sizeof(struct LOS_HEAP_NODE))) {
17         PRINT_ERR("0x%x out of range!\n", (UINT32)pPtr);
18         return FALSE;
19     }
20
21     uvIntSave = LOS_IntLock();
22
23     pstNode = ((struct LOS_HEAP_NODE*)pPtr) - 1;                             (1)
```

```
24
25      /* 检查释放内存的地址是否为内存块的节点*/
26      if ((pstNode->uwUsed == 0) ||
27          (!((UINT32)pstNode == (UINT32)pstHeapMan->pstHead)
28           && ((UINT32)pstNode->pstPrev < (UINT32)pstHeapMan->pstHead
29               || (UINT32)pstNode->pstPrev > ((UINT32)pstHeapMan->pstTail +
30                                               sizeof(struct LOS_HEAP_NODE))
31               || ((UINT32)osHeapPrvGetNext(pstHeapMan,
32                             pstNode->pstPrev) != (UINT32)pstNode)
33              ))) {                                                          (2)
34          bRet = FALSE;
35          goto OUT;
36      }
37
38      /* 标记为未使用 */
39      pstNode->uwUsed = 0;                                                   (3)
40  #if (LOSCFG_MEM_TASK_USED_STATISTICS == YES)
41      OS_MEM_REDUCE_USED(pstNode->uwSize);
42  #endif
43
44  #if (LOSCFG_HEAP_MEMORY_PEAK_STATISTICS == YES)
45      if (g_uwCurHeapUsed >= (pstNode->uwSize +
46                              sizeof(struct LOS_HEAP_NODE))) {
47          g_uwCurHeapUsed -= (pstNode->uwSize +
48                              sizeof(struct LOS_HEAP_NODE));
49      }
50  #endif
51
52      /* 判断能否合并 */
53      while (pstNode->pstPrev && !pstNode->pstPrev->uwUsed)                  (4)
54          pstNode = pstNode->pstPrev;
55
56      while (((pstT = osHeapPrvGetNext(pstHeapMan, pstNode))
57              != NULL) && !pstT->uwUsed) {
58          pstNode->uwSize += sizeof(struct LOS_HEAP_NODE) + pstT->uwSize;
59          if (pstHeapMan->pstTail == pstT)
60              pstHeapMan->pstTail = pstNode;
61      }
62
63      if ((pstT = osHeapPrvGetNext(pstHeapMan, pstNode)) != NULL)
64          pstT->pstPrev = pstNode;
65
66  OUT:
67      LOS_IntRestore(uvIntSave);
68
69      if (TRUE == bRet) {
70          g_uwFreeCount++;
71      }
72
73      return bRet;
74  }
```

代码清单 10-18（1）：通过传递进来的内存地址偏移内存块节点大小（LOS_HEAP_NODE），得到内存块节点地址。

代码清单 10-18（2）：判断要释放的内存是否合法，如果不合法，则无法释放，直接跳转到 OUT

语句，返回错误代码并退出。

代码清单 10-18（3）：释放内存，将内存块节点中的 uwUsed 成员变量设置为 0，表示内存块是未使用的。

代码清单 10-18（4）：判断释放内存块相邻的内存块是否为空闲内存块，如果是，则进行合并。

动态内存释放完成的示意图如图 10-10 所示。

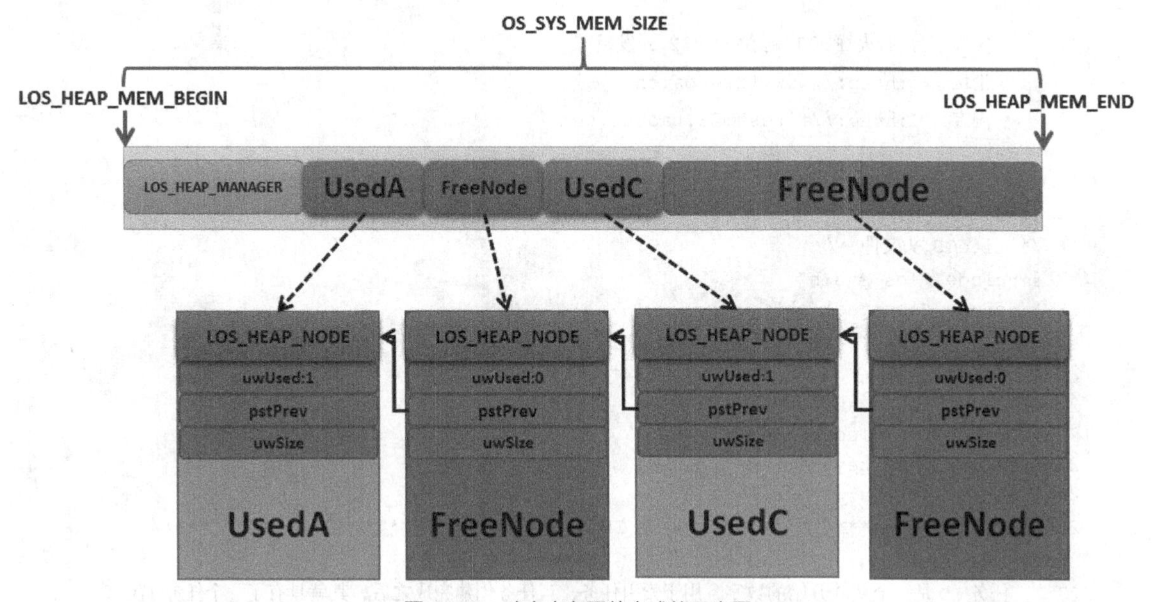

图 10-10　动态内存释放完成的示意图

动态内存释放函数需要用户传递正确的内存堆地址与要释放的内存块地址，其实例如代码清单 10-19 加粗部分所示。

代码清单 10-19　动态内存释放函数 LOS_MemFree 实例

```
1 UINT32 uwRet = LOS_OK;
2 uwRet = LOS_MemFree(m_aucSysMem0,p_Num); /* 释放内存*/
3 if (LOS_OK == uwRet)
4 {
5     printf("内存释放成功!\n");
6 }
```

10.6　内存管理实验

本节将带领读者做一个实验，以了解内存管理的过程。

10.6.1　静态内存池管理实验

静态内存池管理实验要在 LiteOS 中创建两个任务，一个任务通过按下 KEY1 按键分配内存，另一个任务通过按下 KEY2 按键清除内存块中的内容并释放内存，并通过串口输出相关信息。静态内存池区域可以通过定义全局数组或调用动态内存分配接口来获取，当不需要内存时，要及时释放该内存。静态内存池管理实验源码如代码清单 10-20 加粗部分所示。

代码清单 10-20　静态内存池管理实验源码

```
1 /*************************************************************************
```

```
2   * @file    main.c
3   * @author  fire
4   * @version V1.0
5   * @date    2018-xx-xx
6   * @brief   STM32 全系列开发板-LiteOS!
7   ***************************************************************
8   * @attention
9   *
10  * 实验平台:野火 F103-霸道 STM32 开发板
11  * 论坛    :http://www.firebbs.cn
12  * 淘宝    :http://firestm32.taobao.com
13  *
14  ***************************************************************
15  */
16 /* LiteOS 头文件 */
17 #include "los_sys.h"
18 #include "los_task.ph"
19 #include "los_membox.h"
20 /* 板级外设头文件 */
21 #include "bsp_usart.h"
22 #include "bsp_led.h"
23 #include "bsp_key.h"
24
25 /****************************** 任务 ID ***********************************/
26 /*
27  * 任务 ID 是一个从 0 开始的数字，用于索引任务，当任务创建完成之后，其就具有了一个任务 ID，
28  * 以后的操作都需要通过任务 ID 进行
29  *
30  */
31
32 /* 定义任务 ID 变量 */
33 UINT32 LED_Task_Handle;
34 UINT32 Key_Task_Handle;
35
36 /****************************** 内核对象 ID ********************************/
37 /*
38  * 信号量、消息队列、事件标志组、软件定时器都属于内核的对象，要想使用这些内核
39  * 对象，必须先创建，创建成功之后会返回一个相应的 ID。这里的 ID 实际上就是一个整数，后续
40  * 可以通过这个 ID 操作这些内核对象
41  *
42  *
43  * 内核对象就是一种全局的数据结构，通过这些数据结构可以实现任务间的通信、任务间的事件同步
44  * 等功能。这些功能的实现是通过调用内核对象的函数
45  * 来完成的
46  *
47  */
48
49
50 /************************ 宏定义 ****************************************/
51 /*
52  * 在写应用程序的时候，可能需要用到一些宏定义
```

```
53  */
54 /* 相关宏定义 */
55 #define  MEM_BOXSIZE   128        //内存池大小
56 #define  MEM_BLKSIZE   16         //内存块大小
57
58
59 /* 函数声明 */
60 static UINT32 AppTaskCreate(void);
61 static UINT32 Creat_LED_Task(void);
62 static UINT32 Creat_Key_Task(void);
63
64 static void LED_Task(void);
65 static void Key_Task(void);
66 static void BSP_Init(void);
67
68 /*************************** 全局变量声明 ******************************/
69 /*
70  * 在写应用程序的时候，可能需要用到一些全局变量
71  */
72 static UINT32 BoxMem[MEM_BOXSIZE*MEM_BLKSIZE];
73
74 UINT32 *p_Num = NULL;             //指向读写内存池地址的指针
75 UINT32 *p_Initial = NULL;         //保存初始指针
76
77
78 /*************************************************************
79   * @brief  主函数
80   * @param  无
81   * @retval 无
82   * @note   第一步：开发板硬件初始化
83             第二步：创建 App 应用任务
84             第三步：启动 LiteOS，开始多任务调度，启动失败时输出错误信息
85   ************************************************************/
86 int main(void)
87 {
88     UINT32 uwRet = LOS_OK;  //定义一个任务创建的返回值，默认为创建成功
89
90     /* 板级硬件初始化 */
91     BSP_Init();
92
93     printf("这是一个[野火]-STM32 全系列开发板-LiteOS 内存管理实验！\n");
94     printf("按下 KEY1 分配内存，按下 KEY2 释放内存！\n\n");
95     /* LiteOS 内核初始化 */
96     uwRet = LOS_KernelInit();
97
98     if (uwRet != LOS_OK) {
99         printf("LiteOS 核心初始化失败！失败代码 0x%X\n",uwRet);
100         return LOS_NOK;
101     }
102
103     uwRet = AppTaskCreate();
```

```
104     if (uwRet != LOS_OK) {
105         printf("AppTaskCreate创建任务失败！失败代码0x%X\n",uwRet);
106         return LOS_NOK;
107     }
108
109     /* 开启LiteOS任务调度 */
110     LOS_Start();
111
112     //正常情况下不会执行到这里
113     while (1);
114 }
115
116
117 /*******************************************************************
118   * @ 函数名  : AppTaskCreate
119   * @ 功能说明: 任务创建，为了方便管理，所有的任务创建函数都可以放在这个函数中
120   * @ 参数    : 无
121   * @ 返回值  : 无
122   *******************************************************************/
123 static UINT32 AppTaskCreate(void)
124 {
125     /* 定义一个返回类型变量，初始化为LOS_OK */
126     UINT32 uwRet = LOS_OK;
127
128
129     uwRet = Creat_LED_Task();
130     if (uwRet != LOS_OK) {
131         printf("LED_Task任务创建失败！失败代码0x%X\n",uwRet);
132         return uwRet;
133     }
134
135     uwRet = Creat_Key_Task();
136     if (uwRet != LOS_OK) {
137         printf("Key_Task任务创建失败！失败代码0x%X\n",uwRet);
138         return uwRet;
139     }
140     return LOS_OK;
141 }
142
143
144 /*****************************************************************
145   * @ 函数名  : Creat_LED_Task
146   * @ 功能说明: 创建LED_Task任务
147   * @ 参数    :
148   * @ 返回值  : 无
149   *****************************************************************/
150 static UINT32 Creat_LED_Task()
151 {
152     //定义一个返回类型变量，初始化为LOS_OK
153     UINT32 uwRet = LOS_OK;
154
155     //定义一个用于创建任务的参数结构体
```

```
156     TSK_INIT_PARAM_S task_init_param;
157
158     task_init_param.usTaskPrio = 5;/* 任务优先级，数值越小，优先级越高 */
159     task_init_param.pcName = "LED_Task";/* 任务名 */
160     task_init_param.pfnTaskEntry = (TSK_ENTRY_FUNC)LED_Task;
161     task_init_param.uwStackSize = 1024;      /* 栈大小 */
162
163     uwRet = LOS_TaskCreate(&LED_Task_Handle, &task_init_param);
164     return uwRet;
165 }
166 /*******************************************************************
167   * @ 函数名  : Creat_Key_Task
168   * @ 功能说明: 创建 Key_Task 任务
169   * @ 参数    :
170   * @ 返回值  : 无
171   *******************************************************************/
172 static UINT32 Creat_Key_Task()
173 {
174     //定义一个返回类型变量，初始化为 LOS_OK
175     UINT32 uwRet = LOS_OK;
176     TSK_INIT_PARAM_S task_init_param;
177
178     task_init_param.usTaskPrio = 4;/* 任务优先级，数值越小，优先级越高 */
179     task_init_param.pcName = "Key_Task";     /* 任务名*/
180     task_init_param.pfnTaskEntry = (TSK_ENTRY_FUNC)Key_Task;
181     task_init_param.uwStackSize = 1024; /* 栈大小 */
182
183     uwRet = LOS_TaskCreate(&Key_Task_Handle, &task_init_param);
184
185     return uwRet;
186 }
187
188 /*******************************************************************
189   * @ 函数名  : LED_Task
190   * @ 功能说明: LED_Task 任务实现
191   * @ 参数    : NULL
192   * @ 返回值  : NULL
193   *******************************************************************/
194 static void LED_Task(void)
195 {
196     //定义一个事件接收变量
197     UINT32 uwRet;
198     /* 每个任务都是一个无限循环，不能返回 */
199     while (1) {
200         LED2_TOGGLE;
201         LOS_TaskDelay(1000);/* 延时 1000 个 Tick */
202     }
203 }
204 /*******************************************************************
205   * @ 函数名  : Key_Task
206   * @ 功能说明: Key_Task 任务实现
```

```
207   * @ 参数   : NULL
208   * @ 返回值 : NULL
209   ******************************************************************/
210 static void Key_Task(void)
211 {
212     //定义一个返回类型变量，初始化为 LOS_OK
213     UINT32 uwRet = LOS_OK;
214
215     printf("正在初始化静态内存池...................\n");
216     /* 初始化内存池 */
217     uwRet = LOS_MemboxInit(    &BoxMem[0],  /* 内存池地址 */
218                                MEM_BOXSIZE,     /* 内存池大小 */
219                                MEM_BLKSIZE);    /* 内存块大小 */
220     if (uwRet != LOS_OK)
221         printf("内存池初始化失败\n\n");
222     else
223         printf("内存池初始化成功!\n\n");
224
225     /* 每个任务都是一个无限循环，不能返回 */
226     while (1) {
227         /* KEY1 被按下 */
228         if ( Key_Scan(KEY1_GPIO_PORT,KEY1_GPIO_PIN) == KEY_ON ) {
229             if (NULL == p_Num) {
230                 printf("正在向内存池分配内存...................\n");
231
232                 /* 向已经初始化的内存池分配内存 */
233                 p_Num = (UINT32*)LOS_MemboxAlloc(BoxMem);
234
235                 if (NULL == p_Num)
236                     printf("分配内存失败!\n");
237                 else {
238                     printf("分配内存成功!地址为 0x%X \n",(uint32_t)p_Num);
239                     //向 Test_Ptr 中写入数据:当前系统时间
240                     sprintf((char*)p_Num,"当前系统 TickCount
241                     = %d",(UINT32)LOS_TickCountGet());
242                     printf("写入的数据是 %s \n\n",(char*)p_Num);
243                 }
244             } else
245                 printf("请先按下 KEY2 释放内存再分配\n");
246         }
247
248         /* KEY2 被按下 */
249         if ( Key_Scan(KEY2_GPIO_PORT,KEY2_GPIO_PIN) == KEY_ON ) {
250             if (NULL != p_Num) {
251         printf("清除前内存信息是 %s ,地址为 0x%X \n", (char*)p_Num,(uint32_t)p_Num);
252                 printf("正在清除 p_Num 的内容......................\n");
253                 LOS_MemboxClr(BoxMem, p_Num); /* 清除 p_Num 地址中的内容 */
254         printf("清除后内存信息是 %s ,地址为 0x%X \n\n", (char*)p_Num,(uint32_t)p_Num);
255
```

```
256                     printf("正在释放内存..........................\n");
257                     uwRet = LOS_MemboxFree(BoxMem, p_Num);
258                     if (LOS_OK == uwRet) {
259                         printf("内存释放成功!\n");//内存释放成功
260                         p_Num = NULL;
261                     } else {
262                         printf("内存释放失败!\n");//内存释放失败
263                     }
264                 } else
265                     printf("请先按下 KEY1 分配内存再释放\n");
266             }
267 
268             LOS_TaskDelay(20);      //每 20ms 扫描一次
269         }
270 }
271 
272 
273 /*******************************************************************
274   * @ 函数名  :  BSP_Init
275   * @ 功能说明: 板级外设初始化，开发板上的所有初始化代码均可放在这个函数中
276   * @ 参数    :
277   * @ 返回值  :  无
278   *******************************************************************/
279 static void BSP_Init(void)
280 {
281     /*
282      * STM32 中断优先级分组为 4，即 4bit 都用来表示抢占优先级，范围为 0 ~ 15
283      * 优先级分组只需要分组一次，以后如果有其他任务需要用到中断，
284      * 则统一使用这个优先级分组，不要再分组，切记
285      */
286     NVIC_PriorityGroupConfig( NVIC_PriorityGroup_4 );
287 
288     /* LED 初始化 */
289     LED_GPIO_Config();
290 
291     /* 串口初始化 */
292     USART_Config();
293 
294     /* 按键初始化 */
295     Key_GPIO_Config();
296 }
297 
298 
299 /********************************END OF FILE*********************/
```

10.6.2 动态内存管理实验

动态内存的使用需要注意以下几点。

（1）由于系统中动态内存管理需要一个内存堆管理结构，因此实际用户可使用的空间总量小于配置文件 los_config.h 中配置项 OS_SYS_MEM_SIZE 的大小。

（2）调用内存地址对齐分配函数 LOS_MemAllocAlign 可能会消耗部分对齐导致的空间，故存在一

些内存碎片，当系统释放该对齐内存时，可回收由于对齐导致的内存碎片。

（3）系统支持重新分配内存，如果使用 LOS_MemRealloc 函数重新分配内存块成功，则系统会判定是否需要释放原来分配的空间，并返回重新分配的空间，用户不需要手动释放原来的内存块。

（4）当系统中多次调用 LOS_MemFree 函数时，第一次会返回成功，但对同一块内存进行多次重复释放会发生非法指针操作，导致结果不可预知。

内存管理实验使用 BestFit 算法进行内存管理测试，创建了两个任务，分别是 LED 任务与内存管理测试任务。内存管理测试任务通过检测按键是否按下来分配内存或释放内存，当分配内存成功时，就向该内存写入一些数据，如当前系统的时间等，并通过串口输出相关信息。动态内存管理实验源码如代码清单 10-21 加粗部分所示。

代码清单 10-21　动态内存管理实验源码

```
1 /**************************************************************
2   * @file    main.c
3   * @author  fire
4   * @version V1.0
5   * @date    2018-xx-xx
6   * @brief   STM32全系列开发板-LiteOS!
7   **************************************************************
8   * @attention
9   *
10  * 实验平台:野火 F103-霸道 STM32 开发板
11  * 论坛    :http://www.firebbs.cn
12  * 淘宝    :http://firestm32.taobao.com
13  *
14  **************************************************************
15  */
16 /* LiteOS 头文件 */
17 #include "los_sys.h"
18 #include "los_task.ph"
19 #include "los_memory.h"
20 /* 板级外设头文件 */
21 #include "bsp_usart.h"
22 #include "bsp_led.h"
23 #include "bsp_key.h"
24
25 /********************************** 任务 ID ******************************/
26 /*
27  * 任务 ID 是一个从 0 开始的数字，用于索引任务，当任务创建完成之后，其就具有了一个任务 ID，
28  * 以后的操作都需要通过任务 ID 进行
29  *
30  */
31
32 /* 定义任务 ID 变量 */
33 UINT32 LED_Task_Handle;
34 UINT32 Key_Task_Handle;
35
36 /************************** 内核对象 ID ***************************/
37 /*
38  * 信号量、消息队列、事件标志组、软件定时器都属于内核的对象，要想使用这些内核
39  * 对象，必须先创建，创建成功之后会返回一个相应的 ID。这里的 ID 实际上就是一个整数，后续
```

```
40  *可以通过这个 ID 操作这些内核对象
41  *
42  *
43  * 内核对象就是一种全局的数据结构，通过这些数据结构可以实现任务间的通信、任务间的事件同步等功能。
44  * 这些功能的实现是通过调用内核对象的函数
45  * 来完成的
46  *
47  */
48
49
50 /************************ 宏定义 ************************************/
51 /*
52  * 在写应用程序的时候，可能需要用到一些宏定义
53  */
54 /* 相关宏定义 */
55 #define   MALLOC_MEM_SIZE       16   //分配内存的大小（字节）
56
57
58 /* 函数声明 */
59 static UINT32 AppTaskCreate(void);
60 static UINT32 Creat_LED_Task(void);
61 static UINT32 Creat_Key_Task(void);
62
63 static void LED_Task(void);
64 static void Key_Task(void);
65 static void BSP_Init(void);
66
67 /**************************** 全局变量声明 ******************************/
68 /*
69  * 在写应用程序的时候，可能需要用到一些全局变量
70  */
71 UINT32 *p_Num = NULL;             //指向读写内存地址的指针
72
73
74 /***************************************************************
75   * @brief  主函数
76   * @param  无
77   * @retval 无
78   * @note   第一步：开发板硬件初始化
79             第二步：创建 App 应用任务
80             第三步：启动 LiteOS，开始多任务调度，启动失败时输出错误信息
81  **************************************************************/
82 int main(void)
83 {
84     UINT32 uwRet = LOS_OK;  //定义一个任务创建的返回值，默认为创建成功
85
86     /* 板级硬件初始化 */
87     BSP_Init();
88
89     printf("这是一个[野火]-STM32 全系列开发板-LiteOS 动态内存管理实验! \n");
90     printf("系统初始化的时候已经进行内存初始化，所以此时无须初始化\n");
```

```
91      printf("按下 KEY1 分配内存，按下 KEY2 释放内存！ \n\n");
92      /* LiteOS 内核初始化 */
93      uwRet = LOS_KernelInit();
94
95      if (uwRet != LOS_OK) {
96          printf("LiteOS 核心初始化失败！失败代码 0x%X\n",uwRet);
97          return LOS_NOK;
98      }
99
100      /* 创建 App 应用任务，所有的应用任务都可以放在这个函数中 */
101      uwRet = AppTaskCreate();
102      if (uwRet != LOS_OK) {
103          printf("AppTaskCreate 创建任务失败！失败代码 0x%X\n",uwRet);
104          return LOS_NOK;
105      }
106
107      /* 开启 LiteOS 任务调度 */
108      LOS_Start();
109
110      //正常情况下不会执行到这里
111      while (1);
112 }
113
114
115 /*******************************************************************
116   * @ 函数名  ： AppTaskCreate
117   * @ 功能说明： 任务创建，为了方便管理，所有的任务创建函数都可以放在这个函数中
118   * @ 参数    ： 无
119   * @ 返回值  ： 无
120   *******************************************************************/
121 static UINT32 AppTaskCreate(void)
122 {
123     /* 定义一个返回类型变量，初始化为 LOS_OK */
124     UINT32 uwRet = LOS_OK;
125
126
127     uwRet = Creat_LED_Task();
128     if (uwRet != LOS_OK) {
129         printf("LED_Task 任务创建失败！失败代码 0x%X\n",uwRet);
130         return uwRet;
131     }
132
133     uwRet = Creat_Key_Task();
134     if (uwRet != LOS_OK) {
135         printf("Key_Task 任务创建失败！失败代码 0x%X\n",uwRet);
136         return uwRet;
137     }
138     return LOS_OK;
139 }
140
141
142 /*****************************************************************
143   * @ 函数名  ： Creat_LED_Task
```

```
144  * @ 功能说明: 创建LED_Task任务
145  * @ 参数    :
146  * @ 返回值  : 无
147  ******************************************************************/
148 static UINT32 Creat_LED_Task()
149 {
150     //定义一个返回类型变量，初始化为LOS_OK
151     UINT32 uwRet = LOS_OK;
152 
153     //定义一个用于创建任务的参数结构体
154     TSK_INIT_PARAM_S task_init_param;
155 
156     task_init_param.usTaskPrio = 5;/* 任务优先级，数值越小，优先级越高 */
157     task_init_param.pcName = "LED_Task";/* 任务名 */
158     task_init_param.pfnTaskEntry =(TSK_ENTRY_FUNC)LED_Task;
159     task_init_param.uwStackSize = 1024;     /* 栈大小 */
160 
161     uwRet = LOS_TaskCreate(&LED_Task_Handle, &task_init_param);
162     return uwRet;
163 }
164 /******************************************************************
165  * @ 函数名  : Creat_Key_Task
166  * @ 功能说明: 创建Key_Task任务
167  * @ 参数    :
168  * @ 返回值  : 无
169  ******************************************************************/
170 static UINT32 Creat_Key_Task()
171 {
172     //定义一个返回类型变量，初始化为LOS_OK
173     UINT32 uwRet = LOS_OK;
174     TSK_INIT_PARAM_S task_init_param;
175 
176     task_init_param.usTaskPrio = 4;/* 任务优先级，数值越小，优先级越高 */
177     task_init_param.pcName = "Key_Task";     /* 任务名*/
178     task_init_param.pfnTaskEntry = (TSK_ENTRY_FUNC)Key_Task;
179     task_init_param.uwStackSize = 1024; /* 栈大小 */
180 
181     uwRet = LOS_TaskCreate(&Key_Task_Handle, &task_init_param);
182 
183     return uwRet;
184 }
185 
186 /******************************************************************
187  * @ 函数名  : LED_Task
188  * @ 功能说明: LED_Task任务实现
189  * @ 参数    : NULL
190  * @ 返回值  : NULL
191  ******************************************************************/
192 static void LED_Task(void)
193 {
194     //定义一个事件接收变量
```

```
195     UINT32 uwRet;
196     /* 每个任务都是一个无限循环，不能返回 */
197     while (1) {
198         LED2_TOGGLE;
199         LOS_TaskDelay(1000);/* 延时1000个Tick */
200     }
201 }
202 /***************************************************************
203  * @ 函数名  :  Key_Task
204  * @ 功能说明:  Key_Task任务实现
205  * @ 参数    :  NULL
206  * @ 返回值  :  NULL
207  ***************************************************************/
208 static void Key_Task(void)
209 {
210     //定义一个返回类型变量，初始化为LOS_OK
211     UINT32 uwRet = LOS_OK;
212 
213     /* 每个任务都是一个无限循环，不能返回 */
214     while (1) {
215         /* KEY1 被按下 */
216         if ( Key_Scan(KEY1_GPIO_PORT,KEY1_GPIO_PIN) == KEY_ON ) {
217             if (NULL == p_Num) {
218                 printf("正在分配内存....................\n");
219                 p_Num = (UINT32*)LOS_MemAlloc(m_aucSysMem0,MALLOC_MEM_SIZE);
220 
221                 if (NULL == p_Num)
222                     printf("分配内存失败!\n");
223                 else {
224                     printf("分配内存成功!地址为0x%X \n",(uint32_t)p_Num);
225                      //向Test_Ptr中写入数据:当前系统时间
226                     sprintf((char*)p_Num,"当前系统TickCount
227                                 = %d",(UINT32)LOS_TickCountGet());
228                     printf("写入的数据是 %s \n\n",(char*)p_Num);
229                 }
230             } else
231                 printf("请先按下KEY2释放内存再分配\n");
232         }
233 
234         /* KEY2 被按下 */
235         if ( Key_Scan(KEY2_GPIO_PORT,KEY2_GPIO_PIN) == KEY_ON ) {
236             if (NULL != p_Num) {
237                 printf("正在释放内存....................\n");
238                 uwRet = LOS_MemFree(m_aucSysMem0,p_Num);
239                 if (LOS_OK == uwRet) {
240                     printf("内存释放成功!\n\n");//内存释放成功
241                     p_Num = NULL;
242                 } else {
243                     printf("内存释放失败!\n\n");//内存释放失败
244                 }
```

```
245             } else
246                 printf("请先按下KEY1分配内存再释放\n\n");
247         }
248 
249         LOS_TaskDelay(20);      //每20ms扫描一次
250     }
251 }
252 
253 
254 /*******************************************************************
255   * @ 函数名  ： BSP_Init
256   * @ 功能说明： 板级外设初始化，开发板上的所有初始化代码均可放在这个函数中
257   * @ 参数    ：
258   * @ 返回值  ： 无
259   *******************************************************************/
260 static void BSP_Init(void)
261 {
262     /*
263      * STM32中断优先级分组为4，即4bit都用来表示抢占优先级，范围为0～15
264      * 优先级分组只需要分组一次，以后如果有其他任务需要用到中断，
265      * 则统一使用这个优先级分组，不要再分组，切记
266      */
267     NVIC_PriorityGroupConfig( NVIC_PriorityGroup_4 );
268 
269     /* LED 初始化 */
270     LED_GPIO_Config();
271 
272     /* 串口初始化 */
273     USART_Config();
274 
275     /* 按键初始化 */
276     Key_GPIO_Config();
277 }
278 
279 
280 /********************************END OF FILE****************/
```

10.7 实验现象

本节将展示内存管理实验的现象。

10.7.1 静态内存池管理实验现象

将程序编译好，使用USB线缆连接计算机和开发板的USB接口（对应印制电路板上的USB转串口），使用DAP仿真器把配套程序下载到野火STM32开发板（具体型号根据读者使用的开发板而定，每个型号的开发板都配套有对应的程序）中，在计算机上打开串口调试助手，复位开发板，先按下KEY1键申请内存，再按下KEY2键释放内存，可以在调试助手中看到串口输出信息与运行结果提示，如图10-11所示。

图 10-11 静态内存池管理实验现象

10.7.2 动态内存管理实验现象

将程序编译好，使用 USB 线缆连接计算机和开发板的 USB 接口（对应印制电路板上的 USB 转串口），使用 DAP 仿真器把配套程序下载到野火 STM32 开发板（具体型号根据读者的开发板而定，每个型号的开发板都配套有对应的程序）中，在计算机上打开串口调试助手，复位开发板，先按下 KEY1 键申请内存，再按下 KEY2 键释放内存，可以在调试助手中看到串口输出信息与运行结果提示，如图 10-12 所示。

图 10-12 动态内存管理实验现象

11 第11章 中断管理

本章所述中断管理主要是针对中断处理程序的管理，LiteOS 对中断的处理可以分为接管中断和非接管中断两种，不同的方式，处理过程有很大的不同。本章将详细讲解这些内容，并介绍与中断相关的概念、运行机制等。

【学习目标】

- 了解中断的相关概念。
- 掌握中断的运行机制。
- 掌握 LiteOS 接管中断方式的函数的使用方法。

11.1 中断简介

11.1.1 异常

异常是导致处理器脱离正常运行转向执行特殊代码的任何事件，如果不及时进行处理，轻则系统出错，重则会导致系统毁灭性瘫痪。所以，正确地处理异常，避免错误的发生是提高软件健壮性（稳定性）非常重要的一环，对于实时系统而言更是如此。

异常通常可以分成同步异常和异步异常。由内部事件（如处理器指令运行产生的事件）引起的异常称为同步异常，例如，被零除的算术运算引发的异常；在某些处理器体系结构中，对于确定的数据尺寸必须从内存的偶数地址进行读和写操作，而从奇数内存地址的读或写操作将引起存储器存取一个错误事件并引发异常（称为校准异常）。

异步异常主要是指由外部异常源导致的异常，是一个由外部硬件装置产生的事件引起的异常。同步异常不同于异步异常的地方是事件的来源，同步异常事件是由于执行某些指令而从处理器内部产生的，而异步异常事件的来源是外部硬件，例如，按下设备某个按钮产生的事件。同步异常与异步异常的区别还在于，同步异常触发后，系统必须立刻进行处理，否则不能够执行原有的程序指令步骤；异步异常可以延缓处理甚至是忽略，如按键中断时，虽然中断异常触发了，但是系统可以忽略它继续运行（同样忽略了相应的按键事件）。

11.1.2 中断

1. 基本概念

中断属于异步异常，所谓中断，是指 CPU 正在处理某件事情的时候，外部某一事件请求 CPU 迅速处理，CPU 暂停当前的工作转而去处理该事件，处理完后再回到原先被打断的地方，继续原来的工作。

中断能打断任务的运行，而无论该任务具有什么样的优先级，因此，中断一般用于处理比较紧急的事件，而且只做简单处理，如标记该事件，在使用 LiteOS 时，一般建议使用信号量或事件标记中断的发生，并通知对应的处理任务，在任务中进行处理。

通过中断机制，在外设不需要 CPU 介入时，CPU 可以执行其他任务；而当外设需要 CPU 时，可通过产生中断信号使 CPU 停止当前处理，并立即响应中断请求。这样可以避免 CPU 把大量时间用在等待、查询外设状态的操作上，因此可大大提高系统实时性及执行效率。

此处要注意一点，LiteOS 源码中有多处临界段，临界段虽然保护了关键代码的执行不被打断，但也会影响系统的实时性。例如，某个时刻有一个任务在运行中将中断屏蔽，即进入了临界区中，此时如果有一个紧急的中断事件被触发，则该中断无法及时得到响应，必须在中断开启后才可以得到响应，如果屏蔽中断的时间超过了紧急中断能够容忍的限度，则危害是可想而知的。所以，操作系统在某些时候会有适当的延迟响应中断，即使是调用中断屏蔽函数进入临界区的时候，也需要快进快出。

LiteOS 接管中断版本的中断支持的功能如下。

（1）中断初始化。

（2）中断创建。

（3）中断删除。

（4）中断使能。

（5）中断屏蔽。

（6）中断共享。

LiteOS 非接管中断版本的中断支持的功能如下。

（1）中断使能。

（2）中断屏蔽。

2. 和中断相关的硬件

与中断相关的硬件可以划分为外设、中断控制器、CPU 本身。

外设：当外设需要请求 CPU 时，产生一个中断信号，该信号连接至中断控制器。

中断控制器：中断控制器是 CPU 众多外设中的一个，一方面，它会接收其他外设中断信号的输入；另一方面，它会发出中断信号给 CPU。通过对中断控制器的编程可以实现对中断源的优先级、触发方式、打开和关闭等操作。在 Cortex-M 系列控制器中常用的中断控制器是内嵌向量中断控制器（Nested Vectored Interrupt Controller，NVIC）。

CPU：CPU 会响应中断源的请求，中断当前正在执行的任务，转而执行中断处理程序。NVIC 最多可支持 240 个中断。

3. 和中断相关的术语

中断号：每个中断请求信号都会有特定的标记，使得计算机能够判断是哪个设备提出的中断请求，这个标记就是中断号。

中断请求："紧急事件"需向 CPU 提出申请，要求 CPU 暂停当前执行的任务，转而处理该"紧急事件"，这一申请过程称为中断请求。

中断优先级：为使系统能够及时响应并处理所有中断，系统会根据中断时间的重要性和紧迫程度将中断源分为若干个级别，称为中断优先级。

中断处理程序：当外设产生中断请求后，CPU 会暂停当前的任务，转而响应中断申请，即执行中断处理程序。

中断触发：中断源发出并送给 CPU 控制信号，将中断触发器置“1”，表明该中断源产生了中断，要求 CPU 响应该中断，CPU 会暂停当前任务，执行相应的中断处理程序。

中断触发类型：外部中断申请通过一个物理信号发送到 NVIC，可以是电平触发或边沿触发。

中断向量：中断服务程序的入口地址。

中断向量表：存储中断向量的存储区，中断向量与中断号对应，中断向量在中断向量表中按照中断号顺序存储。

临界段：代码的临界段也称为临界区，一旦这部分代码开始执行，就不允许被任何中断打断。为确保临界段代码的执行不被中断，在进入临界段之前必须关闭中断，而临界段代码执行完毕后要立即打开中断。

11.2　中断的运行机制

1. CPU 运行顺序

当中断产生时，CPU 将按如下顺序运行。

（1）保存当前处理器的状态信息。

（2）载入异常或中断处理程序到 PC 寄存器中。

（3）把控制权转交给中断处理程序并开始执行。

（4）当中断处理程序执行完成时，恢复保存的状态信息。

（5）从异常或中断中返回到前一个程序执行点。

中断使得 CPU 可以在事件发生时再给予处理，而不必让 CPU 时刻查询是否有相应的事件发生。通过两条特殊指令——关中断和开中断，可以让处理器不响应或使响应中断，在关闭中断期间，通常处理器会把新产生的中断挂起，当中断打开时立刻进行响应，所以会有适当的延时响应中断，故用户在进入临界区的时候应快进快出。

2. **中断发生的环境**

中断发生的环境有两种，即任务的上下文环境中和中断服务程序处理的上下文环境中。

（1）当任务在工作的时候，如果发生了一个中断，则无论任务的优先级有多高，都会被打断，转去执行对应的中断服务程序，其过程如图 11-1 所示。

图 11-1 ①、③：在任务运行的时候发生了中断，中断会打断任务的运行，操作系统将先保存当前任务的上下文环境，转去处理中断服务程序。

图 11-1 ②、④：当且仅当中断服务程序处理完后才恢复任务的上下文环境，继续运行任务。

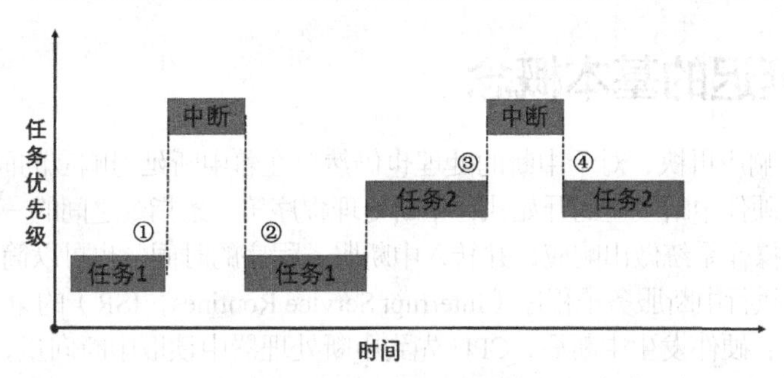

图 11-1　中断发生在任务上下文中的处理过程

（2）在执行中断服务程序的过程中，如果有更高优先级的中断源触发了中断，由于当前处于中断处理上下文环境中，根据不同的处理器构架可能有不同的处理方式，例如，新的中断等待挂起直到当前中断处理离开后再响应；打断当前中断处理过程，而去直接响应新的高优先级中断，可以称为中断嵌套。LiteOS 允许中断嵌套，即在一个中断服务程序运行期间，处理器可以响应另一个优先级更高的中断，如图 11-2 所示。

图 11-2 ①：在中断 1 的服务程序处理期间发生了中断 2，由于中断 2 的优先级比中断 1 更高，因此发生了中断嵌套，操作系统将先保存当前中断服务程序的上下文环境，转向处理中断 2，当且仅当中断 2 执行完后（图 11-2 ②），才能继续执行中断 1。

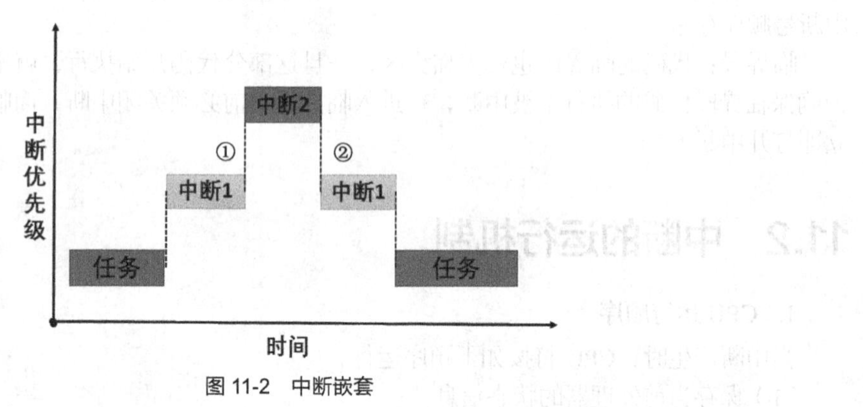

图 11-2　中断嵌套

11.3　中断的应用场景

举个例子：假如读者正在给朋友写信，电话铃响了，此时读者放下手中的笔去接电话，通话完毕后再继续写信。这个例子就表现了中断及其处理的过程：电话铃声使读者暂时中止当前的写信，而去处理更为急需处理的事情——接电话，当把急需处理的事情处理完毕之后，再继续写信。在这个例子中，电话铃声可以称为“中断请求”，读者暂停写信去接电话可以称为“中断响应”，接电话的过程就是“中断处理”。由此可以看出，在计算机执行程序的过程中，由于出现某个特殊情况（或称为“事件”），使得系统暂时中止当前运行的程序，而转去执行处理这一特殊事件，处理完毕之后再回到原来程序的中断点继续运行，这个过程就称为中断。

这里举一个例子来说明中断的作用：假设有一个朋友来拜访读者，但是由于读者不知朋友何时到达，因此只能在门口等待，也就无法做其他事情；但如果在门口装一个门铃，读者就不必在门口等待了，可以去做其他工作，当朋友到来后按门铃通知，读者再停止手中的工作去开门，这就避免了不必要的等待。CPU 也是如此，在中断未到来时，CPU 可以去处理其他事情，当中断到来时，CPU 再去响应中断并完成处理，这样，CPU 的使用将更加高效。

11.4　中断延迟的基本概念

即使操作系统的响应再快，对于中断的处理也仍然存在着中断延迟响应的问题，称为中断延迟。

中断延迟是指从硬件中断发生到开始执行中断处理程序第一条指令之间的一段时间，也就是指系统接收到中断信号到操作系统做出响应，并转入中断服务程序的时间。也可以简单地理解为（外部）硬件发生中断到系统执行中断服务子程序（Interrupt Service Routines，ISR）的第一条指令的时间。

中断的处理过程：硬件发生中断后，CPU 先到中断处理器中读取中断向量，并查找中断向量表，找到对应的 ISR 的首地址，再跳转到对应的 ISR 去做相应处理。这部分时间称为识别中断时间。

在允许中断嵌套的实时操作系统中，中断处理也是基于优先级的，允许高优先级中断抢断正在处理的低优先级中断，所以，如果当前正在处理更高优先级的中断，即使此时有低优先级的中断触发，系统也不会立刻响应，而是等到高优先级的中断处理完之后再响应。而在不支持中断嵌套的情况下（如相同优先级的中断），中断是不允许抢占的，如果当前系统正在处理一个中断，而另一个中断到来了，则系统也是不会立即响应的，而是等待处理完当前的中断之后再去处理后来的中断。这部分时间称为等待中断打开时间。

在操作系统中，很多时候会主动进入临界段，系统不允许当前状态被中断打断，故而在临界段发生的中断会被挂起，直到退出临界段后再打开中断。这部分时间称为关闭中断时间。

综上，中断延迟可以定义为从中断开始的时刻到中断服务程序开始执行的时刻之间的时间段，即中断延迟=识别中断时间+[等待中断打开时间]+[关闭中断时间]。

注意

[]中的时间不一定都存在，此处为最大可能的中断延迟时间。

11.5 中断的使用

11.5.1 接管中断版本的移植

按照第 2 章的内容进行移植即可，移植的版本为接管中断版本。

11.5.2 接管中断版本的常用函数

1. 创建硬件中断函数 LOS_HwiCreate

既然 LiteOS 接管了中断，那么关于中断的注册创建也是由 LiteOS 管理的，而且系统要知道当前创建了什么中断，如果没有创建就使用了中断，则往往会发生致命的错误。LiteOS 中提供了创建硬件中断函数 LOS_HwiCreate，其源码如代码清单 11-1 所示。

代码清单 11-1　创建硬件中断函数 LOS_HwiCreate 源码

```
 1 LITE_OS_SEC_TEXT_INIT UINT32 LOS_HwiCreate(HWI_HANDLE_T  uwHwiNum,        (1)
 2                                            HWI_PRIOR_T   usHwiPrio,        (2)
 3                                            HWI_MODE_T    usMode,           (3)
 4                                            HWI_PROC_FUNC pfnHandler,       (4)
 5                                            HWI_ARG_T     uwArg )           (5)
 6 {
 7     UINTPTR uvIntSave;
 8
 9     if (NULL == pfnHandler) {                                               (6)
10         return OS_ERRNO_HWI_PROC_FUNC_NULL;
11     }
12
13     if (uwHwiNum >= OS_HWI_MAX_NUM) {                                       (7)
14         return OS_ERRNO_HWI_NUM_INVALID;
15     }
16
17     if (m_pstHwiForm[uwHwiNum + OS_SYS_VECTOR_CNT] !=
18         (HWI_PROC_FUNC)osHwiDefaultHandler) {                               (8)
19         return OS_ERRNO_HWI_ALREADY_CREATED;
20     }
```

```
21
22      if ((usHwiPrio > OS_HWI_PRIO_LOWEST) ||
23          (usHwiPrio < OS_HWI_PRIO_HIGHEST)) {                    (9)
24          return OS_ERRNO_HWI_PRIO_INVALID;
25      }
26
27      uvIntSave = LOS_IntLock();
28 #if (OS_HWI_WITH_ARG == YES)
29      osSetVector(uwHwiNum, pfnHandler, uwArg);
30 #else
31      osSetVector(uwHwiNum, pfnHandler);                          (10)
32 #endif
33      NVIC_EnableIRQ((IRQn_Type)uwHwiNum);                        (11)
34      NVIC_SetPriority((IRQn_Type)uwHwiNum, usHwiPrio);           (12)
35
36      LOS_IntRestore(uvIntSave);
37
38      return LOS_OK;
39
40 }
```

代码清单 11-1（1）：uwHwiNum 是硬件的中断号，可以在 stm32fxxx.h 中找到，例如，霸道开发板可以在 stm32f10x.h 中找到相应的中断号，如代码清单 11-2 所示。

代码清单 11-2　stm32f10x.h 中断号（部分）

```
1 /**
2   * @brief STM32F10x 中断号定义、根据所选平台选择
3   *
4   */
5 typedef enum IRQn {
6     /****** Cortex-M3 处理器异常号 *****************/
7     NonMaskableInt_IRQn         = -14,
8     MemoryManagement_IRQn       = -12,
9     BusFault_IRQn               = -11,
10    UsageFault_IRQn             = -10,
11    SVCall_IRQn                 = -5,
12    DebugMonitor_IRQn           = -4,
13    PendSV_IRQn                 = -2,
14    SysTick_IRQn                = -1,
15
16    /****** STM32 特定的中断号 ******************/
17    WWDG_IRQn                   = 0,
18    PVD_IRQn                    = 1,
19    TAMPER_IRQn                 = 2,
20    RTC_IRQn                    = 3,
21    FLASH_IRQn                  = 4,
22    RCC_IRQn                    = 5,
23    EXTI0_IRQn                  = 6,
24    EXTI1_IRQn                  = 7,
25    EXTI2_IRQn                  = 8,
26    EXTI3_IRQn                  = 9,
27    EXTI4_IRQn                  = 10,
28    DMA1_Channel1_IRQn          = 11,
29    DMA1_Channel2_IRQn          = 12,
30    DMA1_Channel3_IRQn          = 13,
31    DMA1_Channel4_IRQn          = 14,
32    DMA1_Channel5_IRQn          = 15,
```

```
33      DMA1_Channel6_IRQn           = 16,
34      DMA1_Channel7_IRQn           = 17,
```

代码清单 11-1（2）：usHwiPrio 是硬件中断优先级。

代码清单 11-1（3）：usMode 是硬件中断模式。

代码清单 11-1（4）：pfnHandler 是触发硬件中断时使用的中断处理程序，即中断服务程序，需要用户自己编写并声明，在创建硬件中断的时候需要将函数指针传入。

代码清单 11-1（5）：uwArg 是中断服务程序的输入参数。

代码清单 11-1（6）：判断用户是否实现了中断服务程序，如果中断服务程序指针为 NULL，则返回错误代码。

代码清单 11-1（7）：如果中断号大于 OS_HWI_MAX_NUM（Cortex-M3、Cortex-M4、Cortex-M7 内核的最大中断号默认为 240），则返回错误代码。

代码清单 11-1（8）：根据中断号判断当前的中断是否已经注册，如果是，则无须重复注册，返回错误代码。

代码清单 11-1（9）：判断中断的优先级是否有效，优先级默认值是 OS_HWI_PRIO_HIGHEST（0）～OS_HWI_PRIO_LOWEST（7），数值越低，优先级越高。

代码清单 11-1（10）：根据中断号与中断服务程序来设置中断向量表，形成映射关系。osSetVector 宏定义如代码清单 11-3 所示。

代码清单 11-3 osSetVector 宏定义

```
1 #define osSetVector(uwNum, pfnVector)       \
2     m_pstHwiForm[uwNum + OS_SYS_VECTOR_CNT] = osInterrupt;\
3     m_pstHwiSlaveForm[uwNum + OS_SYS_VECTOR_CNT] = pfnVector;
4 #endif
```

代码清单 11-1（11）：根据中断号使能中断，通过设置 NVIC 寄存器使能对应的中断。

代码清单 11-1（12）：设置中断的优先级，根据传递进来的中断号与优先级值配置对应的优先级。

创建硬件中断函数 LOS_HwiCreate 的实例如代码清单 11-4 所示。

代码清单 11-4 创建硬件中断函数 LOS_HwiCreate 实例

```
1 uvIntSave = LOS_IntLock();        /* 屏蔽所有中断 */
2
3 /* 创建硬件中断，用于配置硬件中断并注册硬件中断处理功能 */
4 LOS_HwiCreate(KEY1_INT_EXTI_IRQ,
5  /* 平台的中断号，可以在 stm32fxxx.h 中找到，本例程由 bsp_exti.h 进行了重新定义 */
6                 0, /* 硬件中断优先级，暂时忽略此参数 */
7                 0, /* 硬件中断模式，暂时忽略此参数 */
8                 KEY1_IRQHandler, /* 中断服务程序 */
9                 0); /* 触发硬件中断时使用的中断处理程序的输入参数 */
10
11 /* 创建硬件中断，用于配置硬件中断并注册硬件中断处理功能 */
12 /* 平台的中断号，可以在 stm32fxxx.h 中找到，本例程由 bsp_exti.h 进行了重新定义 */
13 LOS_HwiCreate(KEY2_INT_EXTI_IRQ,
14                0, /* 硬件中断优先级，暂时忽略此参数 */
15                0, /* 硬件中断模式，暂时忽略此参数 */
16                KEY2_IRQHandler, /* 中断服务程序 */
17                0); /* 触发硬件中断时使用的中断处理程序的输入参数 */
18
19 LOS_IntRestore(uvIntSave); /* 恢复所有中断 */
20 /************************************************************************
```

```
21 * @ 函数名  :  KEY1_IRQHandler
22 * @ 功能说明:  中断服务程序
23 * @ 参数    :  无
24 * @ 返回值  :  无
25 *****************************************************************/
26 static void KEY1_IRQHandler(void)
27 {
28     //确保是否产生了 EXTI Line 中断
29     if (EXTI_GetITStatus(KEY1_INT_EXTI_LINE) != RESET) {
30         Trigger_Num = 1; /* 标记一下触发的中断，中断中尽可能快进快出 */
31         //LED1 取反
32         LED1_TOGGLE;
33         //清除中断标志位
34         EXTI_ClearITPendingBit(KEY1_INT_EXTI_LINE);
35     }
36 }
37 /*****************************************************************
38   * @ 函数名  :  KEY2_IRQHandler
39   * @ 功能说明:  中断服务程序
40   * @ 参数    :  无
41   * @ 返回值  :  无
42   *****************************************************************/
43 static void KEY2_IRQHandler(void)
44 {
45     //确保是否产生了 EXTI Line 中断
46     if (EXTI_GetITStatus(KEY2_INT_EXTI_LINE) != RESET) {
47         Trigger_Num = 2; /* 标记一下触发的中断，中断中尽可能快进快出 */
48         //LED2 取反
49         LED2_TOGGLE;
50         //清除中断标志位
51         EXTI_ClearITPendingBit(KEY2_INT_EXTI_LINE);
52     }
53 }
```

2. 删除硬件中断函数 LOS_HwiDelete

LiteOS 支持删除已创建的硬件中断，即当某些中断不再需要使用的时候，可以将其删除，删除中断后就无法再次使用该中断，系统将不再响应该中断。删除硬件中断函数 LOS_HwiDelete 的源码如代码清单 11-5 所示。

代码清单 11-5　删除硬件中断函数 LOS_HwiDelete 源码

```
1 LITE_OS_SEC_TEXT_INIT UINT32 LOS_HwiDelete(HWI_HANDLE_T uwHwiNum)
2 {
3     UINT32 uwIntSave;
4
5     if (uwHwiNum >= OS_HWI_MAX_NUM) {                          (1)
6         return OS_ERRNO_HWI_NUM_INVALID;
7     }
8
9     NVIC_DisableIRQ((IRQn_Type)uwHwiNum);                      (2)
10
11    uwIntSave = LOS_IntLock();
```

```
12
13      m_pstHwiForm[uwHwiNum + OS_SYS_VECTOR_CNT] =                  (3)
14              (HWI_PROC_FUNC)osHwiDefaultHandler;
15      LOS_IntRestore(uwIntSave);
16
17      return LOS_OK;
18 }
```

代码清单 11-5（1）：判断中断号是否大于 OS_HWI_MAX_NUM，若是，则返回错误代码。

代码清单 11-5（2）：根据中断号使能对应中断。

代码清单 11-5（3）：解除已经创建的中断号与中断服务程序的映射关系。

如果使用 LiteOS 接管中断，则需要使能 LOSCFG_PLATFORM_HWI 宏定义，并配置系统支持的最大中断数——LOSCFG_PLATFORM_HWI_LIMIT。此外，还需要注意以下几点。

（1）创建中断并不等于已经初始化中断，真正的中断初始化部分是由用户编写的，所以在创建之前应先将中断初始化。

（2）根据具体硬件平台配置支持的最大中断数及中断初始化操作的寄存器地址。这在 Cortex-M3、Cortex-M4、Cortex-M7 中基本无须修改，LiteOS 已经处理好，直接使用即可。

（3）中断处理程序耗时不能过长，否则会影响 CPU 对其他中断的及时响应。

（4）关闭中断后不能执行引起调度的函数。

11.5.3　非接管中断

接管中断是指，系统中的所有中断都由 RTOS 的软件管理，硬件产生中断时，由软件决定是否响应，可以挂起中断、延迟响应中断或者不响应中断。而非接管中断方式的使用其实和裸机是差不多的，需要用户自己配置中断，并使能中断、编写中断服务程序、在中断服务程序中使用内核 IPC 通信机制，一般建议使用信号量或事件做标记，等退出中断后再由相关任务进行处理。

NVIC 支持中断嵌套功能：当一个中断触发并且系统进行响应时，处理器硬件会将当前运行的部分上下文寄存器自动压入中断栈，这部分寄存器包括 PSR、R0、R1、R2、R3 及 R12。当系统正在服务一个中断时，如果有一个更高优先级的中断触发了，则处理器同样会打断当前运行的中断服务程序，并把旧的中断服务程序上下文的 PSR、R0、R1、R2、R3 和 R12 寄存器自动保存到中断栈中。这些上下文寄存器保存到中断栈的行为完全是硬件行为，这是与其他 ARM 处理器的最大区别（以往都需要依赖于软件保存上下文环境）。

Cortex-M 系列内核的中断是由硬件管理的，而 LiteOS 是软件，它可以不接管系统相关中断。另外，在 ARM Cortex-M 系列处理器上，所有中断都采用中断向量表的方式进行处理，即当一个中断触发时，处理器将直接判定是哪个中断源，并直接跳转到相应的固定位置进行处理。而在 ARM7、ARM9 中，一般是先跳转到 IRQ 入口，再由软件判断哪个中断源触发了中断，获得了相对应的中断服务程序入口地址后，再进行后续的中断处理。使用 ARM7、ARM9 的好处在于，所有中断都有统一的入口地址，便于 OS 的统一管理。而 ARM Cortex-M 系列处理器则恰恰相反，每个中断服务程序必须排列在一起放在统一的地址上（这个地址必须要设置到 NVIC 的中断向量偏移寄存器中）。中断向量表一般由一个数组定义（或在起始代码中指定），在 STM32 上，其默认采用起始代码指定，部分代码如代码清单 11-6 所示。

代码清单 11-6　中断向量表（部分）

```
1 __Vectors       DCD     __initial_sp               ; Top of Stack
2                 DCD     Reset_Handler              ; Reset Handler
3                 DCD     NMI_Handler                ; NMI Handler
4                 DCD     HardFault_Handler          ; Hard Fault Handler
5                 DCD     MemManage_Handler          ; MPU Fault Handler
```

```
6                   DCD     BusFault_Handler          ; Bus Fault Handler
7                   DCD     UsageFault_Handler        ; Usage Fault Handler
8                   DCD     0                         ; Reserved
9                   DCD     0                         ; Reserved
10                  DCD     0                         ; Reserved
11                  DCD     0                         ; Reserved
12                  DCD     SVC_Handler               ; SVCall Handler
13  DCD     DebugMon_Handler                          ; Debug Monitor Handler
14                  DCD     0                         ; Reserved
15                  DCD     PendSV_Handler            ; PendSV Handler
16                  DCD     SysTick_Handler           ; SysTick Handler
17
18                  ; External Interrupts
19                  DCD     WWDG_IRQHandler           ; Window Watchdog
20  DCD     PVD_IRQHandler              ; PVD through EXTI Line detect
21                  DCD     TAMPER_IRQHandler         ; Tamper
22                  DCD     RTC_IRQHandler            ; RTC
23                  DCD     FLASH_IRQHandler          ; Flash
24                  DCD     RCC_IRQHandler            ; RCC
25                  DCD     EXTI0_IRQHandler          ; EXTI Line 0
26                  DCD     EXTI1_IRQHandler          ; EXTI Line 1
27                  DCD     EXTI2_IRQHandler          ; EXTI Line 2
28                  DCD     EXTI3_IRQHandler          ; EXTI Line 3
29                  DCD     EXTI4_IRQHandler          ; EXTI Line 4
30                  DCD     DMA1_Channel1_IRQHandler ; DMA1 Channel 1
31                  DCD     DMA1_Channel2_IRQHandler ; DMA1 Channel 2
32                  DCD     DMA1_Channel3_IRQHandler ; DMA1 Channel 3
33                  DCD     DMA1_Channel4_IRQHandler ; DMA1 Channel 4
34                  DCD     DMA1_Channel5_IRQHandler ; DMA1 Channel 5
35                  DCD     DMA1_Channel6_IRQHandler ; DMA1 Channel 6
36                  DCD     DMA1_Channel7_IRQHandler ; DMA1 Channel 7
37
38                  …
39
```

LiteOS 在 Cortex-M 系列处理器上也遵循与裸机中断一致的方法，当用户需要使用自定义的中断服务程序时，只需要定义相同名称的函数覆盖弱化符号即可。

11.6 中断管理实验

LiteOS 对中断的管理有两种方式，本节将演示这两种方式的中断管理的实验。

11.6.1 接管中断方式

接管中断方式中断管理实验要在 LiteOS 中创建两个被 LiteOS 管理的中断，并编写相关的中断服务程序，在触发的时候将信号量传递给任务，任务获取到信号量后将相关信息从串口输出，如代码清单 11-7 加粗部分所示。

代码清单 11-7 LiteOS 中断管理实验（接管中断方式）

```
1 /**
2   ****************************************************************
3   * @file    main.c
4   * @author  fire
5   * @version V1.0
6   * @date    2018-xx-xx
```

```
7     * @brief   这是一个[野火]-STM32F103 霸道 LiteOS 中断管理实验!
8     ****************************************************************
9     * @attention
10    *
11    * 实验平台:野火  STM32 F103 开发板
12    * 论坛    :http://www.firebbs.cn
13    * 淘宝    :https://fire-stm32.taobao.com
14    *
15    *****************************************************************
16    */
17
18 /* LiteOS 头文件 */
19 #include "los_sys.h"
20 #include "los_typedef.h"
21 #include "los_task.ph"
22 #include "los_sem.h"
23 /* 板级外设头文件 */
24 #include "stm32f10x.h"
25 #include "bsp_usart.h"
26 #include "bsp_led.h"
27 #include "bsp_key.h"
28 #include "bsp_exti.h"
29
30 /***************************** 任务 ID *********************************/
31 /*
32  * 任务 ID 是一个从 0 开始的数字，用于索引任务，当任务创建完成之后，其就具有了一个任务 ID，
33  * 以后的操作都需要通过任务 ID 进行
34  *
35  */
36 /* 定义任务 ID 变量 */
37 UINT32 Test_Task_Handle;
38
39 /* 定义二值信号量的 ID 变量 */
40 UINT32 BinarySem1_Handle;
41 UINT32 BinarySem2_Handle;
42 /**************************** 全局变量声明 ********************************/
43 /*
44  * 在写应用程序的时候，可能需要用到一些全局变量
45  */
46
47
48 /* 函数声明 */
49 static void KEY1_IRQHandler(void);
50 static void KEY2_IRQHandler(void);
51
52 static UINT32 Creat_Test_Task(void);
53 static void Test_Task(void);
54
55 static void BSP_Init(void);
56 static void AppTaskCreate(void);
57
58 /**
59   * @brief  主函数
```

```
60   * @param  无
61   * @retval 无
62   * @note   第一步：开发板硬件初始化
63            第二步：创建 App 应用任务
64            第三步：启动 LiteOS，开始多任务调度，启动不成功时输出错误信息
65   */
66 int main(void)
67 {
68    UINT32 uwRet = LOS_OK;/* 定义一个创建任务的返回类型，初始化为创建成功的返回值 */
69
70     /* 板级初始化，所有和开发板硬件相关的初始化都可以放在这个函数中 */
71     BSP_Init();
72     /* 发送一个字符串 */
73     printf("这是一个[野火]-STM32F103 霸道 LiteOS 中断管理实验！\n");
74
75     /* LiteOS 核心初始化 */
76     uwRet = LOS_KernelInit();
77     if (uwRet != LOS_OK) {
78         printf("LiteOS 核心初始化失败！\n");
79         return LOS_NOK;
80     }
81     /* 创建 App 应用任务，所有的应用任务都可以放在这个函数中 */
82     AppTaskCreate();
83
84     /* 开启 LiteOS 任务调度 */
85     LOS_Start();
86 }
87
88 /*************************************************************************
89   * @ 函数名  ： AppTaskCreate
90   * @ 功能说明： 任务创建，为了方便管理，所有的任务创建函数都可以放在这个函数中
91   * @ 参数    ： 无
92   * @ 返回值  ： 无
93   ************************************************************************/
94 static void AppTaskCreate(void)
95 {
96     UINTPTR uvIntSave;
97     UINT32 uwRet = LOS_OK;
98     /* 创建一个二值信号量*/
99     uwRet = LOS_BinarySemCreate(0,&BinarySem1_Handle);
100     if (uwRet != LOS_OK) {
101         printf("BinarySem_Handle 二值信号量创建失败！\n");
102     }
103     uwRet = LOS_BinarySemCreate(0,&BinarySem2_Handle);
104     if (uwRet != LOS_OK) {
105         printf("BinarySem_Handle 二值信号量创建失败！\n");
106     }
107     uwRet = Creat_Test_Task();
108     if (uwRet != LOS_OK) {
109         printf("Test_Task 任务创建失败！\n");
110     }
```

```
111
112     uvIntSave = LOS_IntLock();/* 屏蔽所有中断 */
113
114    /* 创建硬件中断，用于配置硬件中断并注册硬件中断处理功能 */
115     LOS_HwiCreate( KEY1_INT_EXTI_IRQ,
116 /* 平台的中断向量号，可以在 stm32fxxx.h 中找到，本例程由 bsp_exti.h 进行了重新定义 */
117                         0, /* 硬件中断优先级，暂时忽略此参数 */
118                         0, /* 硬件中断模式，暂时忽略此参数 */
119                         KEY1_IRQHandler,    /* 中断服务程序 */
120                         0); /* 触发硬件中断时使用的中断处理程序的输入参数 */
121
122     /* 创建硬件中断，用于配置硬件中断并注册硬件中断处理功能 */
123     LOS_HwiCreate( KEY2_INT_EXTI_IRQ,
124 /* 平台的中断号，可以在 stm32fxxx.h 中找到，本例程由 bsp_exti.h 进行了重新定义 */
125                         0, /* 硬件中断优先级，暂时忽略此参数 */
126                         0, /* 硬件中断模式，暂时忽略此参数 */
127                         KEY2_IRQHandler,    /* 中断服务程序 */
128                         0); /* 触发硬件中断时使用的中断处理程序的输入参数 */
129
130     LOS_IntRestore(uvIntSave);  /* 恢复所有中断 */
131
132 }
133 /*******************************************************************
134   * @ 函数名  : Creat_Test_Task
135   * @ 功能说明: 创建 Test_Task 任务
136   * @ 参数    : 无
137   * @ 返回值  : 无
138   *****************************************************************/
139 static UINT32 Creat_Test_Task()
140 {
141    UINT32 uwRet = LOS_OK; /* 定义一个创建任务的返回类型，初始化为创建成功的返回值 */
142     TSK_INIT_PARAM_S task_init_param;
143
144     task_init_param.usTaskPrio = 5;/* 优先级，数值越小，优先级越高 */
145     task_init_param.pcName = "Test_Task";/* 任务名，字符串形式，方便调试 */
146     task_init_param.pfnTaskEntry = (TSK_ENTRY_FUNC)Test_Task;
147     task_init_param.uwStackSize = 0x1000;/* 栈大小，单位为字，即 4 个字节 */
148
149     uwRet = LOS_TaskCreate(&Test_Task_Handle, &task_init_param);
150
151     return uwRet;
152 }
153
154 /********************************************************************
155   * @ 函数名  : Test_Task
156   * @ 功能说明: 在串口输出触发中断的信息
157   * @ 参数    : 无
158   * @ 返回值  : 无
159   *****************************************************************/
```

```
160 static void Test_Task(void)
161 {
162     UINT32 uwRet = LOS_OK;
163     while (1) {
164     //获取二值信号量，未获取到时不等待
165         uwRet = LOS_SemPend( BinarySem1_Handle , 0 );
166         if (uwRet == LOS_OK) {
167             printf("触发中断的是 Key1!\n\n");
168         }  //获取二值信号量，未获取到时不等待
169         uwRet = LOS_SemPend( BinarySem2_Handle , 0 );
170         if (uwRet == LOS_OK) {
171             printf("触发中断的是 Key2!\n\n");
172         }
173         LOS_TaskDelay(20);
174     }
175 }
176 /***************************************************************
177   * @ 函数名  :  BSP_Init
178   * @ 功能说明:  板级初始化，所有和开发板硬件相关的初始化都可以放在这个函数中
179   * @ 参数    :  无
180   * @ 返回值  :  无
181   ***************************************************************/
182 static void BSP_Init(void)
183 {
184     /*
185      * STM32 中断优先级分组为 4，即 4bit 都用来表示抢占优先级，范围为 0 ~ 15
186      * 优先级分组只需要分组一次，以后如果有其他任务需要用到中断，
187      * 则统一使用这个优先级分组，不要再分组，切记
188      */
189     NVIC_PriorityGroupConfig( NVIC_PriorityGroup_4 );
190
191     /* LED 初始化 */
192     LED_GPIO_Config();
193
194     /* 串口初始化 */
195     USART_Config();
196
197     /* 按键 EXTI 初始化 */
198     EXTI_Key_Config();
199 }
200 /***************************************************************
201   * @ 函数名  :  KEY1_IRQHandler
202   * @ 功能说明:  中断服务程序
203   * @ 参数    :  无
204   * @ 返回值  :  无
205   ***************************************************************/
206 static void KEY1_IRQHandler(void)
207 {
208     //确认是否产生了 EXTI Line 中断
209     if (EXTI_GetITStatus(KEY1_INT_EXTI_LINE) != RESET) {
210         LOS_SemPost( BinarySem1_Handle ); //释放二值信号量 BinarySem1_Handle
```

```
211             //清除中断标志位
212             EXTI_ClearITPendingBit(KEY1_INT_EXTI_LINE);
213         }
214 }
215 /***********************************************************************
216   * @ 函数名  :  KEY2_IRQHandler
217   * @ 功能说明:  中断服务程序
218   * @ 参数    :  无
219   * @ 返回值  :  无
220   ********************************************************************/
221 static void KEY2_IRQHandler(void)
222 {
223     //确认是否产生了 EXTI Line 中断
224     if (EXTI_GetITStatus(KEY2_INT_EXTI_LINE) != RESET) {
225         LOS_SemPost( BinarySem2_Handle ); //释放二值信号量 BinarySem2_Handle
226         //清除中断标志位
227         EXTI_ClearITPendingBit(KEY2_INT_EXTI_LINE);
228     }
229 }
230 /****************************************END OF FILE****************/
```

11.6.2　非接管中断方式

非接管中断方式中断管理实验要在 LiteOS 中创建两个任务，分别用于获取信号量与消息队列，并且定义了两个按键 KEY1 与 KEY2 的触发方式为中断触发，在中断触发的时候，通过消息队列将消息传递给任务，任务接收到消息后将信息通过串口调试助手显示出来。中断管理实验还实现了一个串口的 DMA 传输+空闲中断功能，当串口接收完不定长的数据之后会产生一个空闲中断，在中断中将信号量传递给任务，任务在收到信号量的时候将串口的数据读取出来并在串口调试助手中回显，如代码清单 11-8 加粗部分所示。

代码清单 11-8　LiteOS 中断管理实验（非接管中断方式）

```
1 /**
2   ******************************************************************
3   * @file    main.c
4   * @author  fire
5   * @version V1.0
6   * @date    2018-xx-xx
7   * @brief   这是一个[野火]-STM32F103 霸道 LiteOS 中断管理实验!
8   ******************************************************************
9   * @attention
10  *
11  * 实验平台:野火  STM32 F103 开发板
12  * 论坛    :http://www.firebbs.cn
13  * 淘宝    :https://fire-stm32.taobao.com
14  *
15  ******************************************************************
16  */
17
18 /* LiteOS 头文件 */
19 #include "los_sys.h"
20 #include "los_typedef.h"
21 #include "los_task.ph"
```

```
22 #include "los_sem.h"
23 /* 板级外设头文件 */
24 #include "stm32f10x.h"
25 #include "bsp_usart.h"
26 #include "bsp_led.h"
27 #include "bsp_key.h"
28 #include "bsp_exti.h"
29
30 /***************************** 任务 ID *****************************/
31 /*
32  * 任务 ID 是一个从 0 开始的数字，用于索引任务，当任务创建完成之后，其就具有了一个任务 ID，
33  * 以后的操作都需要通过任务 ID 进行
34  *
35  */
36 /* 定义任务 ID 变量 */
37 UINT32 Test_Task_Handle;
38 /* 定义二值信号量的 ID 变量 */
39 UINT32 BinarySem1_Handle;
40 UINT32 BinarySem2_Handle;
41 /************************ 全局变量声明 ******************************/
42 /*
43  * 在写应用程序的时候，可能需要用到一些全局变量
44  */
45 UINT16 Trigger_Num = 0;      //用于标记的触发中断的变量
46
47 /* 函数声明 */
48 static void KEY1_IRQHandler(void);
49 static void KEY2_IRQHandler(void);
50
51 static UINT32 Creat_Test_Task(void);
52 static void Test_Task(void);
53
54 static void BSP_Init(void);
55 static void AppTaskCreate(void);
56
57 /**
58   * @brief  主函数
59   * @param  无
60   * @retval 无
61   * @note   第一步：开发板硬件初始化
62             第二步：创建 App 应用任务
63             第三步：启动 LiteOS，开始多任务调度，启动不成功时输出错误信息
64   */
65 int main(void)
66 {
67    UINT32 uwRet = LOS_OK;/* 定义一个创建任务的返回类型，初始化为创建成功的返回值 */
68
69     /* 板级初始化，所有和开发板硬件相关的初始化都可以放在这个函数中 */
70     BSP_Init();
71     /* 发送一个字符串 */
72     printf("这是一个[野火]-STM32F103 霸道 LiteOS 中断管理实验! \n");
```

```
73
74     /* LiteOS 核心初始化 */
75     uwRet = LOS_KernelInit();
76     if (uwRet != LOS_OK) {
77         printf("LiteOS 核心初始化失败! \n");
78         return LOS_NOK;
79     }
80     /* 创建 App 应用任务，所有的应用任务都可以放在这个函数中 */
81     AppTaskCreate();
82
83     /* 开启 LiteOS 任务调度 */
84     LOS_Start();
85 }
86
87 /*******************************************************************
88   * @ 函数名  : AppTaskCreate
89   * @ 功能说明: 任务创建，为了方便管理，所有的任务创建函数都可以放在这个函数中
90   * @ 参数    : 无
91   * @ 返回值  : 无
92   *****************************************************************/
93 static void AppTaskCreate(void)
94 {
95     UINTPTR uvIntSave;
96     UINT32 uwRet = LOS_OK;
97     /* 创建一个二值信号量*/
98     uwRet = LOS_BinarySemCreate(0,&BinarySem1_Handle);
99     if (uwRet != LOS_OK) {
100         printf("BinarySem_Handle二值信号量创建失败! \n");
101     }
102     uwRet = LOS_BinarySemCreate(0,&BinarySem2_Handle);
103     if (uwRet != LOS_OK) {
104         printf("BinarySem_Handle二值信号量创建失败! \n");
105     }
106     uwRet = Creat_Test_Task();
107     if (uwRet != LOS_OK) {
108         printf("Test_Task任务创建失败! \n");
109     }
110 }
111 /*******************************************************************
112   * @ 函数名  : Creat_Test_Task
113   * @ 功能说明: 创建Test_Task任务
114   * @ 参数    : 无
115   * @ 返回值  : 无
116   *****************************************************************/
117 static UINT32 Creat_Test_Task()
118 {
119     UINT32 uwRet = LOS_OK; /* 定义一个创建任务的返回类型，初始化为创建成功的返回值 */
120     TSK_INIT_PARAM_S task_init_param;
121
122     task_init_param.usTaskPrio = 5; /* 优先级，数值越小，优先级越高 */
123     task_init_param.pcName = "Test_Task";/* 任务名，字符串形式，方便调试 */
```

```
124     task_init_param.pfnTaskEntry = (TSK_ENTRY_FUNC)Test_Task;
125     task_init_param.uwStackSize = 0x1000;/* 栈大小，单位为字，即 4 个字节 */
126 
127     uwRet = LOS_TaskCreate(&Test_Task_Handle, &task_init_param);
128 
129     return uwRet;
130 }
131 
132 /*******************************************************************
133   * @ 函数名  ： Test_Task
134   * @ 功能说明： 在串口输出触发中断的信息
135   * @ 参数    ： 无
136   * @ 返回值  ： 无
137   *****************************************************************/
138 static void Test_Task(void)
139 {
140     UINT32 uwRet = LOS_OK;
141     while (1) { //获取二值信号量，未获取到时不等待
142         uwRet = LOS_SemPend( BinarySem1_Handle , 0 );
143         if (uwRet == LOS_OK) {
144             printf("触发中断的是 Key1!\n\n");
145         } //获取二值信号量，未获取到时不等待
146         uwRet = LOS_SemPend( BinarySem2_Handle , 0 );
147         if (uwRet == LOS_OK) {
148             printf("触发中断的是 Key2!\n\n");
149         }
150         LOS_TaskDelay(20);
151     }
152 }
153 /*******************************************************************
154   * @ 函数名  ： BSP_Init
155   * @ 功能说明： 板级初始化，所有和开发板硬件相关的初始化代码都可以放在这个函数中
156   * @ 参数    ： 无
157   * @ 返回值  ： 无
158   *****************************************************************/
159 static void BSP_Init(void)
160 {
161     /*
162      * STM32 中断优先级分组为 4，即 4bit 都用来表示抢占优先级，范围为 0~15
163      * 优先级分组只需要分组一次，以后如果有其他任务需要用到中断，
164      * 则统一使用这个优先级分组，不要再分组，切记
165      */
166     NVIC_PriorityGroupConfig( NVIC_PriorityGroup_4 );
167 
168     /* LED 初始化 */
169     LED_GPIO_Config();
170 
171     /* 串口初始化 */
172     USART_Config();
173 
```

```
174     /* 按键 EXTI 初始化 */
175     EXTI_Key_Config();
176 }
177
178 /*******************************END OF FILE**********************/
```

中断服务程序需要用户自己编写，并通过信号量告知任务，示例如代码清单 11-9 加粗部分所示。

代码清单 11-9　中断服务程序（stm32f1xx_it.c 部分代码）

```
 1 /* Includes ------------------------------------------------------------------*/
 2 #include "stm32f10x_it.h"
 3 #include "los_typedef.h"
 4 #include "bsp_exti.h"
 5 #include "bsp_led.h"
 6 #include "los_sem.h"
 7
 8 /* 定义二值信号量的 ID 变量 */
 9 extern UINT32 BinarySem1_Handle;
10 extern UINT32 BinarySem2_Handle;
11 /*************************************************************************
12   * @ 函数名  ： KEY1_IRQHandler
13   * @ 功能说明： 中断服务程序
14   * @ 参数    ： 无
15   * @ 返回值  ： 无
16   ***********************************************************************/
17 void KEY1_IRQHandler(void)
18 {
19     //确认是否产生了 EXTI Line 中断
20     if (EXTI_GetITStatus(KEY1_INT_EXTI_LINE) != RESET) {
21         LOS_SemPost( BinarySem1_Handle ); //释放二值信号量 BinarySem1_Handle
22         //清除中断标志位
23         EXTI_ClearITPendingBit(KEY1_INT_EXTI_LINE);
24     }
25 }
26 /*********************************************************************
27   * @ 函数名  ： KEY2_IRQHandler
28   * @ 功能说明： 中断服务程序
29   * @ 参数    ： 无
30   * @ 返回值  ： 无
31   ***********************************************************************/
32 void KEY2_IRQHandler(void)
33 {
34     //确认是否产生了 EXTI Line 中断
35     if (EXTI_GetITStatus(KEY2_INT_EXTI_LINE) != RESET) {
36         LOS_SemPost( BinarySem2_Handle ); //释放二值信号量 BinarySem2_Handle
37         //清除中断标志位
38         EXTI_ClearITPendingBit(KEY2_INT_EXTI_LINE);
39     }
40 }
41
```

11.7 实验现象

将程序编译好，使用 USB 线缆连接计算机和开发板的 USB 接口（对应印制电路板上的 USB 转串口），使用 DAP 仿真器把配套程序下载到野火 STM32 开发板（具体型号根据读者使用的开发板而定，每个型号的开发板都配套有对应的程序）中，在计算机上打开串口调试助手，复位开发板，即可在调试助手中看到串口的输出信息，按下 KEY1 按键触发中断发送消息 1，按下 KEY2 按键触发中断发送消息 2；同时按下 KEY1 与 KEY2 按键，在串口调试助手中可以看到运行结果，通过串口调试助手发送一段不定长信息，触发中断会在中断服务程序中发送信号量通知任务，任务接收到信号量的时候会将串口信息输出，如图 11-3 所示。

图 11-3 中断管理实验现象

12 第12章 链表

LiteOS 中存在着大量的基础数据结构链表（或者称为列表）的操作，要想读懂 LiteOS 的源码，就必须弄懂链表的基本操作，列表中的成员称为节点（Node），在后续的讲解中，本章所说的链表就是列表。

【学习目标】

- ➢ 了解链表的基本概念。
- ➢ 掌握 LiteOS 中链表相关函数的实现过程。

12.1 C 语言中的链表

链表作为 C 语言中一种基础的数据结构，在平时编写程序的时候使用率并不高，但在操作系统中使用非常多。链表就好比一个圆形晾衣架，如图 12-1 所示，晾衣架上面有很多钩子，钩子首尾相连。链表也是如此，链表由节点组成，节点与节点之间首尾相连。

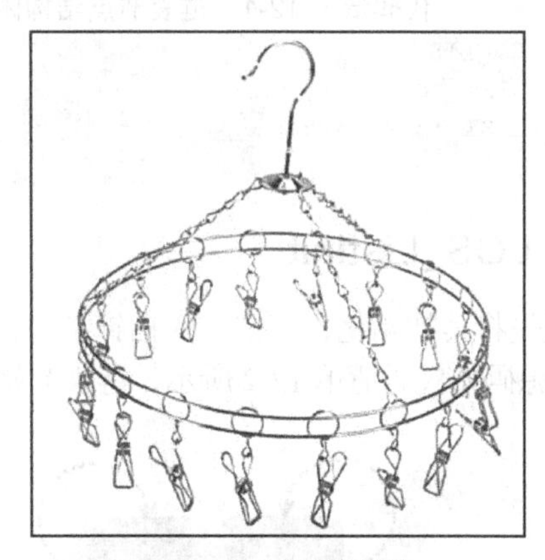

图 12-1 圆形晾衣架

晾衣架的钩子不能代表很多东西，但是钩子本身可以挂很多东西。同样，链表的节点本身不能存储太多东西，但是节点和晾衣架的钩子一样，可以挂载很多数据。

链表分为单向链表和双向链表，本章讲解的链表为双向链表。

双向链表也称双链表，是操作系统中常用的数据结构，它的每个数据节点中都有两个指针，分别指向前驱节点和后继节点。因此，从双向链表的任意一个节点开始，都可以很方便地访问它的前驱节点和后继节点，这种数据结构形式使得查找更加方便，特别是对大量数据的遍历，能方便地完成各种插入、删除等操作。

在 C 语言中，链表与数组类似，数组的特性是便于索引，而链表的特性是便于插入与删除，图 12-2 所示为双向链表与数组对比。

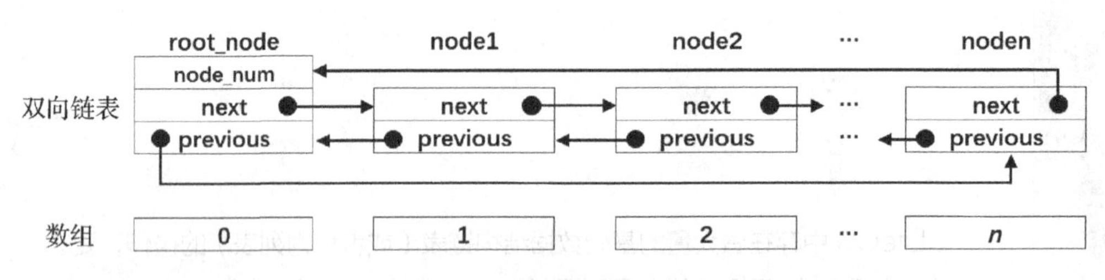

图 12-2　双向链表与数组的对比

链表通过节点把离散的数据链接成一个表，通过对节点的插入和删除操作实现对数据的存取；而数组通过开辟一段连续的内存来存储数据，这是数组和链表最大的区别。数组的每个成员对应链表的节点，成员和节点的数据类型可以是标准的 C 类型或者是用户自定义的结构体；数组有起始地址和结束地址，而链表是一个圈。

12.2　链表的使用

LiteOS 提供了很多操作链表的函数，如链表的初始化函数、向链表中添加节点函数、从链表中删除节点函数等。

LiteOS 的链表节点结构体中只有两个指针，一个是指向前驱节点的指针，另一个是指向后继节点的指针，如代码清单 12-1 所示。

代码清单 12-1　链表节点结构体

```
1 typedef struct LOS_DL_LIST {
2       struct LOS_DL_LIST *pstPrev;
3       struct LOS_DL_LIST *pstNext;
4 } LOS_DL_LIST;
```

12.2.1　链表初始化函数 LOS_ListInit

在使用链表的时候必须先将其初始化，将链表的指针指向自己，为后续添加节点做准备。链表初始化函数 LOS_ListInit 的源码如代码清单 12-2 所示，链表初始化示意图如图 12-3 所示。

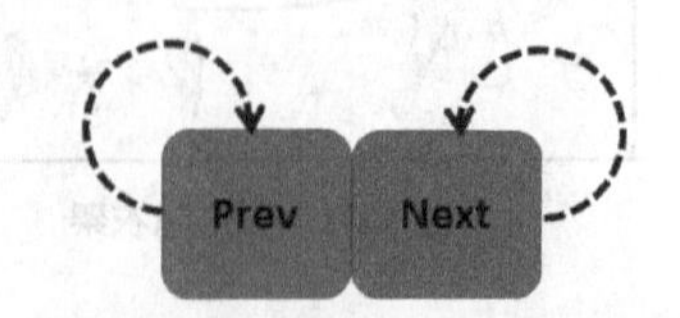

图 12-3　链表初始化示意图

代码清单 12-2　链表初始化函数 LOS_ListInit 源码

```
1 LITE_OS_SEC_ALW_INLINE STATIC_INLINE VOID LOS_ListInit(LOS_DL_LIST *pstList)
2 {
3      pstList->pstNext = pstList;
4      pstList->pstPrev = pstList;
```

```
5 }
```

在初始化完成后可以检查一下链表初始化是否成功，判断链表是否为空。链表初始化函数 LOS_ListInit 的实例如代码清单 12-3 所示。

代码清单 12-3 链表初始化函数 LOS_ListInit 实例

```
1 LOS_DL_LIST *head;              /* 定义双向链表的头节点 */
2 head = (LOS_DL_LIST *)LOS_MemAlloc(m_aucSysMem0, sizeof(LOS_DL_LIST));
3 /* 动态申请头节点的内存 */
4 LOS_ListInit(head);             /* 初始化双向链表 */
5 if (!LOS_ListEmpty(head))       /* 判断是否初始化成功 */
6 {
7     printf("双向链表初始化失败!\n\n");
8 } else
9 {
10     printf("双向链表初始化成功!\n\n");
11 }
```

12.2.2 向链表中添加节点函数 LOS_ListAdd

LiteOS 支持向链表中插入节点，插入过程中，先选择插入链表的位置，再执行插入操作。向链表中添加节点函数 LOS_ListAdd 的源码如代码清单 12-4 所示，其实例如代码清单 12-5 所示。

代码清单 12-4 向链表中添加节点函数 LOS_ListAdd 源码

```
1 LITE_OS_SEC_ALW_INLINE STATIC_INLINE VOID LOS_ListAdd(LOS_DL_LIST *pstList,
2                                                    LOS_DL_LIST *pstNode)
3 {
4     pstNode->pstNext = pstList->pstNext;              (1)
5     pstNode->pstPrev = pstList;                       (2)
6     pstList->pstNext->pstPrev = pstNode;              (3)
7     pstList->pstNext = pstNode;                       (4)
8 }
```

添加节点的思想很简单，其过程如图 12-4 所示（图片中标注的序号对应于源码中标注的序号，其中，pstList 可以看作 Node1），实例如代码清单 12-5 所示。

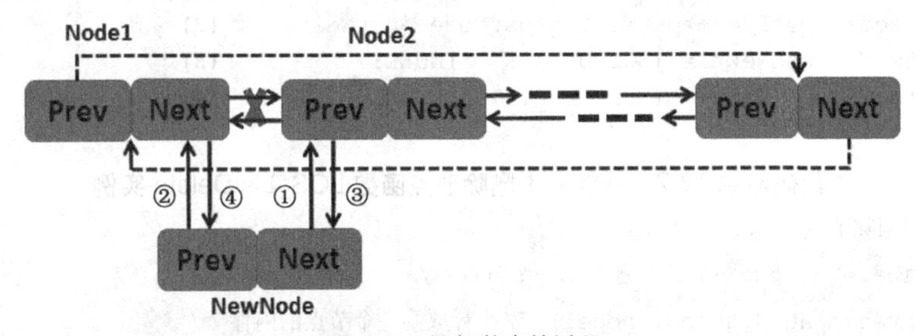

图 12-4 添加节点的过程

代码清单 12-5 向链表中添加节点函数 LOS_ListAdd 实例

```
1 printf("添加节点......\n");/* 插入节点*/
2
3 LOS_DL_LIST *node1 = /*动态申请第一个节点的内存 */
4  (LOS_DL_LIST *)LOS_MemAlloc(m_aucSysMem0, sizeof(LOS_DL_LIST));
5 LOS_DL_LIST *node2 = /*动态申请第二个节点的内存 */
6 (LOS_DL_LIST *)LOS_MemAlloc(m_aucSysMem0, sizeof(LOS_DL_LIST));
```

```
 7
 8 printf("添加第一个节点与第二个节点.....\n");
 9 LOS_ListAdd(head,node1);     /* 添加第一个节点，链接在头节点上 */
10 LOS_ListAdd(node1,node2);    /* 添加第二个节点，链接在第一个节点上 */
11 if ((node1->pstPrev == head) && (node2->pstPrev == node1))
12 {/* 判断添加节点是否成功 */
13     printf("添加节点成功!\n\n");
14 } else
15 {
16     printf("添加节点失败!\n\n");
17 }
```

12.2.3 从链表中删除节点函数 LOS_ListDelete

LiteOS 支持删除链表中的节点，用户可以使用 LOS_ListDelete 函数将节点删除，只需将要删除的节点传递到函数中即可。该函数把该节点的前驱节点与后继节点链接在一起，并将该节点的指针指向 NULL 以表示节点已删除，如代码清单 12-6 所示，过程示意图如图 12-5 所示（源码中标注的序号对应图片中标注的序号），从链表中删除节点函数 LOS_ListDelete 的实例如代码清单 12-7 所示。

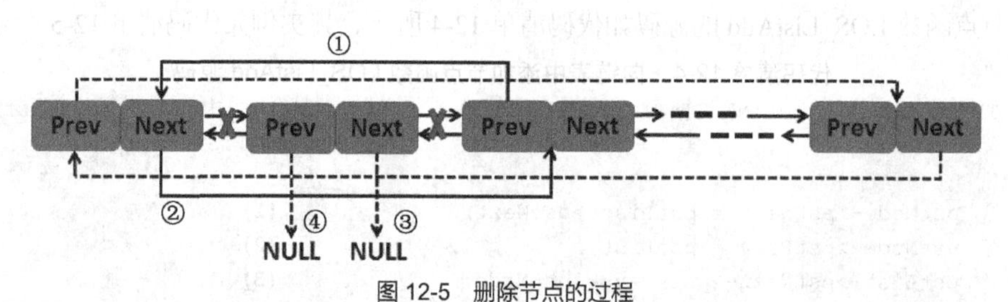

图 12-5 删除节点的过程

代码清单 12-6 从链表中删除节点函数 LOS_ListDelete 源码

```
1 LITE_OS_SEC_ALW_INLINE STATIC_INLINE VOID LOS_ListDelete(LOS_DL_LIST *pstNode)
2 {
3     pstNode->pstNext->pstPrev = pstNode->pstPrev;      (1)
4     pstNode->pstPrev->pstNext = pstNode->pstNext;      (2)
5     pstNode->pstNext = (LOS_DL_LIST *)NULL;            (3)
6     pstNode->pstPrev = (LOS_DL_LIST *)NULL;            (4)
7 }
```

代码清单 12-7 从链表中删除节点函数 LOS_ListDelete 实例

```
 1 printf("删除节点......\n");
 2 LOS_ListDelete(node1);  /* 删除第一个节点 */
 3 LOS_MemFree(m_aucSysMem0, node1); /* 释放第一个节点的内存 */
 4 if (head->pstNext == node2) /* 判断删除节点是否成功 */
 5 {
 6     printf("删除节点成功\n\n");
 7 } else
 8 {
 9     printf("删除节点失败\n\n");
10
11 }
```

12.3　双向链表实验

双向链表实验要实现如下功能。

（1）调用 LOS_ListInit 函数初始化双向链表。

（2）调用 LOS_ListAdd 函数向链表中增加节点。

（3）调用 LOS_ListTailInsert 函数向链表尾部插入节点。

（4）调用 LOS_ListDelete 函数删除指定节点。

（5）调用 LOS_ListEmpty 函数判断链表是否为空。

（6）测试操作是否成功。

双向链表实验源码如代码清单 12-8 加粗部分所示。

代码清单 12-8　双向链表实验源码

```
1 /**
2   ****************************************************************
3   * @file    main.c
4   * @author  fire
5   * @version V1.0
6   * @date    2018-xx-xx
7   * @brief   这是一个[野火]-STM32F103 霸道 LiteOS 的双向链表实验!
8   ****************************************************************
9   * @attention
10  *
11  * 实验平台:野火  STM32 F103 开发板
12  * 论坛    :http://www.firebbs.cn
13  * 淘宝    :https://fire-stm32.taobao.com
14  *
15  ****************************************************************
16  */
17
18 /* LiteOS 头文件 */
19 #include "los_sys.h"
20 #include "los_typedef.h"
21 #include "los_task.ph"
22 #include "los_memory.h"
23 /* 板级外设头文件 */
24 #include "stm32f10x.h"
25 #include "bsp_usart.h"
26 #include "bsp_led.h"
27 #include "bsp_key.h"
28
29 /************************* 任务 ID ********************************/
30 /*
31  * 任务 ID 是一个从 0 开始的数字，用于索引任务，当任务创建完成之后，其就具有了一个任务 ID，
32  * 以后的操作都需要通过任务 ID 进行
33  *
34  */
35 /* 定义定时器 ID 变量 */
36 UINT32 Test_Task_Handle;
37
38
39 /* 函数声明 */
```

```
40 extern LITE_OS_SEC_BSS UINT8* m_aucSysMem0;
41
42 static void AppTaskCreate(void);
43 static UINT32 Creat_Test_Task(void);
44 static void Test_Task(void);
45 static void BSP_Init(void);
46
47 /**
48   * @brief  主函数
49   * @param  无
50   * @retval 无
51   * @note   第一步：开发板硬件初始化
52             第二步：创建 App 应用任务
53             第三步：启动 LiteOS，开始多任务调度，启动不成功时输出错误信息
54   */
55 int main(void)
56 {
57     UINT32 uwRet = LOS_OK;
58     /* 板级初始化，所有和开发板硬件相关的初始化都可以放在这个函数中 */
59     BSP_Init();
60     /* 发送一个字符串 */
61     printf("这是一个[野火]-STM32 全系列开发板- LiteOS 的双向链表实验！\n");
62     /* LiteOS 核心初始化 */
63     uwRet = LOS_KernelInit();
64     if (uwRet != LOS_OK) {
65         printf("LiteOS 核心初始化失败！\n");
66         return LOS_NOK;
67     }
68     /* 创建 App 应用任务，所有的应用任务都可以放在这个函数中 */
69     AppTaskCreate();
70
71     /* 开启 LiteOS 任务调度 */
72     LOS_Start();
73 }
74 static void AppTaskCreate(void)
75 {
76     UINT32 uwRet = LOS_OK;/* 定义一个创建任务的返回类型，初始化为创建成功的返回值 */
77     /* 创建 Test_Task 任务 */
78     uwRet = Creat_Test_Task();
79     if (uwRet != LOS_OK) {
80         printf("Test_Task 任务创建失败！\n");
81     }
82
83 }
84
85
86 /* 创建 Test_Task 任务 */
87 static UINT32 Creat_Test_Task(void)
88 {
89     UINT32 uwRet = LOS_OK; /* 定义一个创建任务的返回类型，初始化为创建成功的返回值 */
90     TSK_INIT_PARAM_S task_init_param;
91
```

```
92      task_init_param.usTaskPrio = 4;/* 优先级，数值越小，优先级越高 */
93      task_init_param.pcName = "Test_Task";/* 任务名，字符串形式，方便调试 */
94      task_init_param.pfnTaskEntry = (TSK_ENTRY_FUNC)Test_Task;
95      task_init_param.uwStackSize = 0x1000;/* 栈大小，单位为字，即 4 个字节 */
96
97      uwRet = LOS_TaskCreate(&Test_Task_Handle, &task_init_param);
98      return uwRet;
99 }
100
101
102
103 /***************************************************************
104   * @ 函数名  :  Clear_Task
105   * @ 功能说明:  写入已经初始化成功的内存池地址数据
106   * @ 参数    :  void
107   * @ 返回值  :  无
108   ***************************************************************/
109 static void Test_Task(void)
110 {
111      UINT32 uwRet = LOS_OK; /* 定义一个初始化的返回类型，初始化为成功的返回值 */
112      printf("\n 双向链表初始化中......\n");
113
114      LOS_DL_LIST *head; /* 定义一个双向链表的头节点 */
115      head = (LOS_DL_LIST *)LOS_MemAlloc(m_aucSysMem0, sizeof(LOS_DL_LIST));
116      /* 动态申请头节点的内存 */
117      LOS_ListInit(head);                 /* 初始化双向链表 */
118      if (!LOS_ListEmpty(head)) {         /* 判断是否初始化成功 */
119          printf("双向链表初始化失败!\n\n");
120      } else {
121          printf("双向链表初始化成功!\n\n");
122      }
123
124      printf("添加节点和尾节点添加......\n");/* 插入节点：顺序插入与从末尾插入 */
125
126      LOS_DL_LIST *node1 =   /*动态申请第一个节点的内存 */
127       (LOS_DL_LIST *)LOS_MemAlloc(m_aucSysMem0, sizeof(LOS_DL_LIST));
128      LOS_DL_LIST *node2 =   /*动态申请第二个节点的内存 */
129  (LOS_DL_LIST *)LOS_MemAlloc(m_aucSysMem0, sizeof(LOS_DL_LIST));
130      LOS_DL_LIST *tail =    /*动态申请尾节点的内存 */
131  (LOS_DL_LIST *)LOS_MemAlloc(m_aucSysMem0, sizeof(LOS_DL_LIST));
132
133      printf("添加第一个节点与第二个节点.....\n");
134      LOS_ListAdd(head,node1);   /* 添加第一个节点，链接在头节点上 */
135      LOS_ListAdd(node1,node2);  /* 添加第二个节点，链接在第一个节点上 */
136      if ((node1->pstPrev == head) && (node2->pstPrev == node1)) {
137          printf("添加节点成功!\n\n"); /* 判断添加节点是否成功 */
138      } else {
139          printf("添加节点失败!\n\n");
140      }
141      printf("将尾节点插入双向链表的末尾.....\n");
```

```
142     LOS_ListTailInsert(head, tail); /* 将尾节点插入双向链表的末尾 */
143     if (tail->pstPrev == node2) {/* 判断添加节点是否成功 */
144         printf("链表尾节点添加成功!\n\n");
145     } else {
146         printf("链表尾节点添加失败!\n\n");
147     }
148 
149     printf("删除节点......\n"); /* 删除已有节点 */
150     LOS_ListDelete(node1);      /* 删除第一个节点 */
151     LOS_MemFree(m_aucSysMem0, node1);   /* 释放第一个节点的内存 */
152     if (head->pstNext == node2) {/* 判断删除节点是否成功 */
153         printf("删除节点成功\n\n");
154     } else {
155         printf("删除节点失败\n\n");
156 
157     }
158 
159     while (1) {
160         LED2_TOGGLE;            //LED2 翻转
161         printf("任务运行中!\n");
162         LOS_TaskDelay (2000);
163     }
164 }
165 
166 
167 static void BSP_Init(void)
168 {
169     /*
170      * STM32 中断优先级分组为 4, 即 4bit 都用来表示抢占优先级, 范围为 0~15,
171      * 优先级分组只需要分组一次, 以后如果有其他任务需要用到中断,
172      * 则统一使用这个优先级分组, 不要再分组, 切记
173      */
174     NVIC_PriorityGroupConfig( NVIC_PriorityGroup_4 );
175 
176     /* LED 初始化 */
177     LED_GPIO_Config();
178 
179     /* 串口初始化 */
180     USART_Config();
181 
182     /* 按键初始化 */
183     Key_GPIO_Config();
184 }
185 
186 /**************************END OF FILE**********************/
```

12.4 实验现象

将程序编译好，使用 USB 线缆连接计算机和开发板的 USB 接口（对应印制电路板上的 USB 转串口），使用 DAP 仿真器把配套程序下载到野火 STM32 开发板（具体型号根据读者使用的开发板而

定，每个型号的开发板都配套有对应的程序）中，在计算机上打开串口调试助手，复位开发板，即可在串口调试助手中看到运行结果，其中输出的信息表明双向链表的操作已经全部完成，如图 12-6 所示。

图 12-6　双向链表实验现象